難関大入試

漆原 晃の
物理 [物理基礎／物理] 解法研究

代々木ゼミナール講師
漆原 晃

はじめに

「学校の定期テストはまあまあ出来るけど,難関大の模試や過去問になると,どうも歯が立たないんですよ。何か壁があるみたいです…」

毎年よく聞くみなさんの声です。つまり図式は,

(日常で演習する標準的問題) 壁 (旧帝大,早慶などの難関大の問題)

ですね。この壁ははっきり言って確かに存在します。ではこの壁を突き破るには,どうすればいいのでしょうか？

それにはズバリ

難関大特有の「急所テーマ」を含む問題の研究

が不可欠となります。

しかし過去このようなテーマに特化しかつ丁寧に研究してくれる参考書はあまりありませんでした。受験生は,膨大な時間と労力を割いて,大量の難問と悪戦苦闘していました。これまでの難問演習書はえてして解説が不親切（「このくらいの大学受けるなら分かっていて当然だ」のような感じ）で簡潔すぎでした。そのためなかなか進まず,中途半端に終わることが多いのが事実でした（私も自分自身で痛いほど経験しました…）。

そこで本書では難関大入試で差のつく「急所テーマ」を豊かに含む例題を厳選し,徹底的に分かりやすい丁寧な解説をつけました。その中には多くの「使える別解」「解の吟味とイメージ法」「知らないと大損するテクニック」をとり入れています。さらに,解法は,いつもご好評いただいている「ステップ式解法」を用いて,難関大でも十分通用することを確認していきます。まさに本書は

「急所テーマ」を最大能率で身につける難関大への切り札

となる画期的な書なのです。

漆原 晃

本書の使い方

この本の各章は 研究用例題 ， 目的 ， 導入 ， 解説 ， まとめ の5つの部分から構成されています。この本をより効果的に活用するためのポイントは次の「3回トライ法」です。

①まず 研究用例題 を「1回目の時間」でトライしてみる。

本物の入試問題のつもりで解いてみましょう。解けなくとも，現象のイメージをつかみ，疑問点をはっきりさせておくことが大切です。

ひととおり解いたところで， 目的 ， 導入 を読み，基本を確認します。

そして， 解説 を一つひとつよく読み， イメージ ， 別解 ， 研究 ， コツ ， テクニック ， 参考 にも必ず目を通し，役に立つことはノートにまとめ研究していきます。最後に まとめ によって知識を整理して下さい（本書の 研究用例題 は出典大学の入試問題に多少手を加えてあります）。

②ひととおり研究ができたところで 研究用例題 に「2回目の時間」でトライする。

2回目は，①の研究で学んだことが身についたかを確かめるための演習です。別解にもチャレンジして下さい。もし解けないところがあれば，何度でも①に戻って研究し直して下さい。

③少し時間をあけて（1週間ほど後）から， 研究用例題 に「3回目の時間」でトライする。

研究内容を本番で使えるようになるには例題を自力でスラスラ解けるレベルにまで達する必要があります。そのために，少し時間をあけて3回目にトライします。3回目でもひっかかるところがあれば，4回目，5回目に入ります。

本問で扱う例題は，そのくらい重要かつ頻出ですので完全消化を目指して下さい。

難関大入試 漆原晃の 物理[物理基礎・物理] 解法研究

目次

はじめに …………… 2   本書の使い方 …………… 3

第1講	力のモーメントと慣性力	〔創作〕	6
第2講	自由に動ける三角台の研究	〔創作〕	14
第3講	n 回バウンド・斜面上の放物運動	〔東大〕	36
第4講	可動三角台との斜衝突の3解法	〔早大〕	46
第5講	遠心力を受ける単振動	〔東北大〕	58
第6講	見かけ上の自然長のテクニック	〔東京工大〕	68
第7講	ばねにつながれた2物体の運動	〔東大〕	82
第8講	単振り子・見かけの重力・重心不動	〔東大〕	96
第9講	面積速度一定の法則の成立条件	〔東京工大〕	110
第10講	熱気球の解法	〔東大〕	122
第11講	球形容器によるポアソンの式の証明	〔名大〕	130
第12講	等温変化 vs. 断熱変化・ピストンの単振動	〔阪大〕	142
第13講	波の式の重ね合わせ2タイプ	〔阪大〕	158
第14講	円運動とドップラー効果, 時間のおくれ	〔東京工大〕	174
第15講	2スリット干渉への帰着	〔慶大〕	184

第16講	$n = 1, 2, 3, \cdots, \infty$スリットによる干渉 〔創作〕	192
第17講	斜交平面波の干渉 〔東北大〕	206
第18講	ガウスの法則と単振動 〔東京工大〕	214
第19講	コンデンサーの n 回, ∞ 回スイッチ操作 〔慶大〕	226
第20講	コンデンサーの極板間引力と気体 〔東大〕	238
第21講	コンデンサーに挿入された物体の運動 〔東北大〕	252
第22講	2つのダイオードを含む回路 〔大阪府大〕	270
第23講	「ローレンツ力電池」とコンデンサー, コイル 〔東大〕	280
第24講	回転コイルと交流回路 〔九大〕	300
第25講	2つのコンデンサー・コイルによる電気振動 〔東北大〕	314
第26講	サイクロトロンとベータトロン 〔京大〕	326
第27講	光電効果と CR 回路 〔東大〕	338
第28講	原子のエネルギー準位・光子の放出と衝突 〔九大〕	348
第29講	核反応・換算質量と相対運動エネルギー 〔京大〕	356

あとがき …………… 367

巻末： 付録1 近似のトレーニング（「近トレ」）
　　　 付録2 物理に出てくる2つの微分方程式

本文イラスト：入月まゆ

第1講 力のモーメントと慣性力

研究用例題 1 ☑1回目 20分 □2回目 15分 □3回目 10分

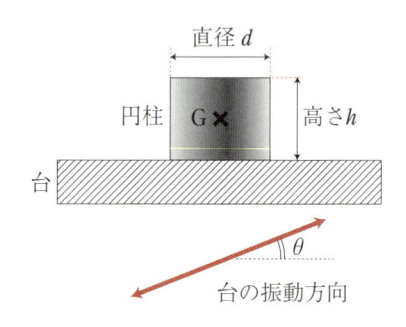

図のように，表面の粗い水平な台の上に，高さh，直径d，質量mの一様な材質でできた円柱が置いてある。重力加速度の大きさをgとする。

この円柱と台の表面との間の静止摩擦係数をμとする。いまこの台を水平に保ちつつ，水平から角θの方向に，振幅A，角振動数ωの単振動をさせた。このとき，以下の問いに答えよ。

(1) このとき円柱が台の上ですべらないためにωがみたすべき条件を求めよ。

(2) このとき円柱が台の上で倒れないためにωがみたすべき条件を求めよ。

(3) 円柱が「すべらずに倒れる」ということが起きるために，$\dfrac{h}{d}$の値に必要とされる条件を求めよ。

〔創作〕

目的 力のモーメントの応用例としての「すべる条件」「倒れる条件」をマスターする。物体の重心にはたらく慣性力が最大になるときを考えるのがポイント！

さらに，難関大学の物理では，単振動の変位 x，速度 v，加速度 a のうち，1つでも時間の関数として与えられた場合，残りの量を微分の知識を使って自由自在に求められることが必要となる。

導入 「単位時間（1秒間）あたりの x の変化」という表現法で物理量を定義したり，法則を表したりすることが多い。

この「単位時間あたりの x の変化」という表現をさらに正確に表すと，

今の瞬間のペースを保って，x が変化していったとしら 1秒間でどれだけ x は変化できるか。

という量を表す。

右図で，もし仮に今の瞬間（$t=T$）のペースを保って変化すれば，それは**接線に沿っての変化**になる。そして，その1秒間あたりの変化というのは，図のように**接線の傾き**に相当する。ここで，接線の傾きといえば……。

あ！ 微分です。横軸は時間 t だから，t での微分 $\frac{dx}{dt}$ です

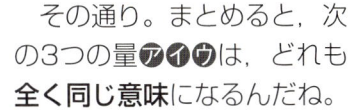

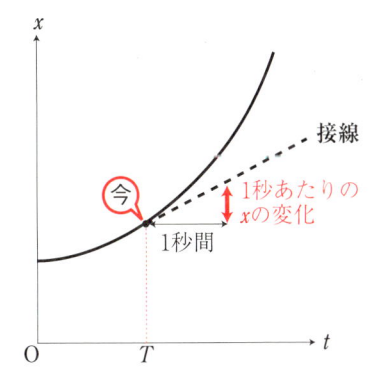

その通り。まとめると，次の3つの量 ア イ ウ は，どれも**全く同じ意味**になるんだね。

- ア 単位時間あたりの x の変化
- イ x - t グラフの接線の傾き
- ウ $\dfrac{dx}{dt} \left(= \lim_{\Delta t \to 0} \dfrac{\Delta x}{\Delta t} \right)$

第1講 力のモーメントと慣性力

Point ① 1秒あたりのxの変化

（時刻 T における1秒あたりの x の変化）

$\quad$ =（x-t グラフの接線の傾き）

$\quad$ = $\dfrac{dx}{dt}$

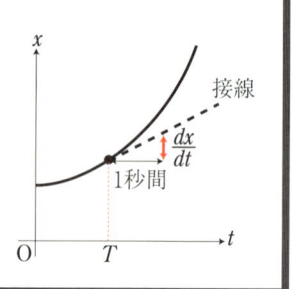

物理に出てくる微分の式の代表例は，次の5つだ！

❶ **速度** v =（1秒あたりの x の変化）=（x-t グラフの傾き）= $\dfrac{dx}{dt}$

❷ **加速度** a =（1秒あたりの v の変化）=（v-t グラフの傾き）= $\dfrac{dv}{dt}$

❸ **コンデンサーに流入する電流 I**
 =（1秒あたりのコンデンサーの電気量 q の変化）=（q-t グラフの傾き）
 = $\dfrac{dq}{dt}$

❹ **誘導起電力 V（Φ の増加する向きを正として）**
 =－（1秒あたりの磁束 Φ の変化）=－（Φ-t グラフの傾き）
 = $-\dfrac{d\Phi}{dt}$

❺ **コイルの誘導起電力 V（I の向きを正として）**
 =－（自己インダクタンス L）×
 　　　（1秒あたりの I の変化（I-t グラフの傾き））
 = $-L\dfrac{dI}{dt}$

以上は，パッと出てきてほしい定義や法則だ。

あと，物理で出てくる文字式の場合，微分の計算は難しそうですが……

大丈夫，次のたった2つのポイントだけを押さえればいいんだよ。

第16講	$n = 1, 2, 3, \cdots, \infty$ スリットによる干渉 〔創作〕	192
第17講	斜交平面波の干渉 〔東北大〕	206
第18講	ガウスの法則と単振動 〔東京工大〕	214
第19講	コンデンサーの n 回, ∞ 回スイッチ操作 〔慶大〕	226
第20講	コンデンサーの極板間引力と気体 〔東大〕	238
第21講	コンデンサーに挿入された物体の運動 〔東北大〕	252
第22講	2つのダイオードを含む回路 〔大阪府大〕	270
第23講	「ローレンツ力電池」とコンデンサー, コイル 〔東大〕	280
第24講	回転コイルと交流回路 〔九大〕	300
第25講	2つのコンデンサー・コイルによる電気振動 〔東北大〕	314
第26講	サイクロトロンとベータトロン 〔京大〕	326
第27講	光電効果とCR回路 〔東大〕	338
第28講	原子のエネルギー準位・光子の放出と衝突 〔九大〕	348
第29講	核反応・換算質量と相対運動エネルギー 〔京大〕	356

あとがき ……………… 367

巻末： 付録1 近似のトレーニング（「近トレ」）
　　　 付録2 物理に出てくる2つの微分方程式

本文イラスト：入月まゆ

第1講 力のモーメントと慣性力

研究用例題 1　☑1回目 20分　□2回目 15分　□3回目 10分

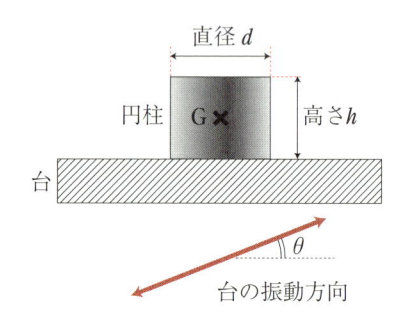

図（直径 d、高さ h の円柱 G が台の上に置かれ、台が水平から角 θ の方向に振動する様子）

　図のように，表面の粗い水平な台の上に，高さ h，直径 d，質量 m の一様な材質でできた円柱が置いてある。重力加速度の大きさを g とする。

　この円柱と台の表面との間の静止摩擦係数を μ とする。いまこの台を水平に保ちつつ，水平から角 θ の方向に，振幅 A，角振動数 ω の単振動をさせた。このとき，以下の問いに答えよ。

(1)　このとき円柱が台の上ですべらないために ω がみたすべき条件を求めよ。

(2)　このとき円柱が台の上で倒れないために ω がみたすべき条件を求めよ。

(3)　円柱が「すべらずに倒れる」ということが起きるために，$\dfrac{h}{d}$ の値に必要とされる条件を求めよ。

〔創作〕

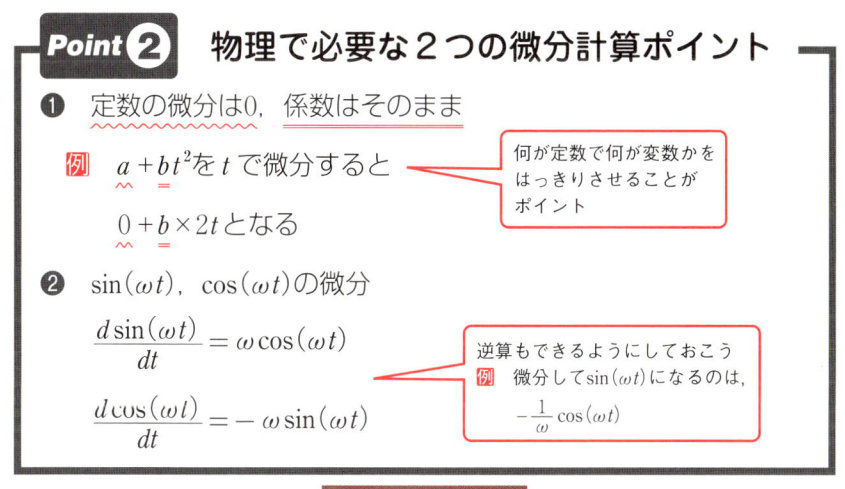

Point 2 物理で必要な2つの微分計算ポイント

❶ 定数の微分は0，係数はそのまま

　例　$a + bt^2$ を t で微分すると

　　　$0 + b \times 2t$ となる

> 何が定数で何が変数かを
> はっきりさせることが
> ポイント

❷ $\sin(\omega t)$，$\cos(\omega t)$ の微分

$$\frac{d\sin(\omega t)}{dt} = \omega \cos(\omega t)$$

$$\frac{d\cos(\omega t)}{dt} = -\omega \sin(\omega t)$$

> 逆算もできるようにしておこう
> 例　微分して $\sin(\omega t)$ になるのは，
> 　　$-\dfrac{1}{\omega}\cos(\omega t)$

解　説

台の上から見ると，慣性力が円柱の重心にはたらく。その慣性力によって，円柱がすべったり，転がったりする。よって，まずは準備段階として，円柱にはたらく最大の慣性力 $ma_{\max}$ を求めよう。そのために，台の加速度の最大値 $a_{\max}$ を，台の振幅 A と角振動数 ω で表すことを目標にしよう。

振幅 A，角振動数 ω（振動中心 $x = 0$）の単振動を考える。この単振動は図aの等速円運動の射影となる。図aより変位 x の時刻 t での値は θ を適当な角度として，

$$x = A\sin(\omega t + \theta) \quad \cdots\cdots ①$$

とかき表せる。

よって，その速度 v は 導入 より，

$$v = \frac{dx}{dt}$$
$$= \omega A \cos(\omega t + \theta) \quad \cdots\cdots ②$$

$\dfrac{d\sin(\omega t + \theta)}{dt} = \omega\cos(\omega t + \theta)$

図a

そして，加速度 a も 導入 より，

$$a = \frac{dv}{dt}$$
$$= -\omega^2 A \sin(\omega t + \theta) \quad \cdots\cdots ③$$

$\dfrac{d\cos(\omega t + \theta)}{dt} = -\omega\sin(\omega t + \theta)$

③式より，求める台の加速度の最大値 a_{max} は，

$$a_{max} = |-\omega^2 A| = \omega^2 A \quad \cdots\cdots ④$$

となっている。

これで(1)(2)に入る準備ができた。

> **Point ③** 単振動の x, v, a
>
> $x = A\sin(\omega t + \theta)$
> $v = \omega A\cos(\omega t + \theta)$ ← tで微分
> $a = -\omega^2 A\sin(\omega t + \theta)$ ← tで微分

(1) **すべらない条件**ときたら

> **まず** 最もすべりやすい状態を考える。
> **次に** すべる直前の極限静止の状態を設定し，力のつり合いの式を立てる。

が手順となる。

まず 最もすべりやすいのは，図bのように，台が左下向きに最大加速度 a_{max} で動いているときだ。

なぜなら，このとき慣性力は右上最大となるので，垂直抗力が最小を示すからだ。

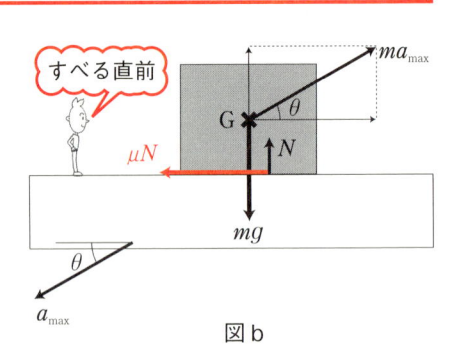

図b

次に このとき，**すべる直前とすると最大摩擦力 μN がはたらく**ので，図bより台の上から見た力のつり合いの式は，

水平：$ma_{max}\cos\theta = \mu N$

鉛直：$N + ma_{max}\sin\theta = mg$

これら2つの式より N を消去して，a_{max} について解くと，

$$a_{max} = \frac{\mu g}{\cos\theta + \mu\sin\theta} \quad \cdots\cdots ⑤$$

④⑤式より，すべらないためには，

$$\omega^2 A \leq \frac{\mu g}{\cos\theta + \mu\sin\theta}$$

が必要となる。よって，

$$\omega \leq \sqrt{\frac{\mu g}{A(\cos\theta + \mu\sin\theta)}} \quad \cdots\cdots ⑥$$

(2) 倒れない条件ときたら

> **まず** 最も倒れやすい条件を考える。
> **次に** 倒れる直前の極限静止の状態を設定し，力のモーメントのつり合いの式を立てる。

が手順になる。

まず 最も倒れやすいのは，図cのように，台が左下向きに最大加速度 a_max で動いているときだ。

なぜならこのとき，慣性力のP支点の時計回りの力のモーメントが，最も大きく生じるからだ。

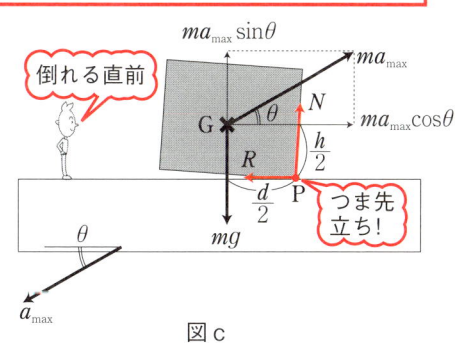

（なぜ右上向きのときではないか？）

図c

次に このとき，**倒れる直前とする**。

図cのように，円柱は右下の点Pで「**つま先立ち**」の状態になっている。

よって，台から受ける，垂直抗力Nや摩擦力Rは，**すべて右下点Pに集中してはたらいている**。

慣性力 ma_max を図cのように分解すると，右下点Pを支点とする力のモーメントのつり合いの式は，

$$\underbrace{mg \times \frac{d}{2}}_{\text{反時計回り}} = \underbrace{ma_\text{max}\sin\theta \times \frac{d}{2} + ma_\text{max}\cos\theta \times \frac{h}{2}}_{\text{時計回り}}$$

$$a_\text{max} = \frac{gd}{h\cos\theta + d\sin\theta} \quad \cdots\cdots ⑦$$

④，⑦式より，倒れないためには，

$$\omega^2 A \leq \frac{gd}{h\cos\theta + d\sin\theta}$$

$$\therefore \quad \omega \leq \sqrt{\frac{gd}{A(h\cos\theta + d\sin\theta)}} \quad \cdots\cdots ⑧$$

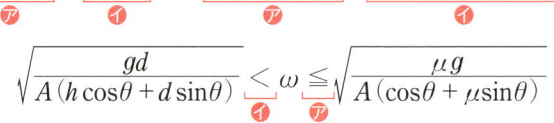

(3) すべらずに倒れるとは⑥式は満たし，⑧式は満たさないことであるから，
　　　　　　ア　　　イ　　　　　ア　　　　　イ

$$\sqrt{\frac{gd}{A(h\cos\theta + d\sin\theta)}} < \omega \leq \sqrt{\frac{\mu g}{A(\cos\theta + \mu\sin\theta)}}$$
　　　　　　　　　　　　イ　ア

この式をみたす ω が存在するためには，

$$\frac{d}{h\cos\theta + d\sin\theta} < \frac{\mu}{\cos\theta + \mu\sin\theta}$$

$$\therefore \quad d(\cos\theta + \mu\sin\theta) < \mu(h\cos\theta + d\sin\theta)$$

$$\therefore \quad \frac{h}{d} > \frac{1}{\mu} \quad \cdots\cdots ⑨$$

イメージ　⑨式を満たしやすくするには h, d, μ は大きい方がいいか小さい方がいいかな？

⑨式が余裕で成立するにはなるべく $h \to$ 大，$d \to$ 小，$\mu \to$ 大の方がいいです

そうだね。すると図dのようになるべく細長い円柱をザラザラした台の上に乗せればいいんだね。

これならすべらず倒れるはずです

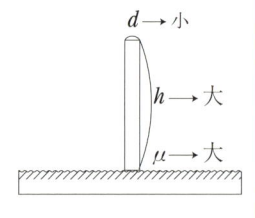

図d

$d \to$ 小
$h \to$ 大
$\mu \to$ 大

このように，単に答を出すだけでなく，得られた答を吟味してその結果が実際の物理現象と合っているかどうか，いちいちチェックすることが難関大攻略には不可欠な習慣だよ。**解の吟味そのものを出題する大学も多い**からね。

まとめ

1 物理でよく出てくる微分

① 定義：（1秒あたりの x の変化）
　　　＝（x-t グラフの接線の傾き）
　　　$= \dfrac{dx}{dt}$

② 例　$v = \dfrac{dx}{dt}$, $a = \dfrac{dv}{dt}$, $I = \dfrac{dq}{dt}$, $V = -\dfrac{d\Phi}{dt}$, $V = -L\dfrac{dI}{dt}$

③ 計算のポイント

例　$\dfrac{d(4+3t^2)}{dt} = 0 + 3 \times 2t$ 　（何が定数で何が変数かをはっきりさせること！）

$\dfrac{d\sin(\omega t)}{dt} = \omega\cos(\omega t)$

$\dfrac{d\cos(\omega t)}{dt} = -\omega\sin(\omega t)$

　逆算もできるように！

2 すべる直前，倒れる直前

① **すべる直前の解法**
　すべりを妨げようとする向きに最大摩擦力 μN をはたらかせ，力のつり合いの式を立てる。

② **倒れる直前の解法**
　倒れようとする向きの角で「つま先立ちになる」（角に垂直抗力と静止摩擦力が作用する）状態で，力のモーメントのつり合いの式を立てる。

第2講 自由に動ける三角台の研究

研究用例題 2　☒1回目 40分　☐2回目 30分　☐3回目 20分

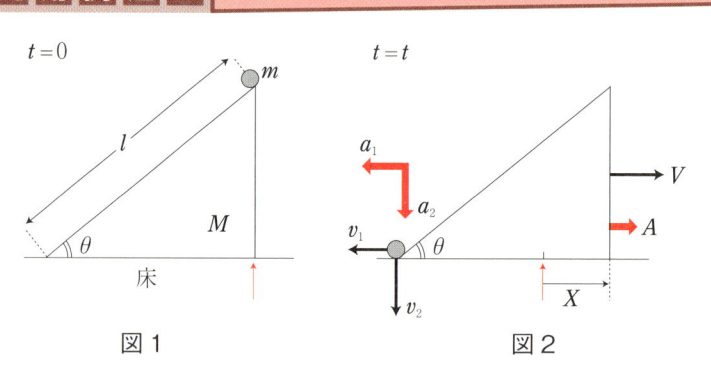

図1

図2

　重力加速度の大きさを g とする。図1のように，水平でなめらかな床の上に，長さ l，傾角 θ のなめらかな斜面をもつ質量 M の三角台Mを静かに置く。その斜面の上端に，質量 m の小物体mを静かに置いて手放す。

　するとMは右向きに大きさ A の加速度で動き始めた。図2のように手放してから時間 t の後，mは水平面に達し，そのときのMの速さは V であった。また，時間 t の間にMが水平面を動いた距離は X であった。これらの A, t, V, X を4通りの方法で求めてみよう。

【方法Ⅰ】　床から見て運動方程式を立てる方法

　まず，床から見た mの加速度の左向き，下向き成分の大きさをそれぞれ a_1, a_2 とする。
m, M の間の垂直抗力の大きさを N とすると，運動方程式の各成分は，

　　　$ma_1 =$ 　1
　　　$ma_2 =$ 　2
　　　$MA =$ 　3

　これら3つの式には a_1, a_2, A, N の4つの未知数が含まれるので，解くにはあと1つの式が必要である。

いま，a_1, a_2, A, θ の間には運動の図形的関係より，「束縛条件」とよばれる $a_2 = \boxed{4}$ の式が成立する。この式に(1)(2)(3)の各式を代入して N について解くと，$N = \boxed{5}$ となる。これより，

$a_1 = \boxed{6}$
$a_2 = \boxed{7}$
$A = \boxed{8}$

さて，mが床につくまでの時間 t の間，mの鉛直下方向への落下距離は $l\sin\theta$ である。等加速度運動の公式より，$l\sin\theta = \boxed{9}$（a_2, t を用いてよい）とかける。よって，この式より $t = \boxed{10}$ と求められる。

この時間 t の間にMが速度 V，移動距離 X に達したとすると，等加速度運動の公式より，$V = \boxed{11}$，$X = \boxed{12}$ が求められる。

【方法Ⅱ】 台上から見て運動方程式を立てる方法

Mの上に観測者Pが立っている。Pに対するmの加速度の大きさを α とする。Pから見るとmには慣性力がはたらいて見える。

このことを考慮すると，Pから見たmの斜面に垂直な方向の力のつり合いの式より，

$N = \boxed{13}$

Pが見たmの斜面に平行な方向の運動方程式は，

$m\alpha = \boxed{14}$

これら2つの式には N，α，A の3つの未知数が含まれるので，あと1つの式が必要である。

そこで，床から見たMの運動方程式より，

$MA = \boxed{15}$

これら3つの式より $A = \boxed{16}$，$\alpha = \boxed{17}$ とが得られる。

次に，mが床に達するまでの時間 t を求める。Pから見たmの移動距離が l となることから，$l = \boxed{18}$（α, t を用いてよい）と書ける。この式より，$t = \boxed{19}$ となる。

この後は $\boxed{11}$，$\boxed{12}$ と同様に V, X は求められる。

第2講　自由に動ける三角台の研究

【方法Ⅲ】 力学的エネルギー保存則を活用する方法

A や t を求めずに，力学的エネルギー保存則から直接 V を求めてみよう。

図2のように，床に達したときの m の床から見た速度の左向き成分の大きさを v_1，下向き成分の大きさを v_2 とする。

図1と図2の間の水平方向への m と M 全体の運動量保存の式（右向き正）は，

$0 =$ 　20　

m と M 全体の力学的エネルギー保存の式は，

$mgl\sin\theta =$ 　21　

これら2つの式の中には v_1，v_2，V の3つの未知数が含まれているので，あと1つの式が必要となる。

ここで，v_1，v_2，V の間には運動の図形的関係より，「束縛条件」とよばれる $v_2 =$ 　22　 の式が成立する。

これら3つの式より，$V =$ 　23　 が得られる。

【方法Ⅳ】 重心を利用する方法

A や t を求めずに重心の運動に注目して直接 X を求めてみよう。

m と M は水平方向に外力を受けないこと，および初めに全運動量が0であったことより，全体の重心点の水平方向の運動の特徴は　24　である。このことより，床から見た m の水平移動距離は，$x =$ 　25　 となり，M の移動距離は $X =$ 　26　 となる。

〔創作〕

目的

ハイレベルな入試の突破のために必ずマスターしておきたい動く台の問題。とくに三角台の「束縛条件」の出し方は、一度研究しているのと、研究していないのとでは大きな差がつく。

また、2物体が相互作用しつつ、初速度0の状態から動いていく問題で変位を問うときは、重心不動に注目すると能率的に解ける。

本問のⅠ、Ⅱ、Ⅲ、Ⅳの解法で全パターンを網羅してほしい。くり返し解いておきたい問題だ。

導入

難関大で頻出の、動く台の問題。動く台では何が問題になるかと言えば、ズバリ「**床から見たときの小物体の運動の複雑さ**」なのだ。例えば本問のように、三角台Mが動くと、その斜面上の小物体mの動きは、図1のようになるぞ。

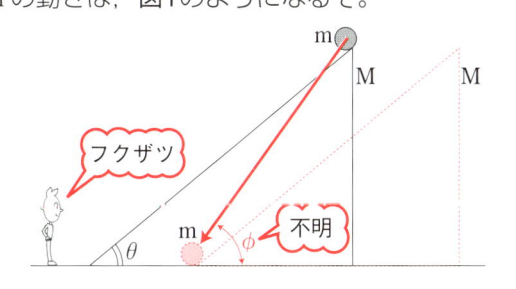

フクザツ

不明

図1

うゎ！ mはずい分と急な角度で下りてくるように思えるなあ。しかも、その角度ϕも分からないや！

そこで、mの加速度を表すためには、図2のように、仕方なく、水平、鉛直方向に完全に分けて、それぞれa_1, a_2という2つの未知数を使って表すしかないんだ。

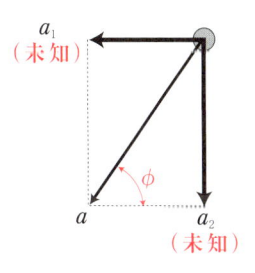

a_1（未知）

a_2（未知）

図2

すると，問題文の【方法Ⅰ】のように，どうしても（未知数の数）＞（運動方程式の数）となってしまって，**あと1つ運動方程式以外の式を立てる必要がでてきてしまう。その式とは何だろうか？**

> えーと，運動方程式以外の式ですよね。……思いつきません

いま，小物体 m は台Mの上をすべることから，それぞれ好き勝手には動けないよね。

> そうです。小物体と台の動きの間には図形的に制限があるはずです

そうだ。いま小物体 m の t 秒間での左向きの変位を x_1，下向きへの変位を x_2，台の t 秒間での右向きの変位を X とすると，図3のようにかける。

図3

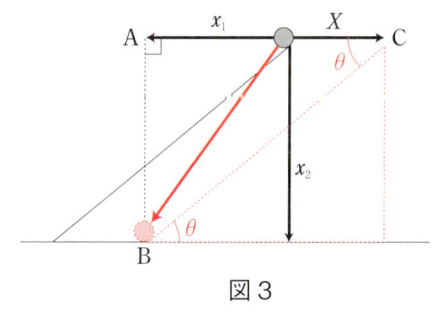

図3の三角形ABCを抜き出してかくと，次の図4のようになる。

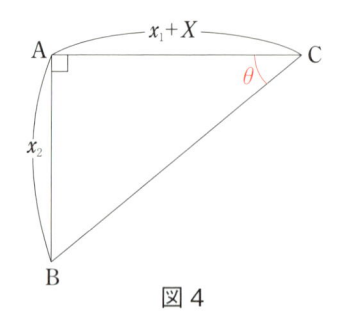

図4

これより，x_1, x_2, X の間には，

$$x_2 = (x_1 + X)\tan\theta$$

の関係があることが分かるよね。さらに，この変位は等加速度運動の公式から，加速度 a_1, a_2, A と時間 t を使って，

$$x_1 = \frac{1}{2}a_1 t^2, \quad x_2 = \frac{1}{2}a_2 t^2, \quad X = \frac{1}{2}At^2$$

のようにかけるので，

$$\frac{1}{2}a_2 t^2 = \left(\frac{1}{2}a_1 t^2 + \frac{1}{2}At^2\right)\tan\theta$$

となり，両辺を $\frac{1}{2}t^2$ で割ると，

$$a_2 = (a_1 + A)\tan\theta \quad \cdots\cdots ①$$

のようにお互いの加速度間の関係が出てくるんだ。

> では，加速度ではなく速度の関係を出したいときはどうするんですか？

それは，等加速度運動の公式で，小物体の速度の左，下成分を v_1, v_2, 台の速度の大きさを V とすれば，

$$v_1 = a_1 t, \quad v_2 = a_2 t, \quad V = At$$

となり，①式の両辺に t を掛けた $a_2 t = (a_1 t + At)\tan\theta$ に代入して，

$$v_2 = (v_1 + V)\tan\theta$$

と求められるんだ。

> あっ！ 変位 x も加速度 a も速度 v も全く同じ形の関係式になっていますよ

よく気付いたね。だから，まず t 秒間の変位の関係を図示しよう（お絵かきレベルの図でいいよ）。そして，変位の関係式を図形的に求めれば，速度や加速度の関係式も求めてしまったことになるんだよ。

また，はじめの x の式を両辺 t で微分（p.7）したものが v の式，v の式をさらに両辺 t で微分したものが a の式としてもいいよ。

第2講　自由に動ける三角台の研究

💬 同じように，図をかいて求まるような問題はありますか？

あるよ。それは，**動滑車の問題**で必要になる図だ。図5のように3つの物体 A，B，C が動滑車 P を通してつながっている場合を考えよう。

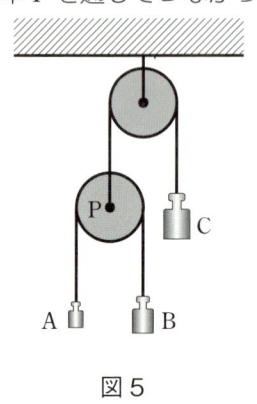

図5

このとき，A，B，C，(P) の変位の大きさ x_A，x_B，x_C の間には，次の図6のような関係があることが分かるね。

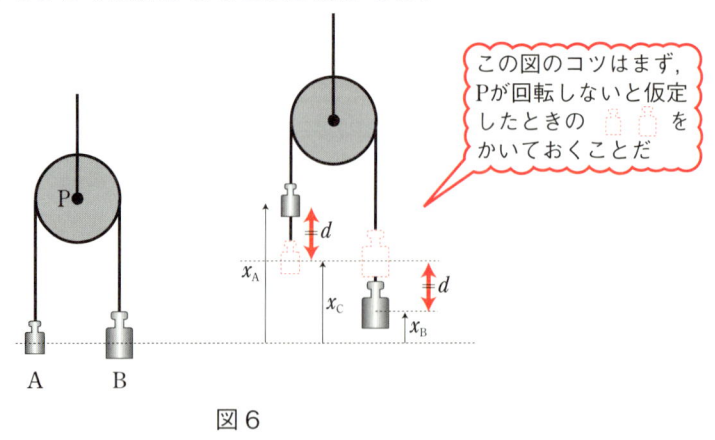

💬 この図のコツはまず，Pが回転しないと仮定したときの をかいておくことだ

図6

A側の糸は d だけ短くなり，B側の糸は d だけ長くなったね。

これらのdは，それぞれ図6より，

$$d = x_A - x_C$$
$$d = x_C - x_B$$

となるね。これら2式を比べて，

$$x_A - x_C = x_C - x_B$$
$$x_A + x_B = 2x_C$$

となるよ。この図6も覚えるぐらいに手でかきまくってほしい。

解　説

【方法Ⅰ】
　床から見たときに，m，Mにはたらく力を図示すると，図aのようになる。**床から見ているので，慣性力は見えない**ことに注意しよう。

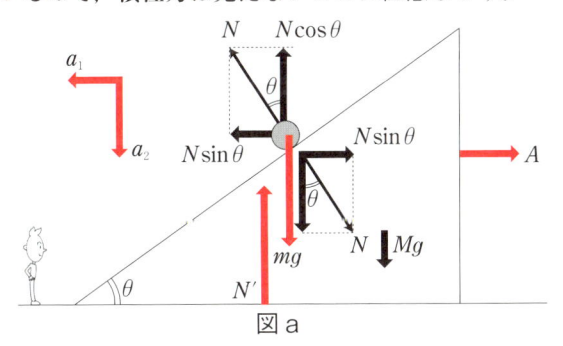

図a

　この図より，各運動方程式は次のようになる。
mについて，

　1　　水平：$ma_1 = N\sin\theta$　答　……①

　2　　鉛直：$ma_2 = mg - N\cos\theta$　答　……②

Mについて,

<u>3</u> 水平：$MA = N\sin\theta$ ……③ 答

<u>4</u> **導入**のp.19より，a_1，a_2，Aの間には「**束縛条件**」として，
$$a_2 = (a_1 + A)\tan\theta \quad \text{……④}$$ 答
が成立する。

<u>5</u> ①式より,
$$a_1 = \frac{N}{m}\sin\theta \quad \text{……①}'$$

②式より,
$$a_2 = g - \frac{N}{m}\cos\theta \quad \text{……②}'$$

③式より,
$$A = \frac{N}{M}\sin\theta \quad \text{……③}'$$

①'②'③'式を④式に代入して,
$$g - \frac{N}{m}\cos\theta = \left(\frac{N}{m}\sin\theta + \frac{N}{M}\sin\theta\right)\tan\theta$$

この式をNについて解くと($\sin^2\theta + \cos^2\theta = 1$を使って),
$$N = \frac{mMg\cos\theta}{M + m\sin^2\theta} \quad \text{……⑤}$$ 答

<u>6</u> ⑤式を①'式に代入して,
$$a_1 = \frac{Mg\sin\theta\cos\theta}{M + m\sin^2\theta} \quad \text{……⑥}$$ 答

<u>7</u> ⑤式を②'式に代入して,
$$a_2 = \frac{(M+m)g\sin^2\theta}{M + m\sin^2\theta} \quad \text{……⑦}$$ 答

<u>8</u> ⑤式を③'式に代入して,
$$A = \frac{mg\sin\theta\cos\theta}{M + m\sin^2\theta} \quad \text{……⑧}$$ 答

イメージ 多少複雑な計算が続いた。そのために 6 ～ 8 の答えをチェックしてみよう。M が m に比べて十分に大きいとしたとき，$\dfrac{m}{M} \to 0$ となるので，

⑥式より，
$$a_1 = \dfrac{g\sin\theta\cos\theta}{1+\dfrac{m}{M}\sin^2\theta} \rightarrow g\sin\theta\cos\theta$$

⑦式より，
$$a_2 = \dfrac{\left(1+\dfrac{m}{M}\right)g\sin^2\theta}{1+\dfrac{m}{M}\sin^2\theta} \rightarrow g\sin^2\theta$$

⑧式より，
$$A = \dfrac{\dfrac{m}{M}g\sin\theta\cos\theta}{1+\dfrac{m}{M}\sin^2\theta} \rightarrow 0$$

ここで，$\sqrt{a_1{}^2+a_2{}^2} = g\sin\theta$ となる。これは図bのように固定（$A=0$）された斜面上を小物体がすべるときの運動方程式 $ma = mg\sin\theta$ から得られる加速度 $a = g\sin\theta$ と完全に一致している。ナットクの結果だ！

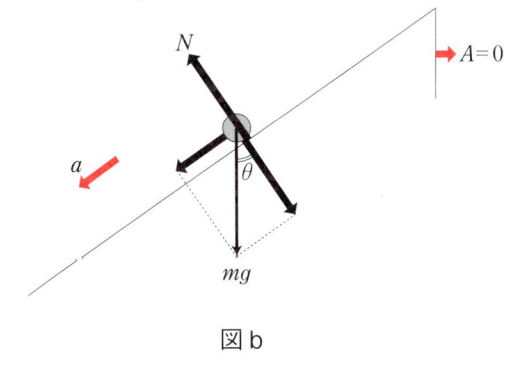

図b

9 　等加速度運動の公式より，m は鉛直方向に初速度 0，加速度 a_2 で t 秒間に $l\sin\theta$ だけ落下するので，

$$l\sin\theta = \dfrac{1}{2}a_2 t^2 \quad \text{答}$$

10 この式を t について解き，⑦式を代入すると，

$$t = \sqrt{\frac{2l\sin\theta}{a_2}}$$

$$= \sqrt{\frac{2l(M+m\sin^2\theta)}{(M+m)g\sin\theta}} \quad \cdots\cdots ⑨ \quad (\because ⑦)$$

11 等加速度運動の公式より，Mの初速度は0なので，

$$V = At$$

$$= \sqrt{\frac{2m^2gl\sin\theta\cos^2\theta}{(M+m)(M+m\sin^2\theta)}} \quad \cdots\cdots ⑩ \quad (\because ⑧⑨)$$

12 等加速度運動の公式より，

$$X = \frac{1}{2}At^2$$

$$= \frac{m}{M+m}l\cos\theta \quad \cdots\cdots ⑪ \quad (\because ⑧⑨)$$

【方法Ⅱ】

13 加速度 A で右向きに**動く台上から見ると**，質量 m の小物体には（小物体が止まっていようと動いていようと）**必ず左向きに大きさ mA の慣性力がはたらいて見える**。この慣性力を含めて，mにはたらく力を図示すると，図cのようになる。

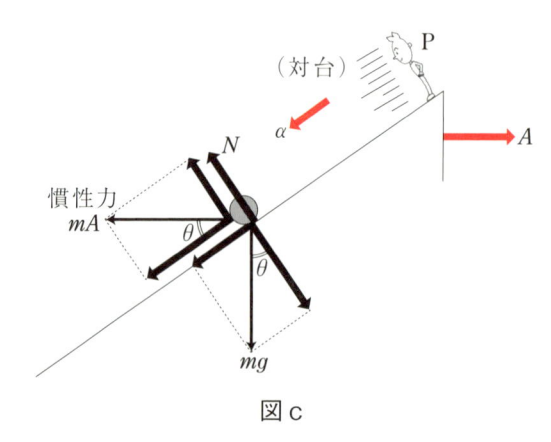

図c

よって，台上から見たmの斜面と垂直方向の力のつり合いの式より，

$$N = \underline{mg\cos\theta - mA\sin\theta}_{答} \cdots\cdots ⑫$$

となる。最後の項の $-mA\sin\theta$ は，「慣性力で持ち上げられる分，垂直抗力 N が弱まっている」ことを意味している。

14 同じく図cで，台上から見た斜面に平行な方向の運動方程式は，

$$m\alpha = \underline{mg\sin\theta + mA\cos\theta}_{答} \cdots\cdots ⑬$$

となる。

15 床から見ると，台には慣性力ははたらかないので，はたらく力は図dのようにかける。

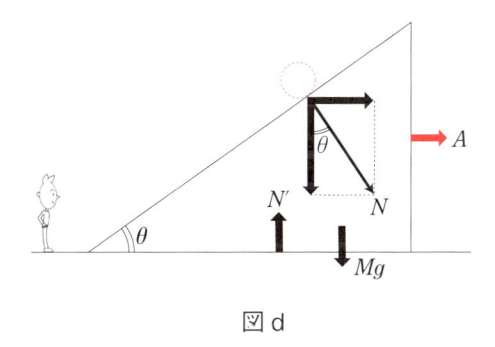

図d

> さっきは，小物体mに慣性力を使ったのにどうして台の方には慣性力を使わないの？ 作用・反作用はどうなるの？

じつは慣性力には作用・反作用の法則は成り立たないんだ。
慣性力はあくまでも「誰から見るか」のみで現れるかどうかが決まる力なんだよ。本問は床から見たから現れてこないだけなんだ。

図dで水平方向の運動方程式より，

$$MA = \underline{N\sin\theta}_{答} \cdots\cdots ⑭$$

第2講 自由に動ける三角台の研究

16 ⑭式に⑫式を代入して，

$$MA = (mg\cos\theta - mA\sin\theta)\sin\theta$$

A について解くと，

$$A = \frac{mg\sin\theta\cos\theta}{M + m\sin^2\theta} \quad \cdots\cdots ⑮ \text{【答】}$$

> **イメージ** ⑮式はたしかに⑧式と一致しているね。【方法Ⅰ】と【方法Ⅱ】と両方で同じ【答】が出ることが分かるでしょ。**別解を持っていると，実戦上でも計算のミスを防げるんだ。**

17 ⑬式より，$\alpha = g\sin\theta + A\cos\theta$ だから，
この式に⑮式を代入して，

$$\alpha = \frac{(M+m)g\sin\theta}{M + m\sin^2\theta} \quad \cdots\cdots ⑯ \text{【答】}$$

18 **台上から見ると**，m は床に達するまでに初速度 0，加速度 α で l だけすべり下りるので，等加速度運動の公式より，

$$l = \frac{1}{2}\alpha t^2 \text{【答】}$$

19 この式を t について解くと，

$$t = \sqrt{\frac{2l}{\alpha}}$$

$$= \sqrt{\frac{2l(M + m\sin^2\theta)}{(M+m)g\sin\theta}} \quad (\because ⑯) \text{【答】}$$

となる。やはりこの式も⑨式と一致しているね。

【方法Ⅲ】

20 図eのように床から見て初めの状態を㋐，小物体が床に達する直前を㋑とする。

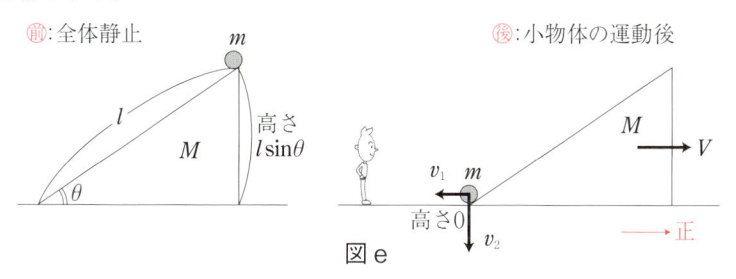

㋐:全体静止

㋑:小物体の運動後

図e

㋐㋑で，水平方向には2物体以外からの外力は存在しないので，水平方向の全運動量保存の式(右向き正)より，

$$\underbrace{0}_{㋐} = \underbrace{MV - mv_1}_{㋑} \quad \cdots\cdots ⑰$$

21 「mとMの垂直抗力の仕事どうしの和＝0」となる(p.28で研究)。よって，重力のみしか仕事をしないので，全力学的エネルギーが保存される。その式は㋑の速さの2乗は三平方の定理より，$v_1^2 + v_2^2$ となることに注意して，

$$\underbrace{mgl\sin\theta}_{㋐} = \underbrace{\frac{1}{2}m(v_1^2+v_2^2) + \frac{1}{2}MV^2}_{㋑} \quad \cdots\cdots ⑱$$

となる。

> どうして **20** **21** では㋑で床から見た速度を使っているのですか。台上から見た速度を使ってはいけないのですか

台上から見ると慣性力も見えるね。すると，**慣性力のした力積や仕事も計算する必要がでてくる**よね。それは大変。だから床から見た速度を使って，慣性力を見えないようにしているんだ。

22 導入のp.19より，v_1, v_2, Vの間には「束縛条件」より，

$$v_2 = (v_1 + V)\tan\theta \quad \cdots\cdots ⑲$$ 答

の関係が成り立つ。

23 ⑰式より，

$$v_1 = \frac{M}{m}V \quad \cdots\cdots ⑰'$$

⑰'式を⑲式に代入して，

$$v_2 = \left(\frac{M}{m}+1\right)V\tan\theta \quad \cdots\cdots ⑲'$$

⑰'⑲'式を⑱式に代入して，

$$mgl\sin\theta = \frac{1}{2}m\left\{\left(\frac{M}{m}\right)^2 + \left(\frac{M}{m}+1\right)^2\tan^2\theta\right\}V^2 + \frac{1}{2}MV^2$$

$$\therefore \quad 2m^2gl\sin\theta = \{mM + M^2 + (M^2 + m^2 + 2Mm)\tan^2\theta\}V^2$$

$$= \{(mM+M^2)(1+\tan^2\theta) + (m^2+Mm)\tan^2\theta\}V^2$$

$$= (m+M)\left(M\frac{1}{\cos^2\theta} + m\tan^2\theta\right)V^2$$

この式をVについて解くと，

$$V = \sqrt{\frac{2m^2gl\sin\theta\cos^2\theta}{(m+M)(M+m\sin^2\theta)}}$$ 答

この式はやはり⑩式とキチンと一致しているね。

🔍 **研究** **21** で「mとMの垂直抗力の仕事どうしの和＝0」となることを確認してみよう。

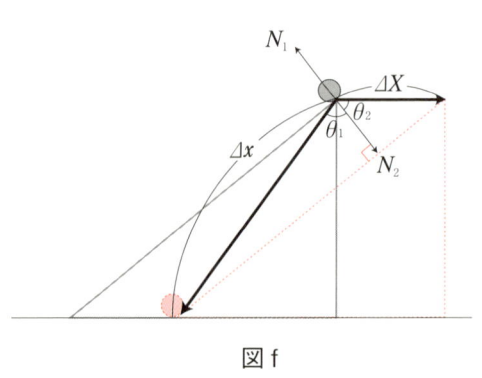

図 f

図 f で小物体 m が Δx だけ微小変位する間に,台Mは ΔX だけ水平方向に微小変位をする。この間に m が受ける垂直抗力N_1がする仕事ΔW_1は,

$$\Delta W_1 = -N_1 \cdot \Delta x \cos \theta_1$$

だけの負の仕事となる。その分 m の力学的エネルギーは減少する。

一方,台Mが受ける垂直抗力N_2がする仕事ΔW_2は,

$$\Delta W_2 = N_2 \cdot \Delta X \cos \theta_2$$

だけの正の仕事となる。その分,台Mの力学的エネルギーは増加する。

ここで,図 f より,

$$\Delta x \cos \theta_1 = \Delta X \cos \theta_2 (=d とおく)$$

また,作用・反作用の法則より,$N_1 = N_2 (= N とおく)$ となっているので,N_1, N_2 がする仕事の和は,

$$\Delta W_1 + \Delta W_2 = -Nd + Nd = 0$$

となっていることが確認できた。

この結果は三角台だけでなく,曲面の斜面をもつ台についても一般に成り立つ。

他の例として,図 g のような可動リングをもつ振り子で,糸の張力どうしの仕事の和は 0 となっている。

一方,摩擦力の仕事どうしの和は必ず負になる。その分だけ,全力学的エネルギーは減る。その減る分はちょうど発生した摩擦熱として,

(動摩擦力)×(こすった距離)

に等しくなる。

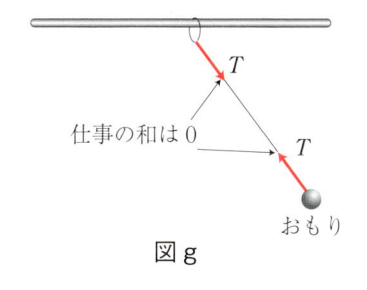

図 g

Point ① 仕事の和と全力学的エネルギー保存の可否について

作用・反作用の関係になっている力どうしのする仕事の和$W_和$について

❶ 垂直抗力どうし・張力どうし ⇨ $W_和 = 0$
　　　　　　　　　　　　　　（全力学的エネルギーは保存する）

❷ 摩擦力どうし ⇨ $W_和 = -\underline{(動摩擦力) \times (こすった距離)}$
　　　　　　　　　　　　　　　摩擦熱という
　　（発生した摩擦熱の分，全力学的エネルギーは減少する）

24　ここで，本問のような2物体の相互作用で難関大では必ず問われる**重心**についての重要テクニックをまとめてみよう。

📖テクニック　重心座標 x_G と重心速度 v_G

例えば，図hのように質量Mとmの2つの物体M，mが軽いばねでつながっているとしよう。右向きを正とするx軸を立てる。

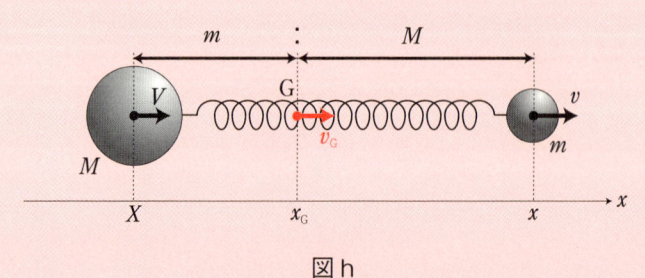

図h

このとき，これら2物体全体の重心Gの座標x_Gは，Xとxの間を質量の逆比に内分する点にある。
よって，Mとmの重心の座標をX，xとすると，図hより，
$$(x_G - X) : (x - x_G) = m : M$$
$$\therefore\ m(x - x_G) = M(x_G - X)$$

$$\therefore \quad x_G = \frac{MX + mx}{M + m} \quad \cdots\cdots ⑳$$

となる。

ここで，図hのようにM，mが動くとして，それらの速度をそれぞれV，vとする。

これに伴って全体の重心Gも動く。その速度をv_Gとする。

1秒後にはM，m，Gそれぞれの座標は，それらの速度分，変化するので，1秒後の重心座標は⑳式で $x_G \to x_G + v_G$，$X \to X + V$，$x \to x + v$ として，

$$x_G + v_G = \frac{M(X+V) + m(x+v)}{M+m} \quad \cdots\cdots ㉑$$

となる。

（㉑－⑳）式より，

$$v_G = \frac{MV + mv}{M + m}$$

となる。この式を日本語に直してごらん。

> えーと，分母は$M+m$で全質量，分子は$MV+mv$で…あ！そうだ，全運動量です！

OK！　すると，

$$v_G = \frac{\text{全運動量}}{\text{全質量}} \quad \cdots\cdots ㉒$$

となるね。

さてこの㉒式から，結局，重心速度v_Gは全運動量に比例していることが分かるでしょ。

もし，Mとmに外力が加わらなければ，全運動量は保存するね。

すると，重心速度v_Gも一定値を保つんだ。

> **Point ②** **重心速度一定**
>
> ある方向についてMとmに外力なし
> ↓
> その方向の全運動量は保存
> ↓
> その方向の重心速度 v_G は一定
> （重心Gは等速度運動をする）

とくに，最初全体が静止していて，全運動量が0に保たれている場合を考えよう。このとき重心速度は $v_G=0$ で一定となる。これはどういうこと？

> $v_G=0$ で一定　ということは重心は…
> あ！　重心点は全く動かず重心不動です！

そうだ。つまり，

> **Point ③** **重心不動**
>
> ある方向について外力がない，かつ，全運動量＝0
> ↓
> その方向に重心点Gは全く動かない（重心不動）

となるね。

> これが何の役に立つんですか

それは本問 24 のように，外力を加えないよう全体を静かに放した2物体の移動距離を求めるときに威力を発揮するんだ。

【方法Ⅳ】

<u>24</u>　本問ではMとm全体に着目する。水平方向については外力はなく，最初小物体mを静かに放したので，全運動量＝0で一定となっている。よって，左ページの Point❸ より**重心点は水平方向には不動**答となる。

<u>25</u>，<u>26</u>　具体的に重心不動のテクニックを使うときに，三角台の重心のとり方には**ちょっとしたコツ**があるんだ。

> **コツ**　三角台の重心点G_Mは図ⅰのようにその右端にとれ！

え！？　三角形の重心はもっと真ん中に近い位置にあるのでは？

いいんだよ。例えば，三角台が軽いプラスチックでできていて，右端に重〜いおもりがついていると考えればいいでしょ。このように右端に重心をとることで図がきわめてカンタンになるんだ。

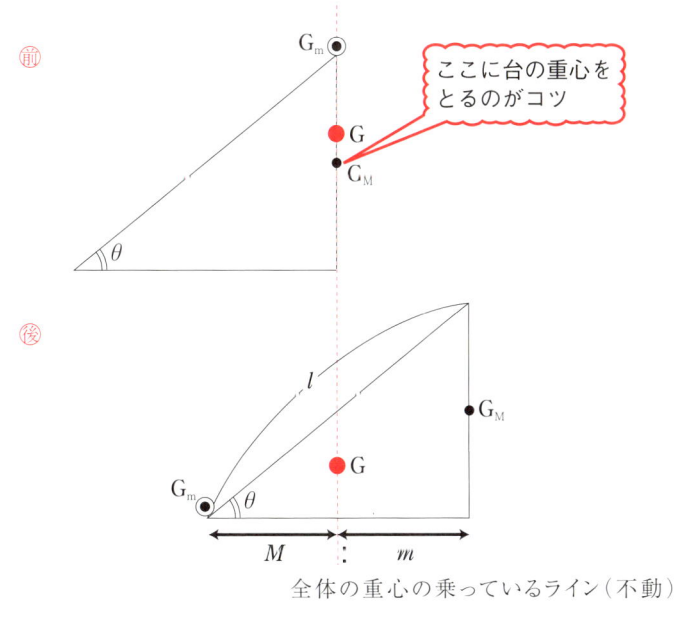

ここに台の重心をとるのがコツ

全体の重心の乗っているライン（不動）

図ⅰ

第2講　自由に動ける三角台の研究

図 i で，全体の重心Gは⑪では三角台の右端に，⑫では三角台の左端と右端から$M:m$の比に内分する点に存在する。そして，Gは水平方向には不動となっていることに注目しよう。

　この図 i より，小物体および三角台の変位の大きさxとXは，三角台の底辺の長さ$l\cos\theta$を$M:m$に内分し，それぞれMとmに相当する分だけ動いているので，

$$x = l\cos\theta \times \frac{M}{M+m} \quad \text{答}$$

$$X = l\cos\theta \times \frac{m}{M+m} \quad \text{答}$$

となっている。

　Xは，| 12 |の答である⑪式とピッタリ一致しているね。

まとめ

動く台の問題を解く4つの方法

1 床から見た加速度を使って解く。

  ➡ 加速度間の関係(**束縛条件**)が必要。

例

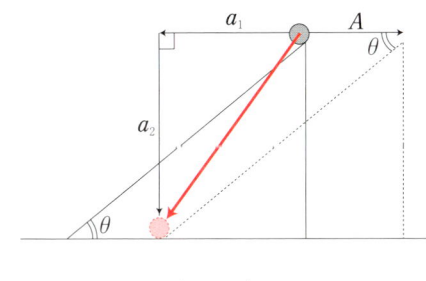

$$a_2 = (a_1 + A)\tan\theta$$

2 台上から見て，**慣性力**を使って解く。

  ➡ 慣性力mAのAを求めるため，台の運動方程式が必要。

3 床から見て，水平方向の全運動量保存と全力学的エネルギー保存の式を使って解く。
（**速度を直接求める**場合）

  ➡ 速度間の関係(**束縛条件**)が必要。

4 全体の重心点が不動であることを使って解く。
（**変位を直接求める**場合）

  ➡ 台の重心を右端にとった**重心不動**の図が必要。

第3講 n回バウンド・斜面上の放物運動

研究用例題3 ☑1回目 35分 ☐2回目 25分 ☐3回目 15分

　図のように，A点から投げられたボールが，水平面上の距離LのB点に垂直に立てられた高さLのネットをちょうど越えて，距離$2L$離れたC点に落下し，さらに前方の斜面を何回かはね（バウンドし），やがてC点に戻ってくる状況を考えよう。ここで，斜面は十分長く，その傾きはθであり，水平面および斜面はなめらかで，ボールと面とのはねかえりの係数（反発係数）はe $(0<e<1)$である。ボールの大きさ，ボールの回転，およびボールに対する空気抵抗は無視し，重力加速度をgとして以下の問いに答えよ。なお，θとeはボールが斜面上を1回以上はねることのできる条件を満たしているものとする。

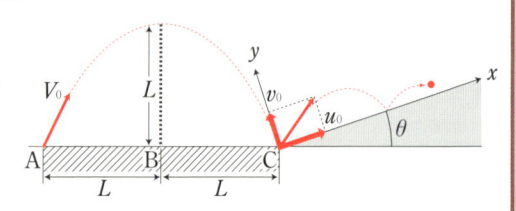

(1) A点でのボールの初速度V_0をg，Lを用いて表せ。

(2) ボールは図のC点のわずかに左側の水平面でバウンドした。図のように，C点を原点として斜面に平行にx軸，斜面に垂直にy軸をとったとき，バウンド直後のボールの速度のx成分u_0，y成分v_0をg，L，e，θを用いて表せ。

(3) ボールがC点ではね上がった時刻を$t=0$として，1回目に斜面上でバウンドするまでの間の任意の時刻tにおける速度のx成分u，y成分v，および位置x，yを表す式をu_0，v_0，g，θ，tを用いて表せ。また，1回目にバウンドする時刻t_1をg，L，e，θを用いて表せ。

(4) 斜面上でボールがくり返しはねた。斜面とn回目$(n \geq 1)$にバウンドする時刻t_nをg，L，e，θ，nを用いて表せ。また，バウンドがおさまる時刻t_∞をg，L，e，θを用いて表せ。

(5) ボールはやがてC点に戻ってくるが，C点をB点に向け通過するとき，バウンドしていないための条件をe，θを用いて表せ。

〔東大〕

> **目的**
>
> 　放物運動をして床にバウンドをくり返すとき，その滞空時間や最高点の高さには，はねかえり係数 e や e^2 を公比とする等比数列的な規則性がある。
> 　その規則性を利用すると，n 回バウンドした後の様子や，∞回バウンドするまでの時間を簡単に求めることができるようになる。
> 　本問ではさらに，「放物線の接線を利用した図形的解法」や，「水平 X －鉛直 Y 軸から，斜面平行 x －垂直 y 軸への座標軸の変換法」「斜面上での放物運動」などの放物運動の応用問題を解くのに欠かせない数々のテクニックを身に付けることができる。

導入

1 《等加速度運動の3点セット》

　どんな等加速度運動でも，スタート時にもっている，次の3つの量さえ分かってしまえば，その t 秒後の速度 v，座標 x は完全に決まってしまう。

3点セット	
初期位置	x_0
初速度	v_0
加速度	a

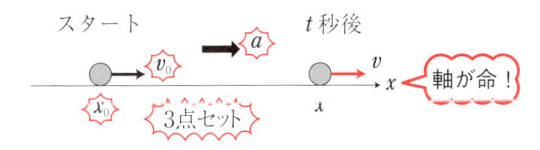

2 《等加速度運動の3公式 ㋐㋑㋒》

㋐　$v = v_0 + a \times t$

㋑　$x = x_0 + v_0 t + \dfrac{1}{2} a t^2$

㋒　$v^2 - v_0^2 = 2a(x - x_0)$

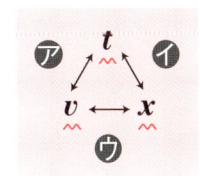

～～～に注目して，㋐㋑㋒を使い分けよう。
（例えば，t と v の関係がほしい ⇒ ㋐の式
　　　　　 v と x の関係がほしい ⇒ ㋒の式 となる。）

第3講　n 回バウンド・斜面上の放物運動　37

3 《放物線の接線のテクニック》

一般に放物線 $y = ax^2$ において点 $P(x_0, ax_0^2)$ における接線 l を考える。まず l の傾きは，ax^2 を x で微分して $2ax$ となるので，$2ax_0$ となる。さらに，l は点 (x_0, ax_0^2) を通るので，l を表す式は，

$$y = 2ax_0(x - x_0) + ax_0^2$$

$$= \underbrace{2ax_0}_{\text{傾き}} x \underbrace{- ax_0^2}_{\text{切片}}$$

ここで注目したいのは，切片だ。

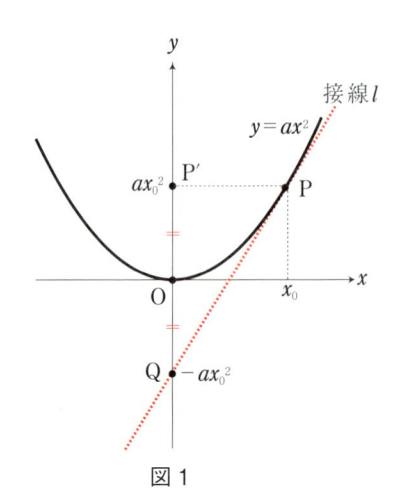

切片の y 座標 $-ax_0^2$ は，接点 P の y 座標 ax_0^2 とは逆符号となっている。よって，図1の点 P′ と切片 Q は，頂点 O をはさんで対称的な位置にある。

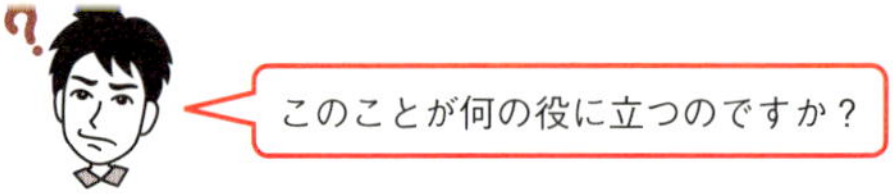

> このことが何の役に立つのですか？

いい質問だ。例えば，仰角45°で打ち上げた飛距離100mのホームランの最高点の高さ h 〔m〕を一瞬で答えてみて。

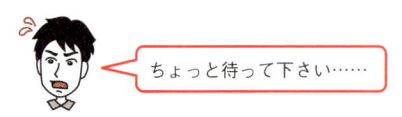

> ちょっと待って下さい……

図2のように図形的に出すと… $h = 25$〔m〕と一瞬で出るよ。

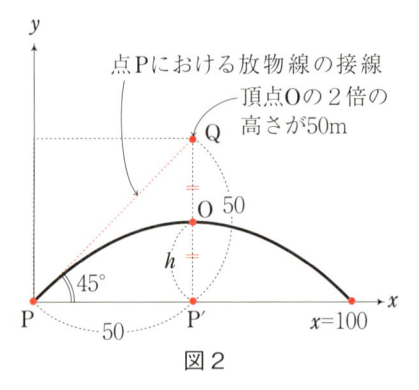

4 《n 回バウンドルール》

床面でくり返しバウンドする物体の運動にも重要な規則性がある。一般に，n 回バウンドした後の最高点の高さ h_n と滞空時間 T_n について，次のルールが成り立つ。

> **《n回バウンドルール》**
>
> **ルール1** （最高点の高さ h_n）＝（はじめの高さ h）× e^{2n}
> **ルール2** （滞空時間 T_n）＝（はじめの滞空時間 T）× e^n

例

図3

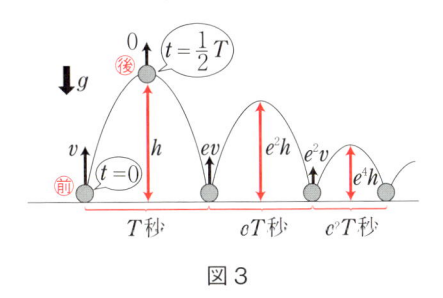

ルール1 図3の⑰⑱の y 方向の**等加速度運動の公式**⑰(p.37)から，

$$0^2 - v^2 = 2(-g)h$$

$$v^2 = 2gh$$

$$\therefore \quad h = \frac{1}{2g} \times v^2$$

よって，h は v^2（v の2乗）に比例する。ここで，v は1回バウンドごとに e 倍になるのだから，h は1回のバウンドごとに e^2 倍になる。

ルール2 図3の⑰から⑱までの時間は，滞空時間の半分の $\dfrac{T}{2}$ 秒。

よって，y 方向の速度についての**等加速度運動の3公式**⑰(p.37)から，

$$0 = v + (-g)\frac{1}{2}T$$

$$\therefore \quad T = \frac{2}{g} \times v$$

これより，T は v（v の1乗）に比例する。ここで，v は1回バウンドごとに e 倍になるのだから，T も1回のバウンドごとに e 倍になる。

解　説

(1)　図aのように，XY座標軸をとる。初速度のX, Y成分をV_{0X}, V_{0Y}とする。
《等加速度運動の3点セット》(p.37)の表は，次の通り。

3点セット	X成分	Y成分
初期位置 x_0	0	0
初 速 度 v_0	V_{0X}	V_{0Y}
加 速 度 a	0	$-g$

Y軸と逆

時刻t_1で最高点なので，
$t=t_1$のとき，速度$Y=0$だから，㋐式(p.37)より，

$$0 = V_{0Y} + (-g)t_1$$

$$\therefore \quad t_1 = \frac{V_{0Y}}{g} \quad \cdots\cdots ①$$

時刻t_1でネットの上端にいるので，

$t=t_1$のとき，$X=L$, $Y=L$だから，㋑式(p.37)より，

$$X : L = 0 + V_{0X} t_1 = \frac{V_{0X} V_{0Y}}{g} \quad \cdots\cdots ② \quad (\because \ ①)$$

$$Y : L = 0 + V_{0Y} t_1 + \frac{1}{2}(-g) t_1^2 = \frac{V_{0Y}^2}{2g} \quad \cdots\cdots ③ \quad (\because \ ①)$$

③式より，$V_{0Y} = \sqrt{2gL} \quad \cdots\cdots ④$

②式より，$V_{0X} = \dfrac{gL}{V_{0Y}} = \sqrt{\dfrac{gL}{2}} \quad \cdots\cdots ⑤ \quad (\because \ ④)$

よって，求める初速度の大きさV_0は，図aで三平方の定理より，

$$V_0 = \sqrt{V_{0X}^2 + V_{0Y}^2}$$

$$= \sqrt{\frac{5}{2} gL} \quad (\because \ ④⑤) \quad \text{答}$$

別解

《**放物線の接線のテクニック**》(p.38)を用いると，次のようにすばやく解くこともできる。

図bで，初速度V_0を延長した線は原点における放物線の接線となる。よって，その線は頂点のちょうど2倍の高さの点Pを通る。すると，図bの直角三角形OPQの角度αに注目して，

$$\cos\alpha = \frac{L}{\sqrt{L^2+(2L)^2}} = \frac{1}{\sqrt{5}} \quad \cdots ★$$

一方，力学的エネルギー保存則より，

$$\frac{1}{2}mV_0^2 = \frac{1}{2}m(V_0\cos\alpha)^2 + mgL$$

$$\therefore \ V_0 = \sqrt{\frac{2gL}{1-\cos^2\alpha}}$$

$$= \sqrt{\frac{5}{2}gL} \quad (\because \ ★) \quad \text{答}$$

図b

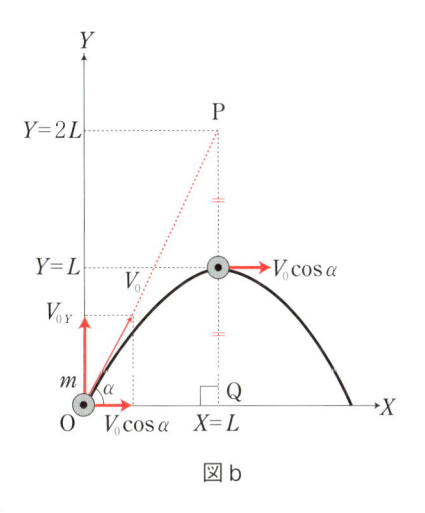

(2) C点で水平面にバウンドした直後は，速度V_0'のX成分は水平面がなめらかなので，不変でV_{0X}のまま。速度のY成分は，はねかえり係数eの定義よりeV_{0Y}となっている。この速度のX，Y成分を，斜面と平行にx軸，垂直にy軸の新しい座標x，y成分に直すには次の3ステップで座標変換をする必要がある。

テクニック　X，Y成分からx，y成分へ

STEP1 X，Y成分の速度V_{0X}，eV_{0Y}を図示する

STEP2 x，y軸方向へ分解し，**4つのベクトル**へ振り分ける

STEP3 速度のx，y成分の速度u_0，v_0にまとめる（ベクトル和）

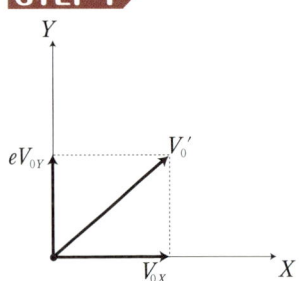

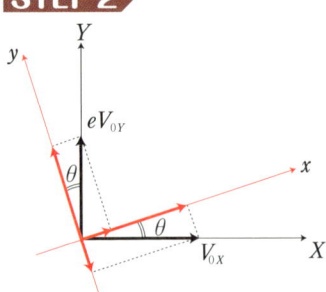

STEP 1

STEP 2

図より,速度の x, y 成分である u_0, v_0 は,

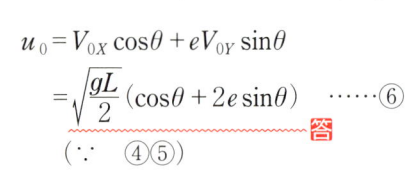

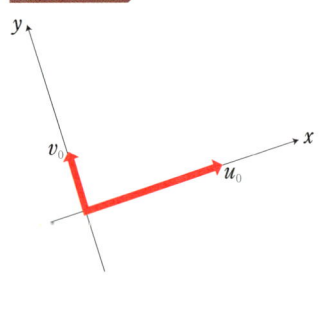

$$u_0 = V_{0X}\cos\theta + eV_{0Y}\sin\theta$$
$$= \sqrt{\frac{gL}{2}}(\cos\theta + 2e\sin\theta) \quad \cdots\cdots ⑥$$
$$(\because \ ④⑤) \quad \text{答}$$

STEP 3

$$v_0 = eV_{0Y}\cos\theta - V_{0X}\sin\theta$$
$$= \sqrt{\frac{gL}{2}}(2e\cos\theta - \sin\theta) \quad \cdots\cdots ⑦$$
$$(\because \ ④⑤) \quad \text{答}$$

(3) 斜面に対する放物運動で忘れてはならないのが,

重力加速度 g も分解すること

だ。図cのように，x，y 軸方向に重力加速度 g ベクトルも分解しよう。

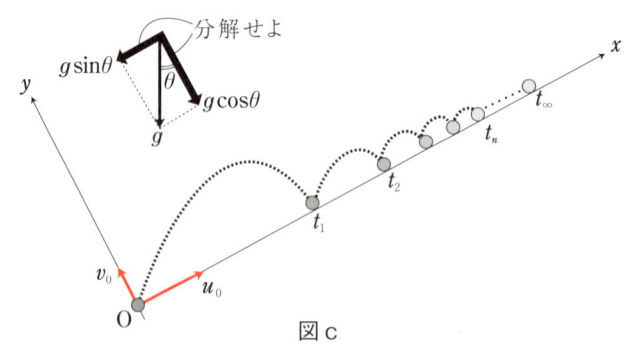

図c

図cで《**等加速度運動の3点セット**》(p.37)は，次の通り。

3点セット	x成分	y成分
初期位置 x_0	0	0
初速度 V_0'	u_0	v_0
加速度 a	$-g\sin\theta$	$-g\cos\theta$
	x軸と逆	y軸と逆

よって，時刻tで，等加速度運動の3公式㋐，㋑(p.37)より，

$$u = u_0 + (-g\sin\theta)\cdot t \quad \text{答}$$

$$v = v_0 + (-g\cos\theta)\cdot t \quad \text{答}$$

$$x = 0 + u_0 t + \frac{1}{2}(-g\sin\theta)t^2 \quad \cdots\cdots ⑧ \quad \text{答}$$

$$y = 0 + v_0 t + \frac{1}{2}(-g\cos\theta)t^2 \quad \text{答}$$

また，$t=t_1$のとき，斜面につくので，$y=0$（図cでのy座標は斜面からの距離を表している）より，

$$0 = 0 + v_0 t_1 + \frac{1}{2}(-g\cos\theta)t_1^2$$

ここで，$t_1 \neq 0$より，

$$t_1 = \frac{2v_0}{g\cos\theta}$$

$$= \sqrt{\frac{2L}{g}}(2e - \tan\theta) \quad \cdots\cdots ⑨ \quad (\because \quad ⑦) \quad \text{答}$$

(4) 図cのように，斜面とn回目にバウンドする時刻をt_nとすると，《**n回バウンドルール**》(p.38)より，1回ごとに滞空時間はe倍となるので，

$$t_n = \underbrace{t_1}_{1回目} + \underbrace{et_1}_{2回目} + \underbrace{e^2 t_1}_{3回目} + \cdots\cdots + \underbrace{e^{n-1}t_1}_{n回目の滞空時間}$$

$$= \frac{1-e^n}{1-e}t_1 \quad \left(\begin{array}{l}\text{初項}a_1\text{，公比}r\text{の等比数列の和の公式}\\ \displaystyle\sum_{i=1}^{n}a_1 r^{i-1} = \frac{1-r^n}{1-r}a_1 \text{ を使った}\end{array}\right)$$

$$= \frac{1-e^n}{1-e}\sqrt{\frac{2L}{g}}(2e-\tan\theta) \quad \cdots\cdots ⑩ \quad (\because ⑨)$$ 答

また，「バウンドがおさまる」とは「十分な回数($n=\infty$)バウンドをくり返しバウンドが収束する」ことなので，⑩式で $n \to \infty$ として，

$$t_\infty = \lim_{n\to\infty} t_n \quad (0<e<1 \text{ より } e^n \to 0 \text{ に収束する})$$

$$= \frac{1}{1-e}\sqrt{\frac{2L}{g}}(2e-\tan\theta) \quad \cdots\cdots ⑪$$ 答

(5) C点でバウンドしていないということは，図dのように x 座標が0に戻る（$t=t'$ とする）前に y 方向のバウンドが収まって（$t=t_\infty$）すべり出していればよい。

ここで，⑧式より，

$$0 = u_0 t' + \frac{1}{2}(-g\sin\theta)t'^2$$

$$t' = \frac{2u_0}{g\sin\theta}$$

$$= \sqrt{\frac{2L}{g}}\left(\frac{\cos\theta}{\sin\theta}+2e\right) \quad \cdots\cdots ⑫$$
$(\because ⑥)$

図d

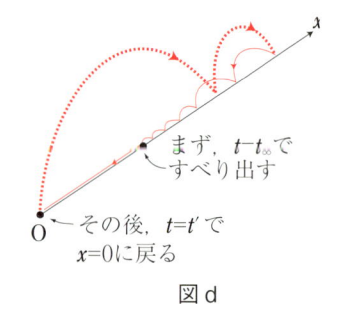

図dより，$t_\infty \leq t'$ に⑪⑫式を代入して，

$$\frac{1}{1-e}\sqrt{\frac{2L}{g}}(2e-\tan\theta) \leq \sqrt{\frac{2L}{g}}\left(\frac{\cos\theta}{\sin\theta}+2e\right)$$

$$2e\tan\theta - \tan^2\theta \leq (1-e)+(1-e)2e\tan\theta$$

$$\therefore \quad 1-e-2e^2\tan\theta+\tan^2\theta \geq 0$$ 答

$\left(\begin{array}{l}\text{ただし，バウンドがおさまる時刻が存在することが前提であるので}\\ t_\infty>0 \text{ より，⑪式から，} 2e>\tan\theta \text{ も同時にみたす必要がある}\end{array}\right)$

まとめ

1 《等加速度運動の3点セット》
座標軸上に，次の3つの量を求める。

初期位置	x_0
初 速 度	v_0
加 速 度	a

これさえ求めれば，スタートしてからt秒後の速度v，座標xは自由自在にかける。

2 《放物線の接線のテクニック》
放物線の接線(初速度の方向)を延長すると，放物線の軸と，ちょうど頂点Oの2倍の高さにある点Qで交わる。

頂点座標もしくは，初速度の方向のどちらか一方が分かっているときには，他方を簡単に求めることができる。

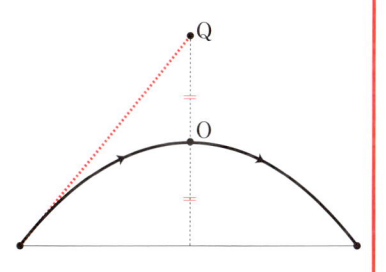

3 《n回バウンドルール》

ルール1 （最高点の高さh_n）=（はじめの高さh）$\times e^{2n}$

ルール2 （滞空時間T_n）=（はじめの滞空時間）$\times e^n$

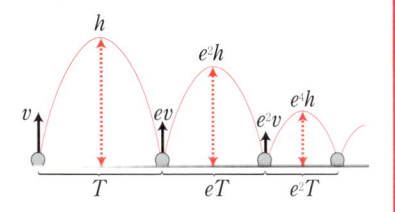

第3講 n回バウンド・斜面上の放物運動

第4講 可動三角台との斜衝突の3解法

研究用例題4　☑1回目 40分　☐2回目 30分　☐3回目 20分

　空間に固定された無限に長い2本の水平なレールがある。レールはx軸に平行である。このレールに沿って運動する質量Mの物体Aを考える。物体Aは水平となす角がθの斜面をもつ。

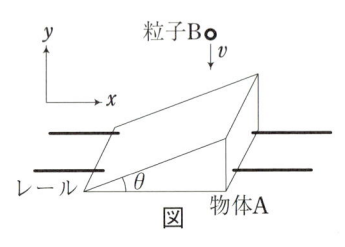

　y軸の負の方向に速さvで運動する質量mの粒子Bが物体Aに衝突する。衝突は弾性衝突とする。粒子Bと物体Aとの間の摩擦、および重力の力積は無視する。

　まず、物体Aがレールに固定された状況を考える。

(1) 粒子Bが物体Aの斜面に衝突するとき、粒子Bは斜面に垂直な方向に力積を受ける。力積の大きさをPとし、粒子Bの衝突後の速度のx成分とy成分をそれぞれv_x, v_yとして、v_xとPの関係式、およびv_yとPの関係式をそれぞれかけ。

(2) 衝突の前後で粒子Bの運動エネルギーが保存されることを用いて、Pを求めよ。答はv, m, θのうち適当なものを用いて表せ。

(3) v_x, v_yをそれぞれ求めよ。答えはv, θで表せ。

　つぎに、物体Aがレールに沿って自由に動ける状況を考える。レールと物体Aとの間の摩擦は無視する。

(4) 速さVでx軸の正の方向に動いている物体Aの斜面に粒子Bが衝突するとき、(1)と同様に、粒子Bは斜面に垂直な方向に力積を受ける。このとき、粒子Bが受ける力積の大きさP_2を求めよ。答えはv, V, m, M, θのうち適当なものを用いて表せ。

(5) 衝突後の物体Aの速度のx成分V'、粒子Bの速度のx成分v_x'、y成分v_y'をそれぞれ求めよ。答えはv, V, m, M, θのうち適当なものを用いて表せ。

〔早大〕

目的

受験生の多くが苦手にしている，可動三角台と粒子との斜衝突の解法を研究しよう。解法は基本的に次の３つである。

1つ目は 水平，鉛直に完全に分けた力積と運動量の関係式と弾性衝突時の全エネルギー保存の式の連立で解く方法。

2つ目は 全エネルギー保存の式の代わりに斜面と垂直方向のはねかえり係数の式の連立で解く方法。

3つ目は 斜面と平行，垂直方向に完全に分けた力積と運動量の関係式と，はねかえり係数の式の連立で解く方法。

難関大学ではどの解法で解かせるのかは決まっていないので，３つのどの解法でもスラスラ解けるようにしておきたい。ポイントは２つ。

１つ目は，衝突時(⊕)の撃力の力積ベクトルの図示。

２つ目は，はねかえり係数 e を立てるときに，面と垂直成分の速度を「ベクトルの分解・合成」(p.41)で求めることだ。

導入

1 はねかえり係数 e の定義

$$0 \leq e = \frac{（衝突面と垂直に）２物体が離れる速さ}{（衝突面と垂直に）２物体が近づく速さ} \leq 1$$

※速さ＝速度の大きさ（絶対値）

第4講　可動三角台との斜衝突の3解法

（代表例４パターン）

（パターン１）　固定面との直衝突

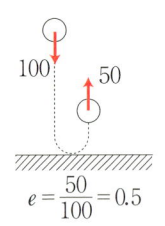

$e = \dfrac{50}{100} = 0.5$

（パターン２）　固定面との斜衝突

$e = \dfrac{40}{60} = 0.66\cdots$

（パターン３）　２球の直衝突

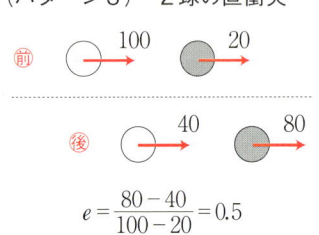

$e = \dfrac{80 - 40}{100 - 20} = 0.5$

（パターン４）　可動台との斜衝突

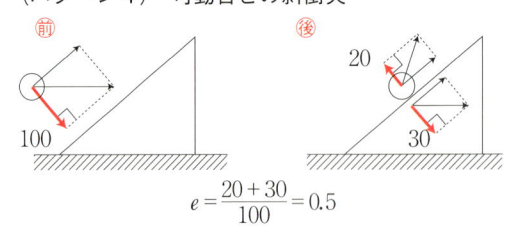

$e = \dfrac{20 + 30}{100} = 0.5$

2　はねかえり係数 e と力学的エネルギー

（完全）弾性衝突　$e = 1$　➡　衝突時に熱は発生せず，力学的エネルギーが保存する

非弾性衝突　$0 < e < 1$

完全非弾性衝突　$e = 0$

➡　衝突時に熱が発生して，力学的エネルギーは失われる

解　説

〔解法１〕

(1)　図aのように，衝突⑰⑭㉘の図をかく。

x，y方向それぞれの力積と運動量の関係より，
(ここで，重力の力積$mg\Delta t$は衝突時間Δtが短いので無視してよい。一般に衝突では撃力（衝突時に現れる一瞬の強い力）の力積以外は無視してよい。)

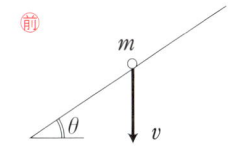

$$x : 0 + (-P\sin\theta) = mv_x$$

$$y : -mv + P\cos\theta = mv_y$$

$$\therefore \quad v_x = -\frac{P}{m}\sin\theta \quad \cdots\cdots ①$$

$$v_y = -v + \frac{P}{m}\cos\theta \quad \cdots\cdots ②$$

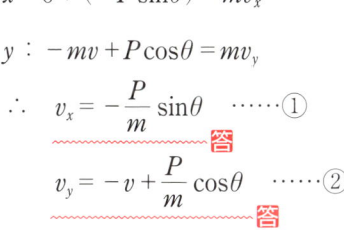

(2)　①②式は，3つの未知数 v_x，v_y，P を含むので，あと1つの式がほしい！

そこで，弾性衝突なので，エネルギー保存則を考えて，

$$\frac{1}{2}mv^2 = \frac{1}{2}m(v_x^2 + v_y^2)$$

　　　　　　　三平方の定理より

この式に①②式を代入して，

$$v^2 = \left(-\frac{P}{m}\sin\theta\right)^2 + \left(-v + \frac{P}{m}\cos\theta\right)^2$$

$$\therefore \quad v^2 = \left(\frac{P}{m}\right)^2 + v^2 - 2v\frac{P}{m}\cos\theta$$

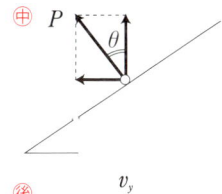

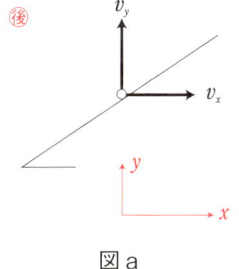

ここで，$P \neq 0$ より，

$$P = 2mv\cos\theta \quad \cdots\cdots ③$$

図a

第4講　可動三角台との斜衝突の3解法

別解 その1 〔解法2〕

弾性衝突なので，はねかえり係数$e=1$の式を用いても解ける。

図bのように，前後の速度ベクトルを分解して，**斜面と垂直方向成分**をつくる。はねかえり係数$e=1$の式より，

後での斜面と垂直方向の速度の
ベクトル和の大きさ

$$e = \frac{\overbrace{v_y\cos\theta - v_x\sin\theta}}{v\cos\theta} = 1$$

$$\therefore \ v_y\cos\theta - v_x\sin\theta = v\cos\theta$$

この式に①②式を代入して，

$$-v\cos\theta + \frac{P}{m}\cos^2\theta + \frac{P}{m}\sin^2\theta = v\cos\theta$$

$$\therefore \ P = 2mv\cos\theta \ \text{答}$$

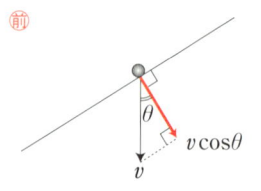

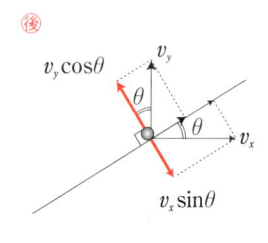

図b

Point 1 弾性斜衝突の２つの解法

弾性衝突 ─→ (i) 全エネルギー保存
　　　　　　　　（速さを三平方の定理で求めることに注意!!）

　　　　 ─→ (ii) はねかえり係数 $e=1$の式
　　　　　　　　（速度ベクトルを分解して，**面に垂直な速度成分**を求めることに注意!!）

※一般に，(i)は２次方程式
　　　　　(ii)は１次方程式 となる。

したがって，(ii)の方が式変形は楽である。ただし，計算チェックのためにも両方で解けるようにしておくのがベスト!

別解 その2 〔解法3〕

図cのように，面と平行にX軸を，垂直にY軸を立て，それぞれの方向に速度を分解して考える。

ここで，**X軸方向には力積はない**ので，X軸方向の速度$v\sin\theta$は保存することを用いている。

また，**Y軸方向では，はねかえり係数$e=1$**より，その速さ$v\cos\theta$は変わらないことも使っている。

図cより，前中後の力積と運動量の関係を**ベクトル図**として表すと，図dのようになる。

この図より，中の力積の大きさPは，

$$P = 2mv\cos\theta \quad \text{答}$$

と求まる。

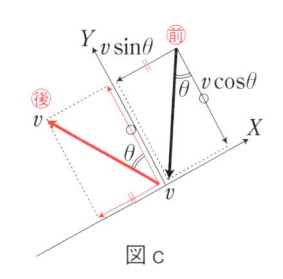

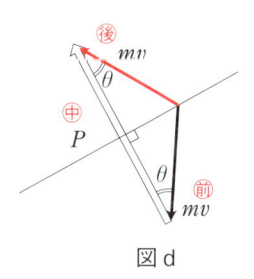

図c

図d

Point 2 斜衝突の楽な解法

小球と（動く）三角台の斜衝突ときたら，**斜面と平行(X)と垂直(Y)**に分けて考えるとよい。

 X：力積がなければ，小球の速度は**不変**（台が動かなくても，動いても）

 Y：はねかえり係数の式を用いる（台の動きに注意）

いろいろな解法がありますね。どれがオススメですか？

いや，オススメはないよ。だって各大学ごとにどの誘導の仕方で問われるか分からないからね。**ズバリ，全ての解法で解けるようにしておこう!!**

(3) 〔解法1〕
③式を①②式に代入して，

$$v_x = -2v\sin\theta\cos\theta \quad \text{答}$$
$$v_y = (2\cos^2\theta - 1)v \quad \text{答}$$

別解 〔解法3〕

別解 その2（p.51）の図cの㊡のX，Y軸方向のベクトル$v\cos\theta$，$v\sin\theta$をさらにx，y方向に「**4つのベクトルへ分解して合成**」（p.41）すると図eのように，

$$v_x = -(v\cos\theta)\sin\theta - (v\sin\theta)\cos\theta$$
$$= -2v\sin\theta\cos\theta \quad \text{答}$$

$$v_y = (v\cos\theta)\cos\theta - (v\sin\theta)\sin\theta$$
$$= (2\cos^2\theta - 1)v \quad \text{答}$$

と図形的に求めることもできる。

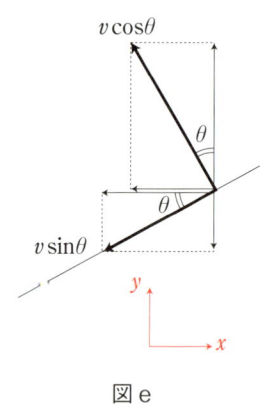

図e

(4) 〔解法1〕
図fのように，衝突後の物体Aの速度のx成分をV'とし，粒子Bの速度のx成分とy成分をそれぞれv_x'，v_y'とする。㊥でP_3は物体Aがレールから受ける力積である（物体Aがレールで「ふんばる」イメージ）。

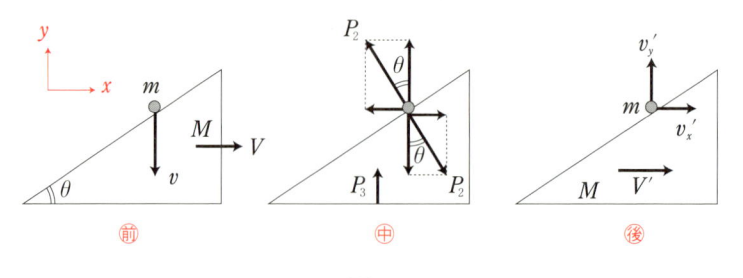

図f

力積と運動量の関係より,

物体Aのx方向：$MV + P_2 \sin\theta = MV'$ ……⑥ （前・中・後）

粒子Bのx方向：$0 - P_2 \sin\theta = mv_x'$ ……⑦

粒子Bのy方向：$-mv + P_2 \cos\theta = mv_y'$ ……⑧

また，**弾性衝突より全エネルギーが保存される**ので，

$$\frac{1}{2}mv^2 + \frac{1}{2}MV^2 = \frac{1}{2}m\underbrace{(v_x'^2 + v_y'^2)}_{\text{三平方の定理より}} + \frac{1}{2}MV'^2 \quad\text{……⑨}$$

以上で，未知数V', v_x', v_y', P_2についての4つの式がそろった。

⑨式に⑥⑦⑧式を代入して，

$$\frac{1}{2}mv^2 + \frac{1}{2}MV^2 = \frac{1}{2}m\left\{\left(-\frac{P_2}{m}\sin\theta\right)^2 + \left(-v + \frac{P_2}{m}\cos\theta\right)^2\right\}$$
$$+ \frac{1}{2}M\left(V + \frac{P_2}{M}\sin\theta\right)^2$$

$$\therefore\quad mv^2 + MV^2 = m\left\{\left(\frac{P_2}{m}\right)^2 + v^2 - \frac{2P_2 v}{m}\cos\theta\right\}$$
$$+ M\left\{V^2 + \left(\frac{P_2}{M}\sin\theta\right)^2 + \frac{2P_2 V}{M}\sin\theta\right\}$$

$$\therefore\quad \left(\frac{1}{m} + \frac{1}{M}\sin^2\theta\right)P_2^2 - (2v\cos\theta - 2V\sin\theta)P_2$$

ここで，$P_2 \neq 0$より，

$$\therefore\quad P_2 = \frac{2Mm(v\cos\theta - V\sin\theta)}{M + m\sin^2\theta} \quad\text{……⑩【答】}$$

> **イメージ** とくに $V = 0$, $\dfrac{M}{m} \to \infty$ とすると（台が動かない条件），
>
> $P_2 \to 2mv\cos\theta$
>
> となる。これは(2)の【答】と一致している。

第4講 可動三角台との斜衝突の3解法

別解 その1 〔解法2〕

図gのように，**斜面と垂直方向成分**の速度を図示する。

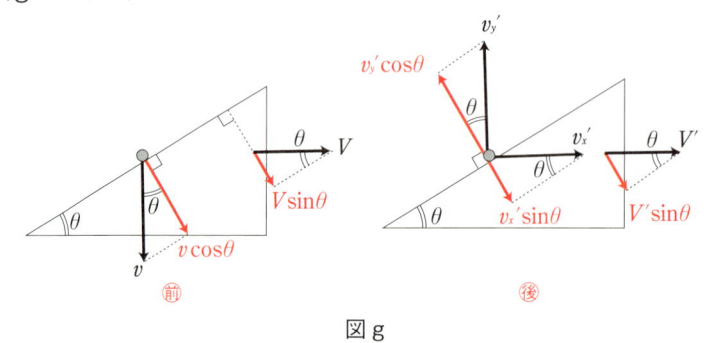

図g

この図より，**はねかえり係数 $e=1$ の式**は，

$$e = \frac{(v_y'\cos\theta - v_x'\sin\theta) + V'\sin\theta}{v\cos\theta - V\sin\theta} = 1$$

$$\therefore \quad v\cos\theta - V\sin\theta = v_y'\cos\theta - v_x'\sin\theta + V'\sin\theta \quad \cdots\cdots ⑪$$

⑥⑦⑧式を⑪式に代入して，

$$v\cos\theta - V\sin\theta = \left(-v + \frac{P_2}{m}\cos\theta\right)\cos\theta - \left(-\frac{P_2}{m}\sin\theta\right)\sin\theta$$
$$+ \left(V + \frac{P_2}{M}\sin\theta\right)\sin\theta$$

$$\left(\frac{1}{m} + \frac{1}{M}\sin^2\theta\right)P_2 = 2v\cos\theta - 2V\sin\theta$$

$$\therefore \quad P_2 = \frac{2Mm(v\cos\theta - V\sin\theta)}{M + m\sin^2\theta} \quad \text{答}$$

別解 その2 〔解法3〕

図hのように斜面と平行に X 軸，垂直に Y 軸を立てる。
図hで，$v_x = v\sin\theta$, $v_y = v\cos\theta$ $\cdots\cdots ⑫$

図h

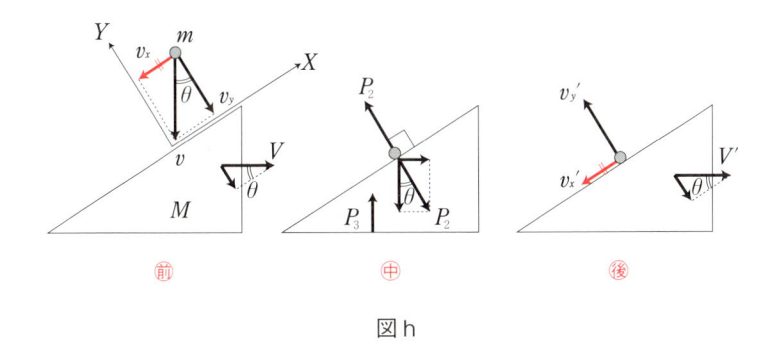

(前) (中) (後)

ここで，**X軸方向には粒子Bには力積ははたらかない**ので，

$$v_x' = v_x = v\sin\theta \quad \cdots\cdots ⑬$$

> この事実を使いたいためにX, Y軸をとったんだ

粒子BのY方向の力積と運動量の関係より，

$$-mv_y + P_2 = mv_y' \quad \cdots\cdots ⑭$$

物体Aの水平方向の力積と運動量の関係より，

$$MV + P_2\sin\theta = MV' \quad \cdots\cdots ⑮$$

> どうして物体Aだけ水平方向ですか。Y方向には立てられないのですか

それは，物体Aはレールから上向きの力積P_3を同時に受けるので，Y軸方向に式を立てるとその力積P_3を含んでしまう。だからそれを避けるために，水平方向に注目するんだ。

ここで，はねかえり係数$e=1$の式より，

$$e = -\frac{v_y' + V'\sin\theta}{v_y - V\sin\theta} = 1 \quad \cdots\cdots ⑯$$

⑫⑬⑭⑮式を⑯式に代入して，

> X, Y軸をとると式変形も楽だね

$$v\cos\theta - V\sin\theta = -v\cos\theta + \frac{P_2}{m} + \left(V + \frac{P_2}{M}\sin\theta\right)\sin\theta$$

$$\therefore \quad P_2 = \frac{2Mm(v\cos\theta - V\sin\theta)}{M + m\sin^2\theta} \quad \text{答}$$

(5) ⑩式を⑥⑦⑧式に代入して，V'，v_x'，v_y'について解くと，

$$V' = \frac{2m\sin\theta\cos\theta v + (M - m\sin^2\theta)V}{M + m\sin^2\theta}$$ 答

$$v_x' = \frac{-2M\sin\theta(v\cos\theta - V\sin\theta)}{M + m\sin^2\theta}$$ 答

$$v_y' = \frac{(2M\cos^2\theta - M - m\sin^2\theta)v - 2M\sin\theta\cos\theta V}{M + m\sin^2\theta}$$ 答

イメージ

とくに $V = 0$，$\dfrac{M}{m} \to \infty$とすると，

$V' \to 0$

$v_x' \to -2\sin\theta\cos\theta v$

$v_y' \to (2\cos^2\theta - 1)v$

となり，(3)の答と一致している。

研究

もし，レールがなめらかでなく，粗かったらどうなりますか？

いい質問だ。もし仮に，レールと物体Aの間に動摩擦係数μ'の動摩擦力(静止摩擦力ではない。衝突時，Aはわずかにずれるからだ)があるときは，Aの水平方向の力積と運動量の関係より，

$$MV + (P_2\sin\theta - \mu'P_3) = MV' \quad \cdots\cdots ⑰$$

Aの鉛直方向の力積と運動量の関係より，

$$0 + (P_3 - P_2\cos\theta) = 0 \quad \cdots\cdots ⑱$$

⑫⑬⑭⑰⑱式を⑯式に代入して，

$$v\cos\theta - V\sin\theta = -v\cos\theta + \frac{P_2}{m} + \left\{V + \frac{P_2}{M}(\sin\theta - \mu'\cos\theta)\right\}\sin\theta$$

$$\therefore \quad P_2 = \frac{2Mm(v\cos\theta - V\sin\theta)}{M + m(\sin\theta - \mu'\cos\theta)\sin\theta} \quad \cdots\cdots ⑲$$

⑰⑱⑲式より，

$$V' = \frac{2m(\sin\theta - \mu'\cos\theta)\cos\theta\, v + \{M - m(\sin\theta - \mu'\cos\theta)\sin\theta\}V}{M + m(\sin\theta - \mu'\cos\theta)\sin\theta}$$

まとめ

可動三角台との斜衝突の3解法の研究

まず しっかりと〔前後の速度ベクトル〕,〔中の撃力の力積ベクトル〕を図示することが大切。

そして 3解法を実行する。

〔解法1〕　水平,鉛直方向の力積と運動量の関係式と,
　　　　　全エネルギー保存の式(2次方程式)の連立

〔解法2〕　水平,鉛直方向の力積と運動量の関係式と,
　　　　　面と垂直方向のはねかえり係数の式(1次方程式)の連立

〔解法3〕　粒子の面に平行・垂直な方向の力積と運動量の関係式と,
　　　　　台の水平な方向の力積と運動量の関係式および,
　　　　　面に垂直な方向のはねかえり係数の式の連立

	長　所	短　所
〔解法1〕	立式が簡単	連立2次方程式を解くので式変形がめんどう
〔解法2〕	連立1次方程式なので式変形は楽	はねかえり係数の式を立てるときに図形的処理が必要
〔解法3〕	式変形や図形的処理は最も楽	小球については水平,鉛直方向の速度を求めるとき,面と平行,垂直方向の速度を分解して考える必要がある

第5講 遠心力を受ける単振動

研究用例題5 ☑1回目 30分 □2回目 15分 □3回目 10分

　図のように，水平に支えられ，モーターによって中心のまわりに回転できる大きい円板の表面に，円板の中心を通る四角の小さな溝が掘られている。この溝の中で，一端を円板の中心に固定されたばね（ばね定数k，自然長l_0）につながれた質量Mの小物体Aが，円板の中心からl_0だけ離れた位置に置かれている。小物体Aの上には質量mの小物体Bが乗っている。小物体AとBの幅は，ともに溝の幅と同じであり，小物体AとBは溝に沿って動くことができる。この状態から円板を回し始め，その角速度をゆるやかに増していった。以下の問いに答えよ。ただし，小物体AとBの間の静止摩擦係数をμ，重力加速度をgとする。ばねの質量は無視してよい。小物体AとBの大きさはl_0に比べて十分小さく，無視してよい。また，溝の側面も底面もなめらかである。

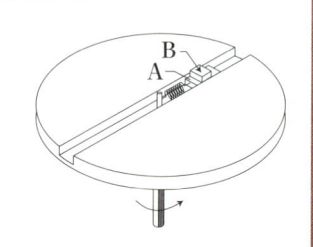

　円板の角速度が増すにつれてばねの伸びが増し，円板の角速度がωになったとき，小物体Bが小物体Aの上をすべりだして，飛び去り，小物体Aは溝の中で小さな振幅で振動を始めた。ただし，以下の問いでは，小物体Bがすべりだす直前は，小物体AとBは溝の中で静止していたものとする。また，小物体Aが振動している間，角速度はωで変化しないものとする。また$k > M\omega^2$は満たされているものとする。

(1) 小物体Bが小物体Aの上をすべりだす直前のばねの伸びSを，k，M，m，μ，gを用いて表せ。

(2) ωを，k，l_0，M，m，μ，gを用いて表せ。

(3) 小物体Aの振動の中心と円板の中心との距離x_0をk，l_0，M，ωを用いて表せ。

(4) 小物体Aの振動の振幅をS，k，l_0，M，ωを用いて表せ。

(5)　小物体Aの振動の周期Tを，k，M，ωを用いて表せ。
(6)　床から見たときの小物体Aの運動の軌跡が，毎周ごとに同じ軌道に重なって見えるのは，kとM，ωの間にどのような関係があるときか。必要ならば自然数nを用いて表せ。

〔東北大〕

目的　単振動の解法の流れをつかむことが目標。とくに，難関大では単振動の運動方程式の形を強引に$ma = -K(x-x_0)$の形にもっていくことによって，周期や振動中心を求めるというタイプの問題が多く出題される。本問の「遠心力を受ける単振動」が，その典型的な例だ。

導入

1　遠心力：回転系からのみ見える力

図1のように，円運動している物体とともに自転している人（**ハンマー投げの選手の立場**）から見ると，物体は静止して見える。これは，中心向きの張力Sと，外向きの**遠心力f**とがつり合って見えるからである。遠心力の大きさfは，半径をr，速さを$v=r\omega$として，

$$f = m\frac{v^2}{r} = mr\omega^2$$

となる。ここでのポイントは，

遠心力は，　①　中心（✖印），②　半径r，③　速さ$v=r\omega$　で決まること

である。この中心，半径，速さを，《**円運動の3点セット**》と呼ぶことにする。

第5講　遠心力を受ける単振動

Point 1 《円運動の3点セット》

❶ 円の中心点
❷ 半径 r
❸ 速さ $v=r\omega$

回転系から見ると，遠心力として，

$$m\frac{v^2}{r}=mr\omega^2$$

がはたらく。

2 単振動の「3つのデータ」

(1) 単振動とは，等速円運動を真横から見たときに見える往復運動のこと。その運動は「3つのデータ」からとらえることができる。
その「3つのデータ」とは，

❶ 振動中心点 ❷ 折り返し点 ❸ 周期T である。

単振動を解くというのは実は，この「3つのデータ」を求める，ということと同等なのである。

(2) 各データの求め方は，次のようになる。

❶ 振動中心点(中)は，力のつり合う点として求まる。
❷ 折り返し点(折)は，速度$v=0$となる点として求まる。

図2の(折)では，物体が一瞬止まって折り返すため，その速度vは一瞬$v=0$となる。
一方，(中)では速度が最大v_{max}となる。
ここで，

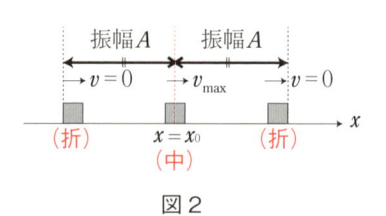

　　最大速度 v_{max}
　　　⬇ $v-t$グラフの傾き0より
　　加速度 $a=0$
　　　⬇ $ma=$(合力)より
「(合力)$=0$」で，力のつり合いの点になる。

❸ 周期Tは，一般の位置xでの運動方程式の形から求める。

図3の位置で，次の2つのポイントに注意して，運動方程式を立てよう。

ポイント1 x座標は，$x>0$ であること
ポイント2 加速度aの向きは，軸の正の向きにそろえること

この2つのポイントは，**地味だが意外に大切**。これらに注意して，立てた運動方程式の形が，

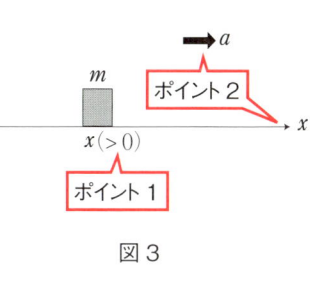

$$ma = -K(x - x_0)$$ （Kは正の定数）

のとき，

ポイント3 振動中心(中)の位置は，$x = x_0$ となり，周期は，$T = 2\pi\sqrt{\dfrac{m}{K}}$ となる。

ここで，注意したいのは，**Kは正の定数であれば何でもよくて，ばね定数kとは限らない**こと。とくに**難関大の単振動では，Kがいろいろな定数の形をもつ**ことが多い。

以上の3つのデータを効率よく求めるための解法の流れをおさえよう。

Point 2 《単振動の解法3ステップ》

STEP1 x軸を定める(原点とxの正の向きを必ず確認)。
STEP2 x軸上で，自然長の位置をはっきりさせる。振動中心点$x=x_0$は(中)，折り返し点に(折)をマークする。
STEP3 一般の位置$x\,(>0)$での運動方程式を，

$$ma = -K(x - x_0)$$

の形に**強引にもっていく**と，

$\begin{cases} 振動中心\ x = x_0 \\ 周期\ T = 2\pi\sqrt{\dfrac{m}{K}} \end{cases}$ の単振動をしていることが分かる。

第5講 遠心力を受ける単振動

解　説

(1) BがAの上ですべり出す直前のばねの伸びをSとする。《**円運動の3点セット**》(p.60)の中心は図aの×印，半径はl_0+S，角速度はωとなる。

以上により，**回転系から見ると**，図aのようにA，Bには，遠心力(質量)×(半径(l_0+S))×ω^2がはたらく。BがAの上からすべる直前であるので，AとBの間には，最大静止摩擦力$\mu N = \mu mg$がはたらいている。

図a

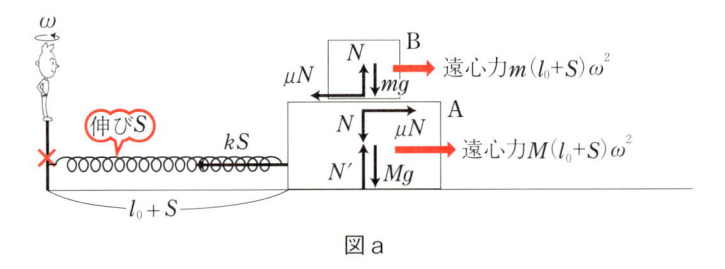

図aで回転系から見た水平方向の力のつり合いの式より，

$$A : kS = M(l_0+S)\omega^2 + \mu mg \quad \cdots\cdots ①$$

$$B : \mu mg = m(l_0+S)\omega^2 \quad \cdots\cdots ②$$

①②式より，ωを消して，

$$kS = M\mu g + \mu mg$$

$$\therefore \quad S = \frac{\mu(M+m)g}{k} \quad \cdots\cdots ③ \quad \boxed{答}$$

(2) ③式を②式に代入して，ωについて解くと，

$$\omega = \sqrt{\frac{\mu gk}{kl_0 + \mu(M+m)g}} \quad \boxed{答}$$

(3) 《**単振動の解法3ステップ**》(p.61)で解く。

STEP1 図bのように，**回転系から見た座標軸を立てる**。原点は回転中心にとる。

STEP2 図bで，自然長は$x=l_0$である。Bが飛び去ると，それまで摩擦力で引っぱられて位置$x=l_0+S$にいたAは，x軸を負の向きに初速度0で運動し始める。よって，$x=l_0+S$が右側の折り返し点となる。

振動中心は，$x=x_0$と仮定し，左側の折り返し点$x=x_{\min}$は対称性から考えて，

$$\underbrace{\frac{l_0+S+x_{\min}}{2}}_{\text{2つの(折)の平均}} = \underbrace{x_0}_{\text{中心}} \quad \therefore \quad x_{\min} = 2x_0 - (l_0+S)$$

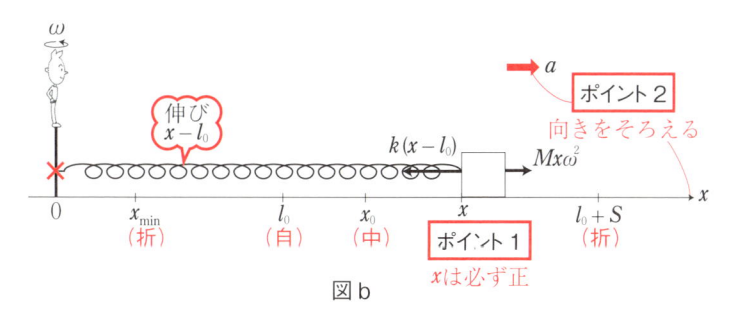

図b

STEP3 図bから，一般の位置$x(>0)$で運動方程式（aはxの正の向き）を立てると，

$$Ma = -k(x-l_0) + Mx\omega^2$$

さて，この式を，単振動の運動方程式の基本型に変形させてみて！

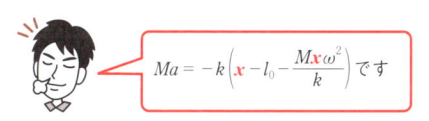

$Ma = -k\left(x - l_0 - \dfrac{Mx\omega^2}{k}\right)$です

違うよ。変数xが2ヵ所あるでしょ。それらは1つにまとめねばならない。つまり，

$$Ma = -(k-M\omega^2)\left(x - \frac{kl_0}{k-M\omega^2}\right)$$

の形に**強引にもっていくんだ。このタイプの問題では強引さがどうしても必要なんだ。**

何度もくり返すが，xが2ヵ所以上あれば，1つにまとめる必要がある。これは加速度aを含む項が2ヵ所以上あっても同じことだ。

第5講　遠心力を受ける単振動

Point 3　単振動への強引な式変形

$$Ma = -K(x - x_0) \quad (M, K は正の定数)$$

の式に強引にもっていくことが大切。この形になれば、これは、見かけ上の質量 M、見かけ上のばね定数 K、見かけ上の自然長の位置 $x = x_0$ とする、水平ばね振り子と同等の運動と見なせる。

問い $ma = -kx + ba + cx + d$ はどんな単振動か？

答え $(m-b)a = -(k-c)\left(x - \dfrac{d}{k-c}\right)$

よって、
- 見かけ上の質量　$M = m - b$
- 見かけ上のばね定数　$K = k - c$
- 見かけ上の自然長の位置　$x_0 = \dfrac{d}{k-c}$

の水平ばね振り子と見なせる。

すると、ここでは、

見かけ上のばね定数　$K = k - M\omega^2$　……④

振動中心　$x_0 = \dfrac{kl_0}{k - M\omega^2}$　……⑤

の単振動となっている。

(4)　単振動の振幅は(折)と(中)の間の距離であるから、

$$\underbrace{(l_0 + S)}_{(折)} - \underbrace{x_0}_{(中)} = S - \dfrac{Ml_0\omega^2}{k - M\omega^2} \quad (\because \text{⑤})$$

(5)　質量 M で見かけ上のばね定数 K の水平ばね振り子と同じ周期となるので、

$$T = 2\pi\sqrt{\dfrac{M}{K}} = 2\pi\sqrt{\dfrac{M}{k - M\omega^2}} \quad \text{……⑥}\quad (\because \text{④})$$

> 見かけ上のばね定数 $K = k - M\omega^2$ ということは，ばね定数は見かけ上 $M\omega^2$ だけ小さくなってしまっているということですか。どんなイメージですか

　図cのように，遠心力が，ばねの引く力をじゃましてしまって，物体はノロノロとしか動けない状態になっているイメージだ。これはあたかも，ばね定数が小さい「ふにゃふにゃしたばね」によって弱い力で引かれながら動くイメージと同じだよ。

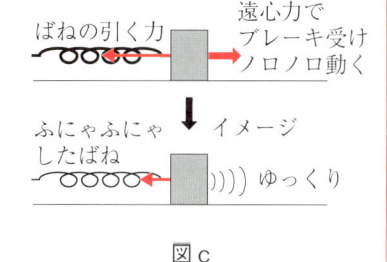

> $k < M\omega^2$ となってしまったら，$K < 0$　これは負のばね定数！どういうことですか

図c

　遠心力の方が常にばねの引く力よりも強くなってしまう状態だ。図cで，物体はゆっくり動くどころか，右側にどんどん動いていってしまい，とうとう無限遠まで飛び去ってしまう。もはや単振動とはいえないね。
　だから，問題文に条件として，「$k > M\omega^2$ は満たす」とあるんだ。

(6)　床から見たときにAのとる軌道が図dのようにぴったりと閉じて同じ軌道を毎周通るようにしたい。そのためには**円板が1回転する間に，単振動をちょうど自然数 n**($= 1$，2，3，……)回行っていればよい。

　つまり，

$$\left(\text{円板が1回転する時間}\frac{2\pi}{\omega}\right) = \left(\begin{array}{c}\text{単振動の}\\\text{1周期}T\end{array}\right) \times n \quad \cdots\cdots ⑦$$

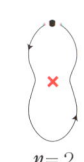

が成立することが必要である。

　図dには，$n = 1$，$n = 2$，$n = 3$ の例が示してある。

　⑦式に⑥式を代入して，

$$\frac{2\pi}{\omega} = 2\pi\sqrt{\frac{M}{k - M\omega^2}} \times n$$

$k - M\omega^2 - n^2 M\omega^2$ が成り立っているので，

$$k = (1 + n^2)M\omega^2 \quad \text{答}$$

図d

第5講　遠心力を受ける単振動

まとめ

1 《円運動の３点セット》

中心，半径 r，速さ $v=r\omega$ さえ分かれば，回転系から見て，

遠心力 $f=m\dfrac{v^2}{r}=mr\omega^2$ が作図できる。

2 《単振動の解法３ステップ》

STEP1 x 軸を立てる。

STEP2 （自）

（中）$x=x_0$ ← 力のつり合いの点を求める。

（折）← $v=0$ の点を求める。もう一方の（折）は，（中）に関して対称な位置にある。

STEP3 一般の位置 $x(>0)$ で運動方程式を立てて，

$$ma = -K(x-x_0)$$

の形に**強引に**もっていくと，（中）$x=x_0$，周期 $T=2\pi\sqrt{\dfrac{m}{K}}$ が求まる。

例 遠心力を受ける単振動

$$ma = -k\,x + \overbrace{m\,x\,\omega^2}^{遠心力}$$
$$= -(k-m\omega^2)\,x$$

のように変数 x を２ヵ所含むので１ヵ所にまとめることが必要

---

3 軌道が閉じる条件（遠心力を受ける単振動で頻出）

$$\begin{pmatrix}円板が１周\\回る時間\end{pmatrix}\ \dfrac{2\pi}{\omega} = \begin{pmatrix}単振動の\\１周期\end{pmatrix}\ 2\pi\sqrt{\dfrac{m}{K}} \times (\text{自然数 } n)$$

コラム 単位(次元)の活用

「私の体重は60センチメートルだ」は，非常におかしな表現である。

このように，単位(次元)が一貫していないとありえない表現になる。物理では，単位を含んだ文字式の計算が多く，難関大ほど複雑になっていく。じつは，計算ミスを撃退するための方法として，左辺と右辺の単位が一致しているかのチェックがある。

例 質量M〔kg〕，m〔kg〕，長さL〔m〕，l〔m〕のとき，$L = \boxed{}$の答えとして，ありえないものをすべて選べ。

① $\dfrac{l}{M}$ ② $2l$ ③ $\dfrac{M}{m}l$ ④ $l+m$ ⑤ $\dfrac{m}{M}l+2l$

⑥ $\dfrac{M}{1+m}l$ ⑦ $\dfrac{M}{m+M}l$

答え 左辺のLの単位は〔m〕(メートル)なので，右辺の単位も同じく〔m〕でなくてはならない。そこで①〜⑦の単位(次元)を調べる。

① : $\dfrac{〔m〕}{〔kg〕}$(NG) ② : 〔m〕(2は無単位だからOK)

③ : $\dfrac{〔kg〕}{〔kg〕} \times 〔m〕 = 〔m〕$(OK)

④ : 〔m〕+〔kg〕(異なる単位の加減はNG)

⑤ : $\dfrac{〔kg〕}{〔kg〕} \times 〔m〕 + 〔m〕 = 〔m〕$(OK)

⑥ : $\dfrac{〔kg〕}{〔無単位〕+〔kg〕} \times 〔m〕$(分母に異なる単位の和があるのでNG)

⑦ : $\dfrac{〔kg〕}{〔kg〕+〔kg〕} \times 〔m〕 = 〔m〕$(OK)

以上より，①，④，⑥

このように，選択肢のある問題では，ありえない解答を除外できるので便利である。選択肢のある問題以外でも，例えば，本書のp.65の一番下の答え，$k = (1+n^2)M\omega^2$が単位的に正しいかをチェックしてみよう。両辺にxを掛けて，

$$\underbrace{kx}_{\text{ばねの力(力の単位)}} = \underbrace{(1+n^2)M\omega^2 x}_{\text{遠心力(力の単位)}}$$

より，正しいことがわかる。このように，「左辺と右辺の単位を一致」させることを常にチェックすると，ケアレスミスが圧倒的に少なくなる。

第6講 見かけ上の自然長のテクニック

研究用例題6　☑1回目 40分　☐2回目 30分　☐3回目 20分

　自然長の長さl_0，バネ定数kの質量の無視できるバネの一端に質量mの小物体Aを固定する。このバネの他端を図のように固定し，小物体が傾きθの摩擦の無視できる十分長い斜面上をなめらかに運動できるようにする。斜面上で小物体Aのみの静止時のバネの長さはlになったとする。小物体Aを手で支えてバネの長さをlに保ったまま，同じ質量の小物体Bを小物体Aの上に図のようにのせる。次に，小物体Bに適当な力を加えて，小物体A，Bが互いに接したまま大きさv_0の初速度で斜面に沿って下向きに運動するようにする。座標原点をバネの自然長の位置に取り，x軸を図のように斜面に沿って上向きに取る。重力加速度をgとし，小物体の大きさは無視できるものとして，次の問いに答えよ。ただし答えにl_0，lは使ってはいけないことに注意せよ。

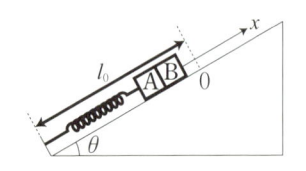

(1) v_0が十分小さければ，小物体A，Bは一体となって単振動をする。小物体A，Bが最下端に来たときの小物体の座標x_0を求めm，k，g，v_0，θで表せ。

(2) 速度v_0がある値v_1より大きくなると小物体Bが小物体Aから離れて運動をするようになる。v_1を求めm，k，g，θで表せ。

(3) $v_0 > v_1$の場合，座標x_1で分離後しばらく小物体A，Bはそれぞれ独立に斜面上を運動する。分離してから小物体Aが初めて座標x_1に戻ってくるまでの間に小物体Aは小物体Bと衝突することはない。その理由を述べよ。

(4) 分離した小物体A，Bが座標x_1で初めて衝突したとする。このようなことが分離後最短時間で実現できるのはv_0がどのような値のときか。このときのv_0をm，k，g，θで表せ。

(5) (4)のときAとBの衝突が完全弾性衝突であるとする。AとBが離れた時刻を$t=0$とし，縦軸をA，Bの座標x_A, x_B，横軸をtとして，$x_A - t$グラフと$x_B - t$グラフを重ねてかけ。とくに，グラフの極大値・極小値はm, k, g, θで表せ。

〔東京工大〕

目的

　まず，難関大特有の複雑な単振動のエネルギー保存の計算の能率を，飛躍的にUPさせる「ウラワザ」＝見かけの自然長のテクニックの完全修得を目指す。
　とくに2物体を重ねて単振動させる胴上げ問題では，2物体が離れる位置が，必ず真の自然長の位置であることを理解しよう。
　そして，衝突と往復運動をくり返す周期性運動の規則性を見つけるという経験を積もう。

導入

　ここで難関大受験には必須のテクニック，見かけの自然長の「ウラワザ」の基本的なしくみを見ていこう。
　まずは，図1の(a)～(e)のストーリーを考えてみよう。

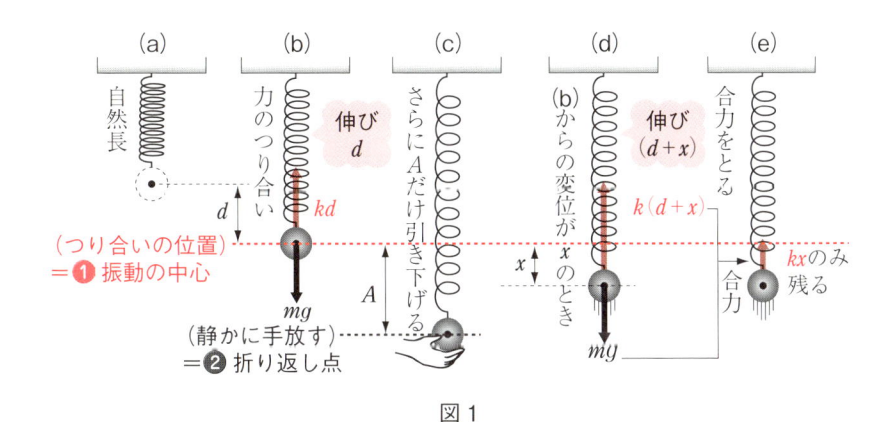

(a) 自然長
(b) 力のつり合い　伸びd　kd　mg
(つり合いの位置)＝❶振動の中心
(静かに手放す)＝❷折り返し点
(c) さらにAだけ引き下げる　A
(d) (b)からの変位がxのとき　伸び$(d+x)$　$k(d+x)$　x　mg
(e) 合力をとる　合力　kxのみ残る

図1

第6講　見かけ上の自然長のテクニック　69

ⓐ：ばねは，何もつるしていない自然長の状態。
ⓑ：静かにおもりをつるすと，d だけ伸びてつり合う。この位置が，❶**振動中心**になる。このとき，力のつり合いの式は，
$$kd=mg \quad \cdots\cdots ★$$
となる。この式はフルに活用されるので重要だよ。
ⓒ：つり合いの位置から，さらに A だけ伸ばして静かに手放す。この位置が ❷**折り返し点**になるね。
ⓓ：つり合いの位置ⓑからの変位が x のとき，物体にはたらく力は，下向きの mg と，上向きの $k(d+x)$，2つだね。
注 kx じゃないよ
ⓔ：ⓓで，2つの力の**合力(ベクトル和)をとる**と，下向きを正として，
$$(合力F)=mg-k(d+x)$$
$$=mg-mg-kx$$
★を代入しているよ
$$=-kx$$
のみが残る。

あれ！ 重力が消えてしまって，ばねの力 kx だけになってる！ これは，水平ばね振り子と全く同じ力だ

そうだね。ただし，注意しなきゃならないのは，ⓔの $(合力F)=-kx$ にある x は，自然長からの伸び x ではなくて，

つり合いの位置からの伸び x

ということなんだ。

以上をまとめると，図1の鉛直ばね振り子は，見かけ上，図2のように，水平ばね振り子と同じ力を受け，同じ運動をしていることになる。
　ただし，図2の見かけ上の水平ばね振り子の**自然長の位置**は，元の鉛直ばね振り子の**力のつり合いの位置**に対応しているので，注意しよう。

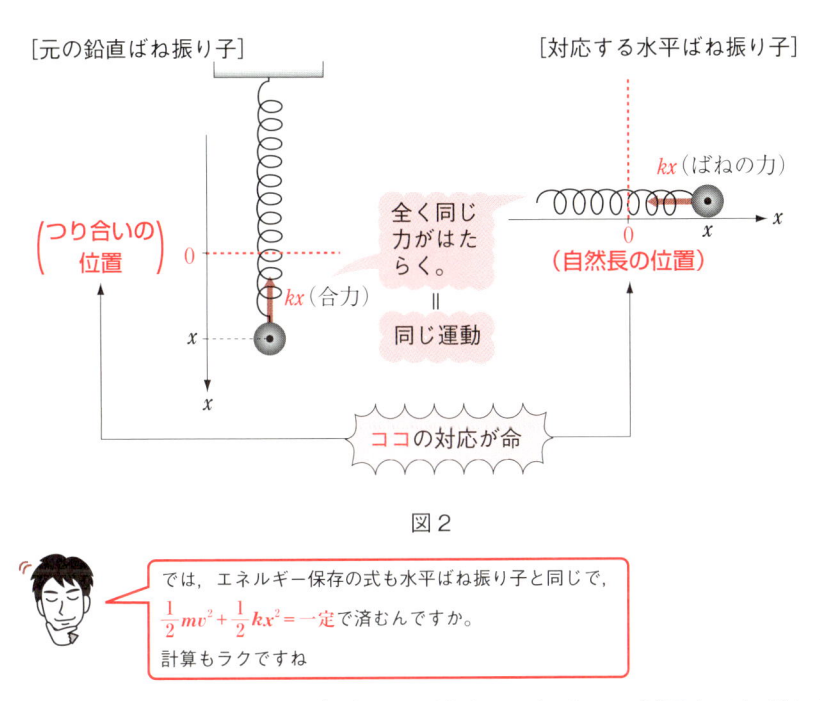

[元の鉛直ばね振り子] [対応する水平ばね振り子]

全く同じ力がはたらく。
＝
同じ運動

ココの対応が命

図2

では，エネルギー保存の式も水平ばね振り子と同じで，$\frac{1}{2}mv^2 + \frac{1}{2}kx^2 = $ 一定 で済むんですか。計算もラクですね

そうだよ。実は，鉛直ばね振り子だけじゃなくて，斜面上でもどんな単振動でも**力のつり合い位置を，見かけ上の自然長と見なせば**，水平ばね振り子と見なして，エネルギー計算を楽にすることができるんだ。

Point 見かけ上の水平ばね振り子（「ウラワザ」）

力のつり合い位置を見かけ上の自然長の位置と対応させよう。

すると，どんな単振動も，水平ばね振り子と見なして，エネルギー計算が楽にできる。

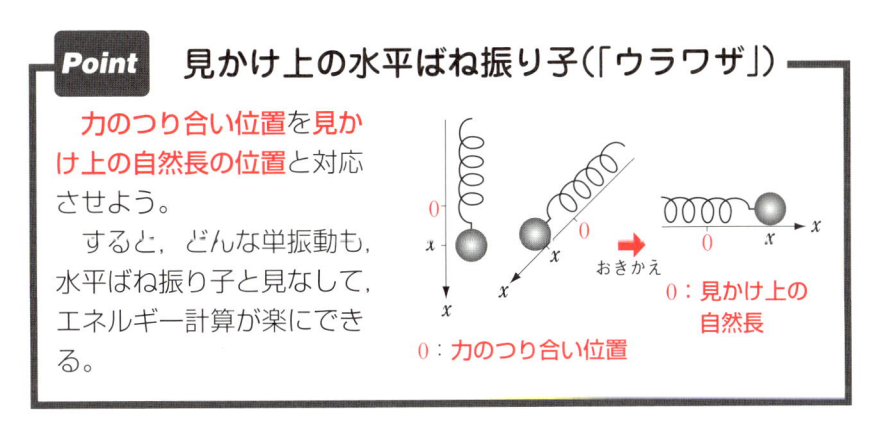

おきかえ

0：力のつり合い位置 → 0：見かけ上の自然長

第6講 見かけ上の自然長のテクニック

解　説

単振動でまずすべきことは，座標軸を立てること。そして，その上に(真の)自然長の位置と，力のつり合いの点である振動中心点を明記することだ。

本問では，**2 タイプの力のつり合い点**が存在する。

(i) **A のみのとき**

図 a のように，自然長を $x=0$ にとる。ばねが d だけ縮んだ $x=-d$ の位置で力がつり合うと仮定。力のつり合いの式より，

$$kd = mg\sin\theta$$

$$\therefore \quad d = \frac{mg}{k}\sin\theta \quad \cdots\cdots ①$$

（今後の式変形で多く活用する）

図 a

(ii) **A＋B 両方のとき**

図 b のように，2 倍の重さになるので，2 倍の縮み $2d$ にあたる $x=-2d$ **の位置**で力がつり合う。

図 b

以上の力のつり合いの位置が，これからの単振動における振動中心となる。さらにエネルギー保存則の「ウラワザ」を使うときの見かけの自然長の位置ともなっている。

(1) 一体となって単振動をしているので，図 c のように，$x=-2d$ **の力のつり合いの位置**を，**見かけ上の自然長**とした水平ばね振り子におき換えられる。この水平ばね振り子におき換えたうえでのエネルギー保存則の式を，

㋐　初めの A のみのつり合い位置，$x=-d$ の点で，初速度 v_0 を与える。

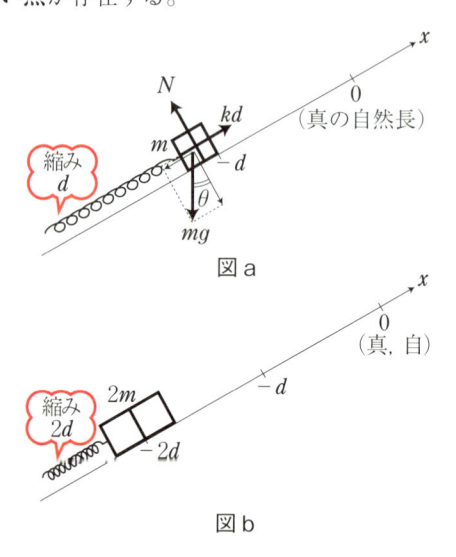

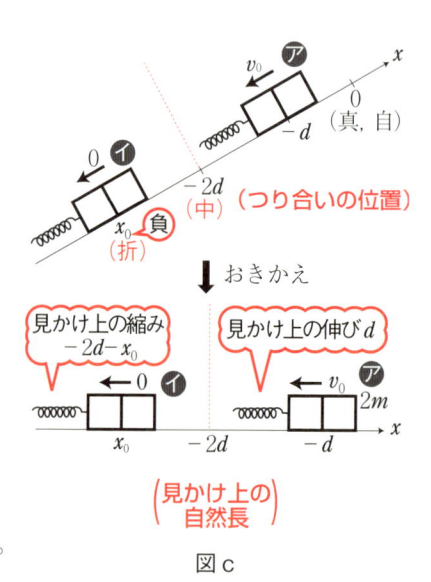

図 c

イ 折り返し点 $x = x_0$（負）で折り返す．この2点**アイ**間で立てると，

$$\frac{1}{2} \cdot 2mv_0^2 + \frac{1}{2}kd^2 = \frac{1}{2}k(-2d - x_0)^2$$

両辺を $\times \dfrac{2}{k}$ して，平方根をとると，

$$\sqrt{\frac{2mv_0^2}{k} + d^2} = -2d - x_0$$

$$\therefore \quad x_0 = -2d - \sqrt{\frac{2mv_0^2}{k} + d^2}$$

ここに①式を代入すると，
多用

$$x_0 = -\frac{2mg\sin\theta}{k} - \sqrt{\frac{2mv_0^2}{k} + \left(\frac{mg\sin\theta}{k}\right)^2} \quad \text{答}$$

別解

もし見かけ上の自然長を使わずに，$x = 0$ の真の自然長の位置を使い，**重力の位置エネルギーも**考えて解くと，

ア
$$\frac{1}{2} \cdot 2mv_0^2 + 2mg(-d - x_0)\sin\theta + \frac{1}{2}kd^2 = \frac{1}{2}kx_0^2$$ **イ**

$$\therefore \quad \frac{1}{2}kx_0^2 + 2mg\sin\theta\, x_0 - mv_0^2 + 2mg\sin\theta\, d - \frac{1}{2}kd^2 = 0$$

ここに①式を代入すると，
多用

$$\frac{1}{2}kx_0^2 + 2mg\sin\theta\, x_0 - mv_0^2 + \frac{3(mg\sin\theta)^2}{2k} = 0$$

2次方程式の解の公式より，$x_0 < -2d$ に注意して，

$$x_0 = \frac{1}{k}\left\{-2mg\sin\theta - \sqrt{(2mg\sin\theta)^2 - 2k\left(-mv_0^2 + \frac{3(mg\sin\theta)^2}{2k}\right)}\right\}$$

$$= -\frac{2mg\sin\theta}{k} - \sqrt{\frac{2mv_0^2}{k} + \left(\frac{mg\sin\theta}{k}\right)^2} \quad \text{答}$$

　　　　ヒェ〜　見かけの自然長の「ウラワザ」を使わないと何てメンドウなの！

　そうだね。ただし，私のおすすめは「**両方で解けること**」。両方で解いた**答**が一致することを毎回確認しておくこと。すると，見かけの自然長の「ウラワザ」をますます自信をもって使いこなせるようになる。

(2)　**まず**何よりも先に，AとBが離れる位置x_1の方を出しておく。
　　AとBが離れる
　　　⇔AとBの間の力が0
　　　⇔加速度運動している物体の力は，運動方程式で求める。
　という発想によって，AとBの運動方程式を座標xで立てる。
　　図dより，運動方程式は，

　　A：$ma = -kx - f - mg\sin\theta$　……Ⓐ

　　B：$ma = f - mg\sin\theta$　……Ⓑ

　辺々を引いて(Ⓐ − Ⓑ)，

　　　$0 = -kx - 2f$

　　∴　$f = -\dfrac{1}{2}kx$　　　　　　　　　　図d

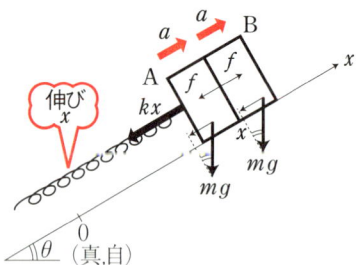

　よって，BがAから浮く($f=0$)のは，$x=0 (=x_1)$

　これは，ばねにとってのどんな点になっているかい？

　　　　$x=0$　あ！　これは真の自然長の位置です！　偶然ですか？

　いいや，これは**偶然ではない**。浮くのは必ず真の自然長なんだ。

> **浮くのは必ず真の自然長の位置だ！**
>
> **イメージ** 図eのように，真の自然長ではばねの力$kx=0$となってしまうので，ばねはないのも同等である。
>
> よって，AとBは単に斜面にパッと手放して置かれた2物体と同じ状況。だから離れてしまう。
>
> この結果は水平ばね振り子でも，鉛直ばね振り子でも摩擦力があっても必ず成立する。
>
> だから，右のイメージで**覚えていて損はないのだ**。 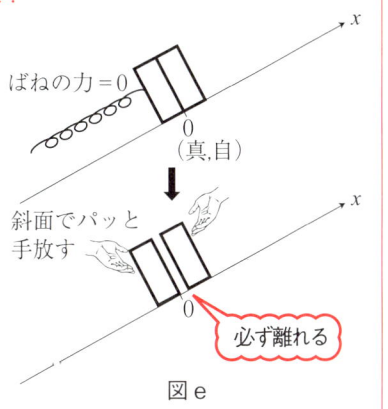
>
> ばねの力 $=0$
> (真, 自)
> 斜面でパッと手放す
> 必ず離れる
>
> 図 e

次にこのAとBが離れる位置$x=0$に達するため，最低必要な初速度v_0の範囲を求める。一体となって振動しているので，図fのように$x=-2d$の力のつり合い位置を，見かけ上の自然長とした，水平ばね振り子におき換えられる。

この見かけの水平ばね振り子でのエネルギー保存則の式を，

㋐ 初めのAのみのつり合い位置$x=-d$で，初速度v_0を与える。

㋒ 真の自然長$x=0$のとき，速さvでAとBが離れる。

の2点㋐㋒間で立てると，

$$\overset{㋐}{\frac{1}{2}\times 2mv_0^2 + \frac{1}{2}kd^2} = \overset{㋒}{\frac{1}{2}\times 2mv^2 + \frac{1}{2}k(2d)^2}$$

vについて解くと，

$$v = \sqrt{v_0^2 - \frac{3kd^2}{2m}}$$

$$= \sqrt{v_0^2 - \frac{3m}{2k}(g\sin\theta)^2} \quad (\because ①) \quad \cdots\cdots②$$

ここで，㋒に達する条件は$v>0$であるから，②式の$\sqrt{}$の中が正になればよいので，

$$v_0 > \sqrt{\frac{3m}{2k}}\cdot g\sin\theta \, (=v_1) \quad \boxed{答}$$

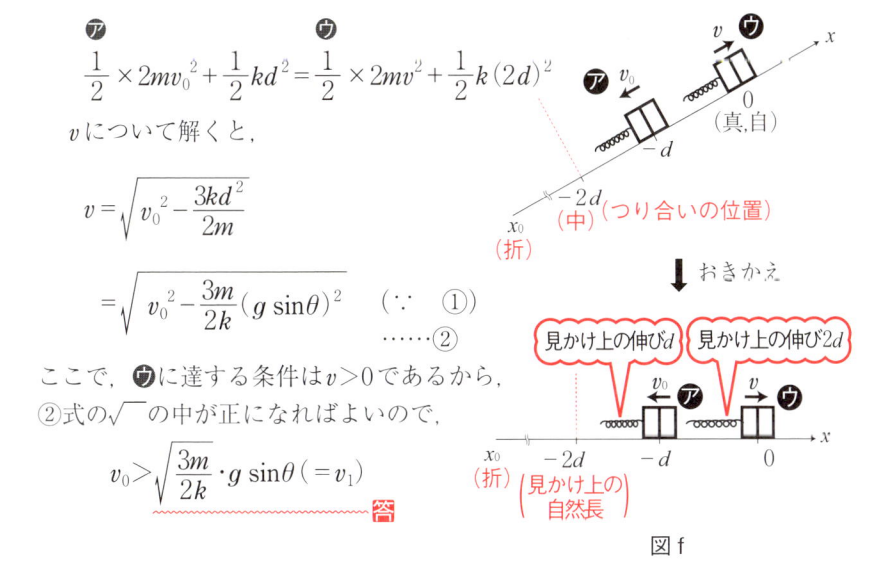

(中)(つり合いの位置)
(折)
おきかえ
見かけ上の伸びd　　見かけ上の伸び$2d$
(折)(見かけ上の自然長)

図 f

別解

この問題もまた真の自然長から考え，重力の位置エネルギーを使った「正統法」のやり方で解いてみよう。

$$\underset{\text{㋐}}{\frac{1}{2}\cdot 2mv_0^2} + \frac{1}{2}kd^2 = \underset{\text{㋒}}{\frac{1}{2}\cdot 2mv^2} + 2mgd\sin\theta$$

$$\therefore\ v = \sqrt{v_0^2 + \frac{kd^2}{2m} - 2gd\sin\theta}$$

①式より，$d = \dfrac{mg}{k}\sin\theta$ を代入して，

$$v = \sqrt{v_0^2 - \frac{3m}{2k}(g\sin\theta)^2} \quad \rightarrow\ \text{これは，②式と一致}$$

以上のように，「ウラワザ」と「正統法」で**答**が一致することを確かめる習慣をつけてほしい。

(3) AとBが離れた後の運動を比較する。初期位置はともに $x=0$，初速度はともに v だから，あとは加速度 a_A，a_B の比較になる。

加速度とくれば，運動方程式より，図gで，

$$ma_A = -kx_A - mg\sin\theta$$

$$ma_B = -mg\sin\theta \quad \cdots\cdots ③$$

以上2式より，

$x_A > 0$ ならば必ず，

$$a_A < a_B$$

よって，必ず $v_A < v_B$

したがって，必ず $x_A < x_B$ で再衝突はありえない。**答**

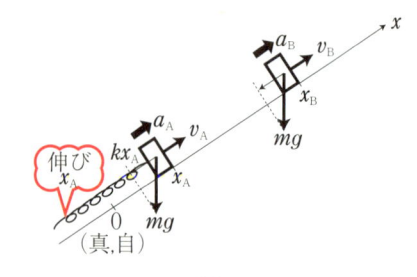

図g

(4) $x = x_1 = 0$ に戻るまでの運動を，A，Bそれぞれについて比較する。

(i) Aについて

図hで，Aは $x = -d$ の「**Aのみの力のつり合い点**」を振動中心とする**単振動**

の1周期分（自然数nとして，n周期分であれば$x=0$に戻れるが，「最短時間」とあるので$n=1$）である。その時間t_Aは，$x=-d$を見かけの自然長とする水平ばね振り子の周期と同じで，

$$t_A = 2\pi\sqrt{\frac{m}{k}} \quad \cdots\cdots ④$$

図h

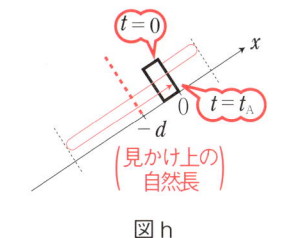

(ii) Bについて

図iで，Bは加速度a_Bの等加速度運動の**投げ上げ運動**をして，$x=0$に戻ってくる時刻$t=t_B$では，速度が$-v$となっている。よって，等加速度運動の式より，

$$-v = v + a_B t_B$$
$$\therefore \quad t_B = \frac{2v}{-a_B}$$
$$= \frac{2v}{g\sin\theta} \quad (\because \ ③) \ \cdots\cdots ⑤$$

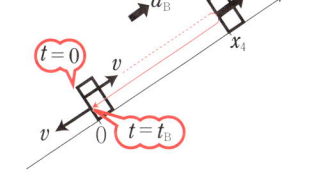

(i)(ii)より，t_Aとt_Bが一致すれば，AとBは$x=0$で再会できるので，(④=⑤)式より，

$$2\pi\sqrt{\frac{m}{k}} = \frac{2v}{g\sin\theta} \quad \cdots\cdots ⑥$$

図i

⑥式に②式を代入して，

$$2\pi\sqrt{\frac{m}{k}} = \frac{2}{g\sin\theta}\sqrt{v_0^2 - \frac{3m}{2k}(g\sin\theta)^2}$$

$$\therefore \quad v_0 = g\sin\theta\sqrt{\frac{m}{k}\left(\pi^2 + \frac{3}{2}\right)} \quad \cdots\cdots ⑦ \quad \boxed{答}$$

💡イメージ　「最短時間」という条件がなければ，nを自然数として，

$$n \times 2\pi\sqrt{\frac{m}{k}} = \frac{2}{g\sin\theta}\sqrt{v_0^2 - \frac{3m}{2k}(g\sin\theta)^2}$$

$$v_0 = g\sin\theta\sqrt{\frac{m}{k}\left\{(n\pi)^2 + \frac{3}{2}\right\}} \quad \text{も可能となる。}$$

(5) (4)のときの衝突直前で，AとBの速度のx成分は，v，$-v$となっている。図jのように，衝突直後のAとBの速度をv_A'，v_B'とすると，全運動量保存より，

$$mv + m(-v) = mv_A' + mv_B'$$

はねかえり係数$e = 1$より，

$$e = \frac{v_B' - v_A'}{v + v} = 1$$

以上2つの式より，

$$v_A' = -v$$
$$v_B' = v$$

$\begin{pmatrix}\text{等質量かつ}e=1\text{より}\\\text{速度交換している}\end{pmatrix}$

図j

となる。**これは，衝突直前とは全く逆向きの速度**となっている。よって，**Aは図hの運動を，Bは図iの運動を全く逆向きにたどる**ことになる。そして再び$x=0$で2回目の衝突をする。この2回目の衝突直前にはAとBの速度のx成分がともに$-v$となるので，2回目の衝突後AとBは一体となる。

一体になったAとBは$x = x_0$((1)の**答**の位置)まで縮んだところで折り返し，再び$x = 0$のところで速さvで離れていく。これで$t = 0$の状態に戻って1サイクルが終了。

あとはこのサイクルをくり返すのみである。

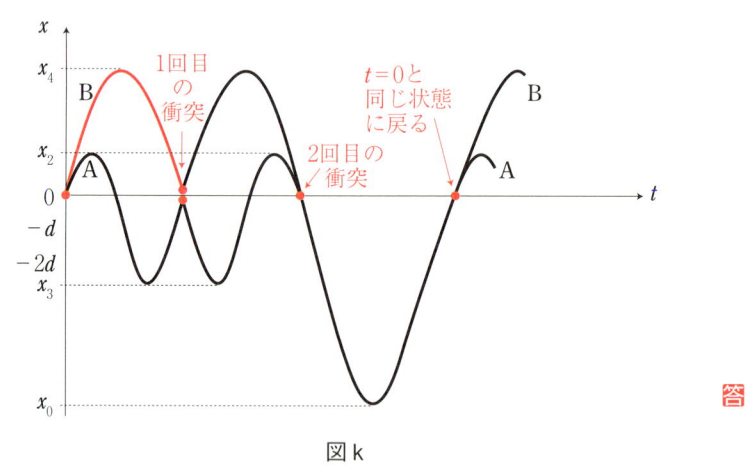

図k

ここで，図kのx_2，x_3，x_4を求めてみよう。

の1周期分（自然数nとして，n周期分であれば$x=0$に戻れるが，「最短時間」とあるので$n=1$）である。その時間t_Aは，$x=-d$を見かけの自然長とする水平ばね振り子の周期と同じで，

$$t_A = 2\pi\sqrt{\frac{m}{k}} \quad \cdots\cdots ④$$

図h

(ii) Bについて

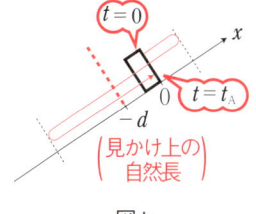

図iで，Bは加速度a_Bの等加速度運動の**投げ上げ運動**をして，$x=0$に戻ってくる時刻$t=t_B$では，速度が$-v$となっている。よって，等加速度運動の式より，

$$-v = v + a_B t_B$$

$$\therefore\ t_B = \frac{2v}{-a_B}$$

$$= \frac{2v}{g\sin\theta} \quad (\because\ ③) \quad \cdots\cdots ⑤$$

(i)(ii)より，t_Aとt_Bが一致すれば，AとBは$x=0$で再会できるので，(④=⑤)式より，

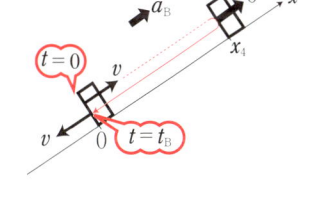

$$2\pi\sqrt{\frac{m}{k}} = \frac{2v}{g\sin\theta} \quad \cdots\cdots ⑥$$

図i

⑥式に②式を代入して，

$$2\pi\sqrt{\frac{m}{k}} = \frac{2}{g\sin\theta}\sqrt{v_0^2 - \frac{3m}{2k}(g\sin\theta)^2}$$

$$\therefore\ v_0 = g\sin\theta\sqrt{\frac{m}{k}\left(\pi^2 + \frac{3}{2}\right)} \quad \cdots\cdots ⑦ \quad \boxed{答}$$

💡イメージ 「最短時間」という条件がなければ，nを自然数として，

$$n \times 2\pi\sqrt{\frac{m}{k}} = \frac{2}{g\sin\theta}\sqrt{v_0^2 - \frac{3m}{2k}(g\sin\theta)^2}$$

$$v_0 = g\sin\theta\sqrt{\frac{m}{k}\left\{(n\pi)^2 + \frac{3}{2}\right\}} \qquad \text{も可能となる。}$$

(5) (4)のときの衝突直前で,AとBの速度のx成分は,v,$-v$となっている。図jのように,衝突直後のAとBの速度をv_A',v_B'とすると,全運動量保存より,

$$mv + m(-v) = mv_A' + mv_B'$$

はねかえり係数$e=1$より,

$$e = \frac{v_B' - v_A'}{v + v} = 1$$

以上2つの式より,

$$v_A' = -v$$
$$v_B' = v$$

(等質量かつ$e=1$より速度交換している)

図j

となる。**これは,衝突直前とは全く逆向きの速度**となっている。よって,**Aは図hの運動を,Bは図iの運動を全く逆向きにたどる**ことになる。そして再び$x=0$で2回目の衝突をする。この2回目の衝突直前にはAとBの速度のx成分がともに$-v$となるので,2回目の衝突後AとBは一体となる。

一体になったAとBは$x=x_0$((1)の**答**の位置)まで縮んだところで折り返し,再び$x=0$のところで速さvで離れていく。これで$t=0$の状態に戻って1サイクルが終了。

あとはこのサイクルをくり返すのみである。

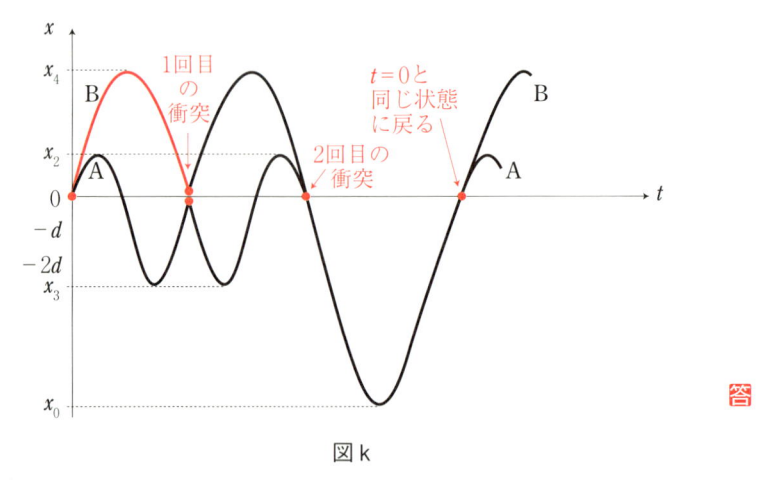

図k

ここで,図kのx_2,x_3,x_4を求めてみよう。

Aは，図1のように$x=-d$で，Aのみの力のつり合い点を，見かけ上の自然長の位置におき換える。この見かけ上の水平ばね振り子のエネルギー保存を考えて，

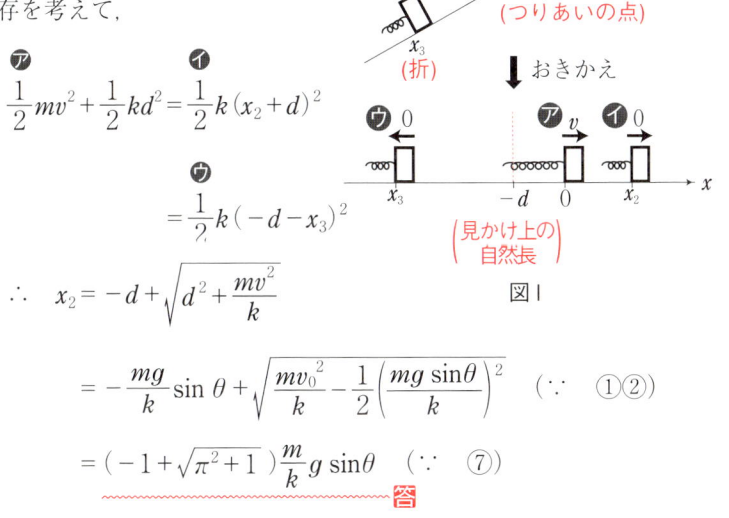

$$\underset{\text{ア}}{\frac{1}{2}mv^2} + \underset{\text{イ}}{\frac{1}{2}kd^2} = \frac{1}{2}k(x_2+d)^2$$

$$\underset{\text{ウ}}{} = \frac{1}{2}k(-d-x_3)^2$$

$$\therefore \quad x_2 = -d + \sqrt{d^2 + \frac{mv^2}{k}}$$

$$= -\frac{mg}{k}\sin\theta + \sqrt{\frac{mv_0^2}{k} - \frac{1}{2}\left(\frac{mg\sin\theta}{k}\right)^2} \quad (\because \;\; ①②)$$

$$= (-1 + \sqrt{\pi^2+1})\frac{m}{k}g\sin\theta \quad (\because \;\; ⑦) \quad \underline{\text{答}}$$

また，同様の計算より，

$$x_3 = (-1 - \sqrt{\pi^2+1})\frac{m}{k}g\sin\theta \quad \underline{\text{答}}$$

Bは，図iの$x=x_4$で，$v=0$だから，等加速度運動の式より，

$$0^2 - v^2 = 2a_B(x_4 - 0)$$

$$\therefore \quad x_4 = \frac{v^2}{-2a_B}$$

$$= \frac{v_0^2}{2g\sin\theta} - \frac{3m}{4k}g\sin\theta \quad (\because \;\; ②③)$$

$$= \frac{\pi^2 m}{2k}g\sin\theta \quad (\because \;\; ⑦) \quad \underline{\text{答}}$$

まとめ

2物体を重ねた単振動の3つのテクニック

1 単振動のエネルギー計算を楽にするため,「ウラワザ」を活用する。

➡ (どのような単振動であっても)**力のつり合い位置**を**見かけの自然長の位置**に対応させると,見かけ上の水平ばね振り子の運動と同じになり,エネルギー計算が楽になる。

2 重ねた2物体が単振動するとき,上に置いた物体が浮き上がる位置

➡ 必ず真の自然長の位置となる。(覚えていて損はない)

3 **2**で離れた2物体が再び真の自然長の位置で弾性衝突をするとき

➡ その後の運動は周期的な運動をくり返す。(難関大頻出)

コラム　透明マント

　透明人間になりたいと思ったことはあるだろうか。ところで，「透明」人間という名称には，やや物理的に誤ったところがあることに気づくだろうか。
　そう，「透明」とは目に見えないことではないのである。例えば，「あれ？あのコップ，透明なガラスでできていて見えないんだよな」なんてことはない。いくらガラスが透明であっても目に見える。それは，ガラスが後ろの景色からやってくる光を屈折させ，後ろの景色が「ぐにゃぐにゃ」ゆがんで見えてしまうからだ。
　では，本当に目に見えなくするためにはどうしたらよいか。
　それは，後ろの景色からやってくる光をそのまま（まっすぐに）通過させるしかない。そのためには，身体（の物質）の屈折率 n を，まわりの空気と同じ $n=1$ にしなくてはならない。ただし，そんな材質で肉体をつくれたとしても，筋肉を動かすとどうしても熱が発生し，その熱によって屈折率が $n=1$ から少しずれてしまう（例えば，ストーブの上の空気は熱いので，屈折率が変化してゆらゆら「かげろう」のようにゆがんで見える）。それを防ぐには，すべての筋肉を動かしてはならない。つまり心臓も動かしてはならない（無理である）。
　では，どうしたら現実的に透明人間になれるのか。
　下の写真は「透明マント」を身につけた著者である。首から下が透けて背景の絵が見えている。このマントは「再帰性反射」といって，光がどの方向からやってきても必ず元来た方向へ光を反射させる材質でできている（ガードレールにも使われている）。そのマントにプロジェクターで背景の映像を当てると，スクリーンとしてマントの位置に（マントがどんなにゆがんでいようとも）背景はゆがむことなく映る。
　すると，見る人にはマントは見えず背景のみがそのまま見えるのである。

光を当てる前　　　　　　　　　光を当てた後

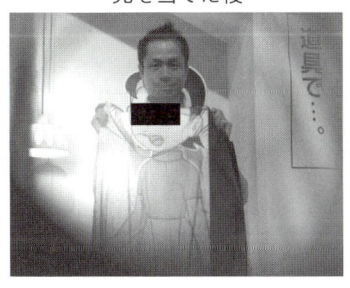

第7講 ばねにつながれた2物体の運動

研究用例題7 ☑1回目 40分 □2回目 30分 □3回目 20分

　図のように，質量$2M$の物体Aと質量Mの物体Bが，ばね定数kの質量の無視できるばねによってつながれて，なめらかで水平な床の上に静止していた。また，物体Aはかたい壁に接していた。床の上を左向きに進んできた物体Cが，物体Bに完全弾性衝突して，はね返された。右向きを正の向きと定めると，衝突直後の物体Cの速度は$+u_1(u_1>0)$，物体Bの速度は$-v_1(v_1>0)$であった。その後，物体Bと物体Cが再び衝突することはなかった。

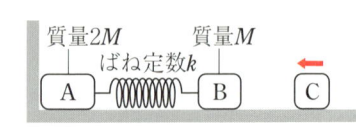

〔I〕まず，衝突前から物体Aが壁から離れるまでの運動を考える。
(1) 衝突前の物体Cの速度$u_0(u_0<0)$をu_1とv_1を用いて表せ。
(2) ばねが最も縮んだときの自然長からの縮み$x(x>0)$を求めよ。
(3) 衝突してからばねの長さが自然長にもどるまでの時間Tを求めよ。

〔II〕ばねの長さが自然長にもどると，その直後に物体Aが壁から離れた。
(4) AとBからなる物体系の重心の速度v_Gを求めよ。
(5) 物体Aが壁から離れてから，初めてばねの長さが最大値に達するまでの時間T_1を求めよ。
(6) ばねの長さが最大値に達したとき物体Aと物体Bの速度は等しくなった。その速度v_2を求めよ。
(7) ばねの長さが最大値に達したときの自然長からの伸び$y(y>0)$を求めよ。
(8) その後ばねが縮んで，長さが再び自然長に戻ったとき，物体Aの速度は最大値Vに達した。Vを求めよ。

〔III〕物体Aが壁から離れたあと，物体Bと物体Cの間隔は，ばねが伸び縮みをくり返すたびに広がっていった。このことからわか

る u_1 と v_1 の関係を不等式で表せ。

〔Ⅳ〕 物体Aが壁から離れたときを時刻 $t=0$ とする。そのときの物体Bの変位を $x_B=0$ とする。床に対するBの変位 x_B と速度 v_B を時刻 t の関数としてそれぞれ求めよ。答は v_1, M, k, t を用いて表せ。

〔東大〕

目的

難関大で常に問われつづけている定番中の定番である「ばねにつながれた2物体の運動」。

おきまりの解法は，一定速度で動く重心G上に乗って見ることだ。その際に押さえておきたい「3つのポイント」が存在する。この3つのポイント（p.87）を完全に習得してしまえば，重心G上から見た動きは楽に分析できる。さらに，床から見た動きを時間の関数として表せれば完成である。

導入　p.30の テクニック で重心座標 x_G と重心速度 v_G について見た。難関大では，この重心の考えがとても大切。もう一度まとめておこう。証明はp.31を見ていただきたい。

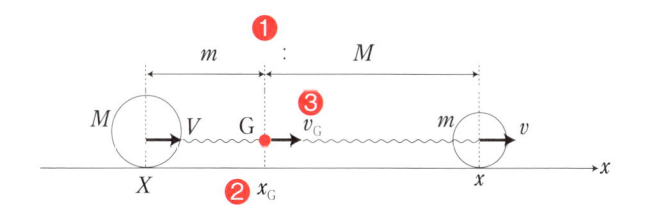

❶ 重心Gは，X と x の間を2物体の質量の逆比 $m:M$ に内分する点にある。

❷ 重心座標 x_G は，各物体の座標 X, x を用いて，

$$x_G = \frac{MX+mx}{M+m}$$

第7講　ばねにつながれた2物体の運動　83

❸ 重心速度 v_G は各物体の速度 V, v を用いて,

$$v_G = \frac{MV + mv}{M + m}$$

$$= \boxed{\frac{\text{全運動量}}{\text{全質量}}}$$

よって

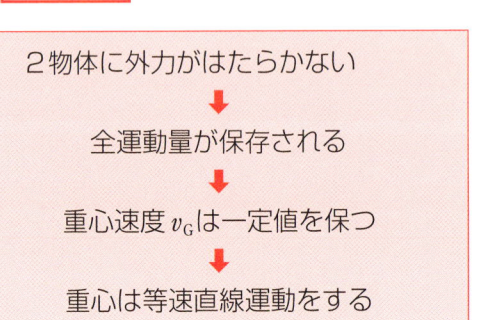

> 2物体に外力がはたらかない
> ⬇
> 全運動量が保存される
> ⬇
> 重心速度 v_G は一定値を保つ
> ⬇
> 重心は等速直線運動をする

解 説

〔Ⅰ〕(1) 図aで, はねかえり係数 e の式より, $u_0 < 0$ に注意して,

$$e = \frac{u_1 - (-v_1)}{0 - u_0} = 1$$

$$\therefore \quad \underline{u_0 = -(u_1 + v_1)} \text{答}$$

$\boxed{B} \to 0 \qquad \boxed{C} \to u_0$

$\boxed{B} \to -v_1 \qquad \boxed{C} \to u_1$

右向き正に注意

図a

(2) 力学的エネルギー保存の法則より,

$$\frac{1}{2}Mv_1^2 = \frac{1}{2}kx^2$$

$$\therefore \quad \underline{x = v_1\sqrt{\frac{M}{k}}} \text{答}$$

(3) 質量 M, ばね定数 k の水平ばね振り子の $\frac{1}{2}$ 周期に相当するので,

$$T = 2\pi\sqrt{\frac{M}{k}} \times \frac{1}{2} = \underline{\pi\sqrt{\frac{M}{k}}} \text{答}$$

〔Ⅱ〕 Aが壁から離れた後，AとBは，ばねを伸縮させながら運動していく。A，Bの運動は床から見ると非常に複雑。一方，外力がはたらかないので，p.83の 導入 より，重心Gは，一定速度v_Gで等速直線運動をする。

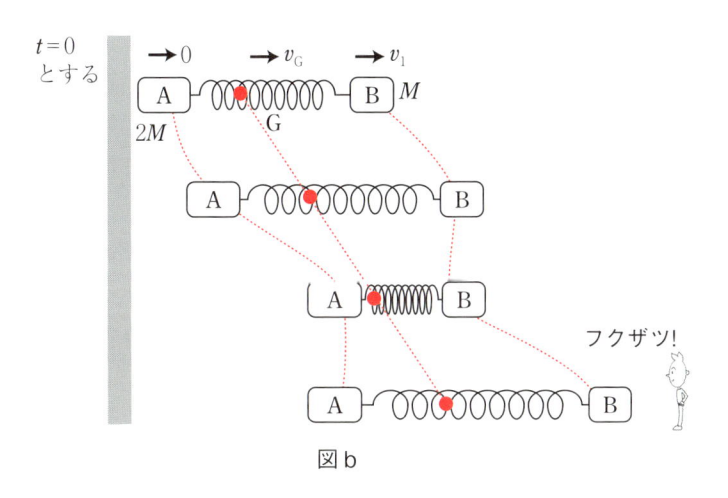

図b

(4) 重心速度v_Gは，

$$v_G = \boxed{\frac{\text{全運動量}}{\text{全質量}}}$$

$$= \frac{2M \cdot 0 + Mv_1}{2M + M}$$

$$= \frac{1}{3}v_1 \quad \cdots\cdots ①$$

となる。　答

(5) 床から見たA，Bの運動はとても複雑となってしまう。
　　そこで考えたいのは，「誰から見たら楽か？」だね。

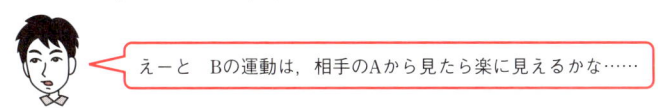

> えーと　Bの運動は，相手のAから見たら楽に見えるかな……

確かにAの上に乗って見れば，Bは単なる単振動だ。でも，A自身はとても複雑な加速度運動しているね。するとAの上から見ると，Bに複雑な

慣性力がはたらいてしまうよ。
　一定の速度で動いているモノの上に乗れば慣性力が見えなくて済むよ。

> 一定の速度で……そうだ！　重心Gの上に乗って見ます

　OK！　すると，AとBは，重心Gの左右で単振動しているだけに見えるね！

　ここで，重心Gの上に乗って見るために，必要な📖を押さえておこう。

> **ばねを切ってその長さを α 倍（$\alpha<1$）とすると**
> **ばね定数 k は $\dfrac{1}{\alpha}$ 倍になる。**
>
> （具体例でイメージ）
> 「ばねを1m伸ばすのに要する力」がばね定数 k。例えば，ばねを $\dfrac{1}{2}$ に切り，そのばねを1m伸ばすには，図cにあるように，ばねの形を2倍変形させないと伸ばせない。よって，要する力は2倍必要になる。
>
> $\left(\alpha=\dfrac{1}{2}\text{の例}\right)$
>
> 元のばねを1m伸ばす　㋐
>
> $\dfrac{1}{2}$ 倍に切ったばねを1m伸ばす　㋑
>
> 図c

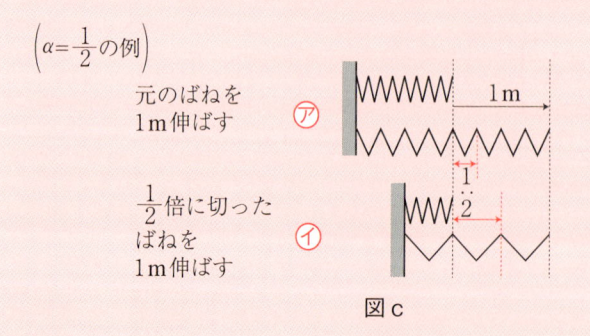

　これで，ばねの基本の考え方はOKだ。

　さて，重心Gの上に乗って見よう。
　ちょうどAが壁を離れた時刻を $t=0$ とする。この $t=0$ の瞬間を考える。重心Gの上から見た図をかくにはコツがある。
　3つのポイントにまとめよう。

重心Gの上から見た単振動の3つのポイント

Point 1　重心Gは固定してしまう。

Gの上から見る人にとっては，G自身は全く動かない点。

よって，図dのように，質量の逆比1：2で内分する点に釘を打ってガッチリ固定してしまおう。

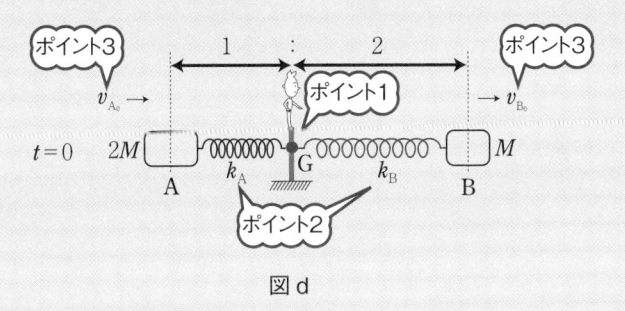

図d

Point 2　ばねはGで切ってしまう。GA間，GB間，それぞれでばね定数k_A，k_Bを求めよう。

点Gでばねを固定したということは，AはGA間のばねのみで単振動することになる。BはGB間のばねのみで単振動していることになる。

つまり，A，Bともに短く切ったばねを使って単振動していると考える。それぞれのばね定数をk_A，k_Bとすると，p.86のテクニックより，

$$k_A = \frac{1}{\left(\frac{1}{3}\right)} \times k = 3k \quad \cdots\cdots ② \quad \left(\frac{1}{3}倍の長さに切ったので\right)$$

$$k_B = \frac{1}{\left(\frac{2}{3}\right)} \times k = \frac{3}{2}k \quad \cdots\cdots ③ \quad \left(\frac{2}{3}倍の長さに切ったので\right)$$

Point ③ 重心Gに対する，A，Bの相対初速度v_{A_0}，v_{B_0}を求めよう。

図bのように，$t=0$のとき，A，Bの床から見た速度は0，v_1である。これを，速度$v_G=\frac{1}{3}v_1$で動く重心Gの上から見ていると考えると，Gに対するA，Bの相対初速度（右向き正）は，

$$v_{A_0} = 0 - v_G = -\frac{1}{3}v_1$$

$$v_{B_0} = v_1 - v_G = \frac{2}{3}v_1$$

となる。

よって，図eのように，

㋐ Gから見て，A，Bは速さ$\frac{1}{3}v_1$，$\frac{2}{3}v_1$で遠ざかる向きに運動を始める。

㋑ その後，ばねが最大に伸びる（BはAの2倍の伸びになる）。

㋒ やがて，再び自然長に戻る。

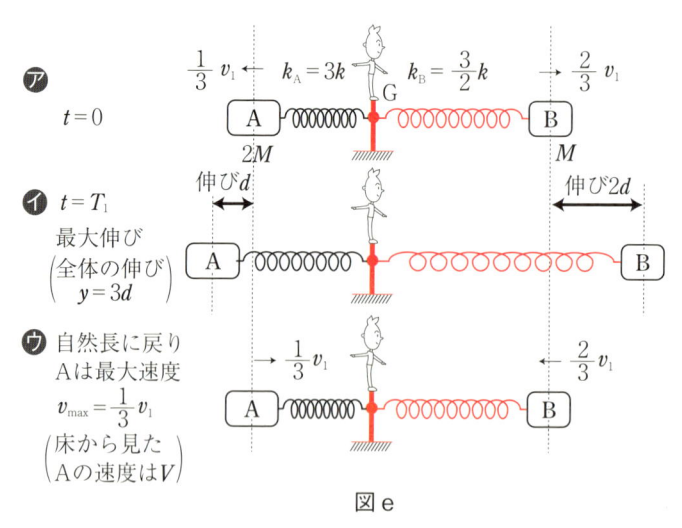

㋐ $t=0$

㋑ $t=T_1$
最大伸び
（全体の伸び $y=3d$）

㋒ 自然長に戻り Aは最大速度
$v_{\max}=\frac{1}{3}v_1$
（床から見たAの速度はV）

図e

> 3つのポイントは，すべて覚えておくべきなんですか？

　重心Gに乗るから，「G固定」だ。「G固定」するから，ばねを切るのと同じ。「Gから見るので，Gに対する相対速度に直すべき。」という**流れ**を押えると頭に入りやすい。
　一般に，ばねに2物体がつながれたら，この3つのポイントによって，サッと，図eがかけるようにしてほしい。
　この図eがかけてはじめて，各設問に取り組むことができるんだ。

　ここで，本問に戻ろう。
　図eで，❶の時刻T_1を求める。Aのばね振り子に注目すると，質量$2M$，**ばね定数**$k_A = 3k$の水平ばね振り子の$\frac{1}{4}$周期分の時間なので，

$$T_1 = 2\pi\sqrt{\frac{2M}{3k}} \times \frac{1}{4} = \frac{\pi}{2}\sqrt{\frac{2M}{3k}} \quad \text{答}$$

←p.359に「換算質量」を使った別解があるよ。

別解

Bの質量M，**ばね定数**$k_B = \frac{3}{2}k$の水平ばね振り子に注目しても同じ答が出る。

$$T_1 = 2\pi\sqrt{\frac{M}{\frac{3}{2}k}} \times \frac{1}{4} = \frac{\pi}{2}\sqrt{\frac{2M}{3k}} \quad \text{答}$$

> **イメージ**　AとBそれぞれの水平ばね振り子は，**必ず同じ周期**になるはず。同じ周期でないと，$\overline{AG} : \overline{GB}$の距離の比が$1:2$からずれてしまうからだ。このことは必ず確認してほしい。計算チェックになるぞ。

(6)　図eで，❶のばねの最大伸びのときに注目する。このとき，重心Gから見たA，Bの速度は0である。よって，床から見てA，Bの速度は，重心Gと同じ速度の$v_2 = v_G = \frac{1}{3}v_1$（∵　①）である。　答

(7) 図eで，**イ**のA側のばねの伸びdを求める。AG間のばね振り子のみに注目する。力学的エネルギー保存則より，

$$\frac{1}{2}2M\left(\frac{1}{3}v_1\right)^2 \overset{\text{ア}}{=} \frac{1}{2}\underset{\text{イ}}{3k}d^2$$

$$\therefore\ d = \frac{1}{3}v_1\sqrt{\frac{2M}{3k}} \quad \cdots\cdots ④$$

ここで，求めたいのはばね全体としての伸びなので，

$$y = d + 2d = 3d = v_1\sqrt{\frac{2M}{3k}} \quad (\because\ ④)$$

別解

床から見た最大伸びと，そのときの速さを求める。

最大伸びの瞬間，AとBは一瞬一体となって同じ速さv_2となる。このときのばねの最大の伸びをyとする。

図f

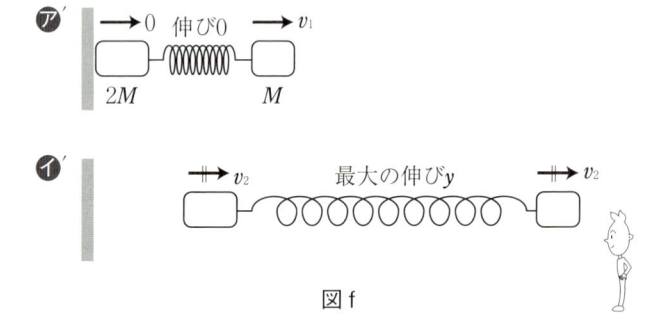

図fで，外力ははたらかないので，全運動量は保存される。

$$\overset{\text{ア}'}{Mv_1} = \overset{\text{イ}'}{(M+2M)v_2} \quad \therefore\ v_2 = \frac{1}{3}v_1 \quad \cdots\cdots ⑤$$

また，全力学的エネルギーも保存されるので，

$$\frac{1}{2}Mv_1^2 = \frac{1}{2}(M+2M)v_2^2 + \frac{1}{2}ky^2$$

（ア'＝M，イ'＝$M+2M$）

$$= \frac{1}{2}3M\left(\frac{1}{3}v_1\right)^2 + \frac{1}{2}ky^2 \quad (\because \ ⑤)$$

$$y = v_1\sqrt{\frac{2M}{3k}} \quad 答$$

> なあんだ！ 重心Gから見るよりも，床から見て解いたほうが，早いし楽じゃないですか

確かに，最大の伸びや，そのときの速さを求めるには床から見た方が楽だ。しかし，時間tに関して問われた（例えば周期）ときには，重心Gから見ないことには解けないよね。

さらに，床から解いた答と重心Gから見て解いた答が一致すれば，重要な計算チェックになるでしょ。

だから，重心Gから見て解くことも大切なんだ。

(8) 床から見て，Aの速度が最大値Vとなる瞬間を考える。このとき，Gから見ても，Aの速度は最大となる。その速度v_{max}は図eのウより，

$$v_{max} = \frac{1}{3}v_1 \quad \cdots\cdots⑥$$

となる。

よって，床から見たAの最大速度Vは，このv_{max}にv_Gを上乗せして得られる。

$$V = v_{max} + v_G$$

$$= \frac{2}{3}v_1 \quad (\because \ ①⑥) \quad 答$$

第7講　ばねにつながれた2物体の運動

〔Ⅲ〕 AB全体としては，右へv_Gで動いている（1回振動するたびにA，Bは右へ$v_G T_1$だけ動いている）。一方，Cは等速度u_1で動いている。

よって，BC間の距離が1回振動するたびに広がっていくためには，

$$v_G < u_1$$
$$\therefore \ \frac{1}{3}v_1 < u_1 \quad (\because \ ①)$$

が必要となる。**答**

> **イメージ**　AとBの重心Gは，言いかえると，AとBからなる物体を代表する点と言える。つまり，AとBを質量$2M+M=3M$の1質点としてG点にギュッと集中させてしまったのと同じことである。この代表質点は，AとB以外からの外力の力積によってのみ，その運動量$3Mv_G$（＝AとBの全運動量）を変化させることができる。
>
> $2M$　A　M　B　→　$3M$　G　代表質点

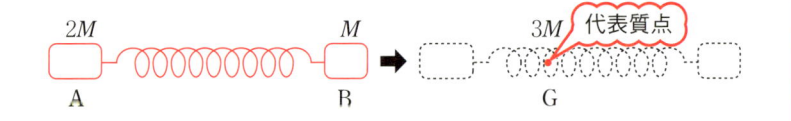

〔Ⅳ〕「床に対する変位x_Bと速度v_Bを求めよ」とあるが，床に対するBの動きはとても複雑だ（p.85図b）。まずは，いつもの通り重心Gから見たBの変位x_{G_B}と速度v_{G_B}を求めておこう。

図eからGB間のばね振り子の動きのみ，図gに抜き出してかく。

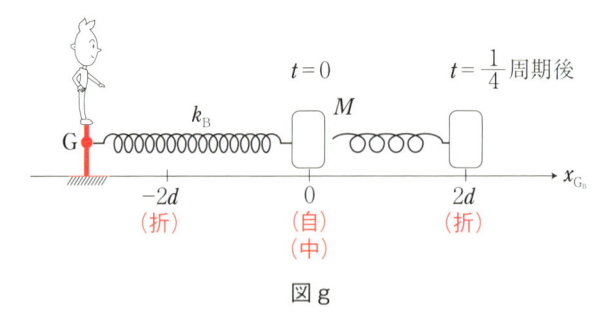

$t=0$　　$t=\frac{1}{4}$周期後

G　k_B　M

$-2d$　0　$2d$　　x_{G_B}
（折）（自）（折）
　　　（中）

図g

これは，図hの等速円運動を真上から見た往復運動となる。この円運動の角速度ωは，

$$\omega = \frac{2\pi}{周期 T_1} = \frac{2\pi}{2\pi\sqrt{\dfrac{M}{k_B}}} = \sqrt{\dfrac{3k}{2M}} \quad \cdots\cdots ⑦ \quad (\because\ ③)$$

図h

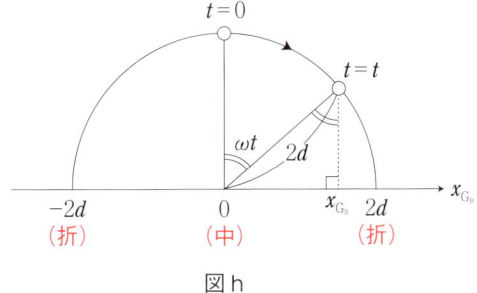

図hより，時刻 t での G から見た B の変位 x_{G_B} は，

$$x_{G_B} = 2d\sin(\omega t)$$

$$= \frac{2}{3}v_1\sqrt{\frac{2M}{3k}}\sin\left(\sqrt{\frac{3k}{2M}}t\right) \quad \cdots\cdots ⑧ \quad (\because\ ④⑦)$$

(この式を微分方程式で解いて求めるという [別解] が巻末の付録にあるので見てほしい。)

ここで，G から見た B の速度 v_{G_B} は，

$$v_{G_B} = (1秒あたりの x_{G_B} の変化)$$

$$= (x_{G_B} - t グラフの傾き)$$

$$= \frac{dx_{G_B}}{dt}$$

$$= \frac{2}{3}v_1\cos\left(\sqrt{\frac{3k}{2M}}t\right)$$

⑧式を代入
$\sin(\omega t)$ の微分は
$\omega\cos(\omega t)$ より　(p.9)

$\cdots\cdots ⑨$

さて，これから床に対する B の変位 x_G と速度 v_B を求める。

例えば，時速300kmで進む新幹線の中で，先頭車両に向かって時速10kmで走る人を，地面から見る。その人の速さは，$10+300=310$km/時で，新幹線の速さを上乗せした速さになる。それと同様に x_{G_B}，v_{G_B} に，重心 G 自身の変位 $x_G = v_G t$，速度 v_G を上乗せしたものが x_B，v_B になるのだ。

第7講　ばねにつながれた2物体の運動

よって，

$$x_B = x_{G_B} + v_G t$$

$$= \frac{2}{3}v_1\sqrt{\frac{2M}{3k}}\sin\left(\sqrt{\frac{3k}{2M}}t\right) + \frac{1}{3}v_1 t \quad (\because \text{⑪⑧}) \quad \boxed{答}$$

$$v_B = v_{G_B} + v_G$$

$$= \frac{2}{3}v_1\cos\left(\sqrt{\frac{3k}{2M}}t\right) + \frac{1}{3}v_1 \quad (\because \text{⑪⑨}) \quad \boxed{答}$$

ここで，v_B の時刻 t による変化をグラフにかいてみると，図 i が 答 になる。
（ちなみに $t=0$ では $v_B = v_1$ をきちんと満たしている。）

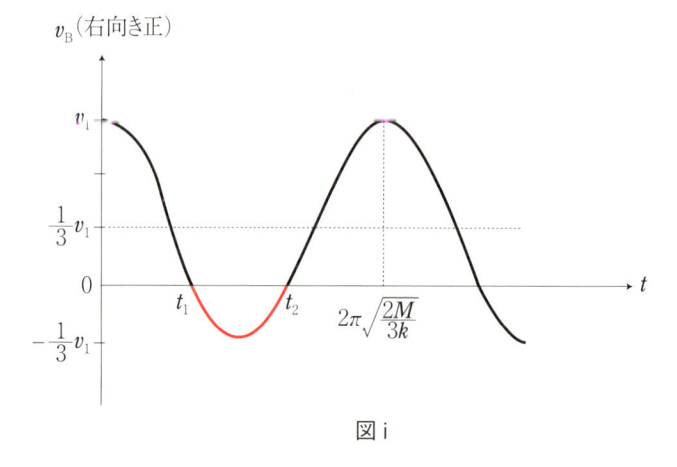

図 i

> **イメージ** 上のグラフより，t_1 から t_2 までの時間帯 B は床から見て左向きの速度をもっていることが分かる。この時間帯の長さはグラフの色をつけた部分で，
>
> $$t_2 - t_1 = \frac{1}{3} \times 2\pi\sqrt{\frac{2M}{3k}}$$
>
> となり，1周期の $\frac{1}{3}$ を占める時間であることが分かる。

まとめ

1 ばねにつながれた2物体の運動の解法の流れ

一定の速度で動く重心G上に乗って見る（3つのポイント）

Point 1 重心Gをガッチリ固定してしまう。

Point 2 重心Gを境に左右にばねを分割する。
（ばねの長さをα倍に切るとばね定数は$\frac{1}{\alpha}$倍となる）

Point 3 重心Gから見た，相対初速度に直す。

⬇

重心Gに対する2つの水平ばね振り子の問題として，扱うことができる。

⬇

重心Gから見た，速度や変位が求まる。

⬇

重心G自身の速度や変位を**上乗せ**すると，床から見た速度や変位を求めることができる。

2 重心に乗る以外の別解

(1) 床から見て全運動量保存と全力学的エネルギーの保存で解く
　　➡ (p.90)

(2) 片方の物体の上に乗って，もう一方を見る

　❶ そのままの質量を用いて，慣性力を使って解く ➡ (p.105)

　❷ 換算質量を用いて，慣性力を使わずに解く ➡ (p.359)

第8講 単振り子・見かけの重力・重心不動

研究用例題 8　☑1回目 40分　☐2回目 30分　☐3回目 20分

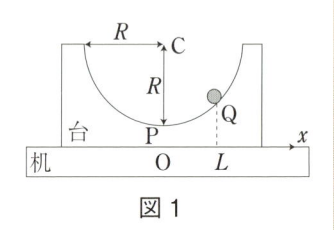

　水平な机の上に置かれた台の内側に，半径Rの半円形のレールがとりつけられている（図1）。机上の一点Oを原点として水平にx軸をとり，レールの中心Cのx座標が原点に一致するように台を置いた。まず，台を机に固定したまま，図1のように小球をレールの最下点Pから$+x$方向にLだけ離れたレール上の点Qに一旦静止させる。その後小球はレール上を摩擦を受けることなく運動するものとして，以下の問いに答えよ。ただし，小球の質量をm_1，レールを含んだ台の質量をm_2，重力加速度の大きさをgとする。また，LはRに比べて十分小さいものとする。必要であれば，θ〔rad〕が十分小さいときの近似公式，$\cos\theta \fallingdotseq 1$，$\sin\theta \fallingdotseq \theta$，を用いてもよい。

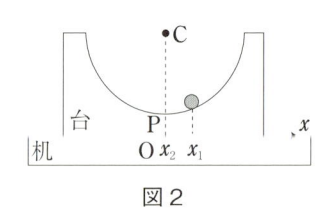

〔Ⅰ〕　台を机に固定したままで，小球を静かに放したところ単振動を始めた。小球のx座標をx_1，x軸方向の加速度をa_1とする。
　（1）　小球のx軸方向の運動方程式を求めよ。
　（2）　この単振動の周期を求めよ。

〔Ⅱ〕　図1の状態から，小球を点Qから静かに放すと同時に，台を$+x$向きの一定加速度Aで動かし始めた。その後も台の上から見ると，小球は単振動を続けたが，その振動の中心点は点Pからずれ，周期も新しい周期に変わった。ただし，Aはgよりも十分に小さいものとする。
　（1）　新しい単振動の中心点をSとする。角PCS$=\phi$とするとき$\tan\phi$をg，Aで表せ。
　（2）　新しい単振動の周期をR，g，Aを用いて求めよ。

〔Ⅲ〕 図1の状態から，小球を点Qから静かに放すと同時に，今度は台を一定加速度 $\dfrac{g}{\sqrt{3}}$ で$+x$向きに動かし始めた。以下の(1)(2)(3)のみで，$L=R\sin\gamma$ として，γ は必ずしも微小ではないものとする。

(1) 小球は台の外に飛び出すことなく，点Pを通る運動をした。小球が台の外に飛び出さないために，γ の満たす条件を求めよ。

(2) 小球を静かに放した瞬間に，小球が台から受ける垂直抗力の大きさ N_0 を m，g，γ を用いて求めよ。

(3) 台とともに運動する観測者から見た，小球の速さの最大値 v_0 を g，R，γ を用いて求めよ。

〔Ⅳ〕 図1の状態に戻し，今度は，台が机に対して摩擦を受けることなく動けるようにした。その上で小球と台を点Qから静かに放したところ，小球はやはり単振動を始めた。図2のように小球と点Pの x 座標をそれぞれ x_1，x_2，小球と台の x 軸方向の床から見た加速度をそれぞれ a_1，a_2 とする。

(1) 小球と台にはたらく力の関係から，a_1 と a_2 の間に成り立つ関係式を求めよ。

(2) 小球と台を合わせた系に対しては x 軸方向には外からの力ははたらかないので，系の重心の x 座標は変化しない。このことから，x_1 と x_2 の間に成り立つ関係式を求めよ。

(3) 小球の単振動の中心位置の x 座標を求めよ。

(4) 小球の床から見た単振動の振幅を求めよ。

(5) 台上から見た小球の相対加速度の x 成分を α，また，相対変位を $x'=x_1-x_2$ として，台上から見た小球の運動方程式を立てよ。答は m_1，α，a_2，g，R，x' で表せ。

(6) 小球の単振動の周期を求めよ。

〔東大〕

目的

単振り子の周期 $T=2\pi\sqrt{\dfrac{l}{g}}$ を覚えている人は多い。しかし，導ける人は少ない。しっかりと導出できるようにしよう。

その際には軸のとり方を工夫したり，小さい角度 θ についての近似が使えることが必要となる。

また，重力と慣性力，重力と電気力などの問題では，2つの力をひとまとめにして，「見かけの重力」と見なそう。すると，慣性力や電気力を扱わずに，その「見かけの重力」のみの世界で考えることができるので，スッキリ解ける。

この解法を利用する問題は，難関大では頻出であり，しかも強力なテクニックになるのでぜひ習得してほしい。

さらに，可動台上の振り子という難関大の定番である難テーマを，重心不動と慣性力を駆使して解けるようになることが最終目標だ。

導入

1 θ が小さいときの近似

難関大入試では，**近似の習熟度によって，合否が決まるということがまぎれもない事実**になっている。本問ではとくに，θ [rad] が小さいときに成立する近似について考えてみよう。

図1のような，$y=\sin\theta$，$y=\tan\theta$，$y=\theta$ のグラフをかいてみよう。

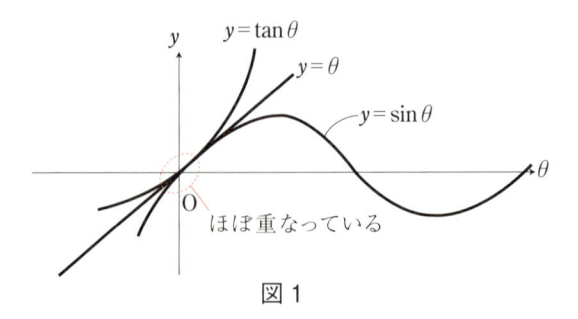

図1

すると，これら3つのグラフはある1点で接していることが分かる。どこだろう？

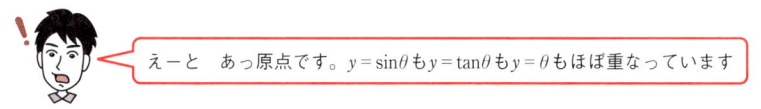

> えーと　あっ原点です。$y=\sin\theta$も$y=\tan\theta$も$y=\theta$もほぼ重なっています

つまり，

θが小さいとき　$\sin\theta ≒ \tan\theta ≒ \theta$

が成立することが分かるね。
　次は，$y=\cos\theta$のグラフを書いてみると，図2のように$\theta=0$ではほぼ$y=1$の直線に近いことが分かるね。つまり，

θが小さいとき　$\cos\theta ≒ 1$

$\left(\text{より正確な近似は}\quad \cos\theta ≒ 1-\frac{1}{2}\theta^2\right)$

となる。

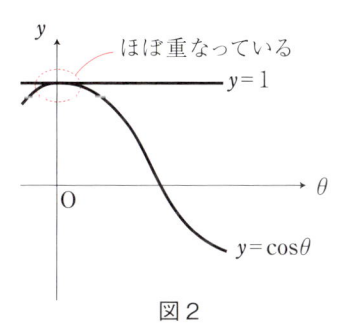

図2

2　見かけの重力

　重力は質量mの物体がどのような運動をしていようとも，いつも同じ向き（鉛直下向き）に同じ大きさmgの力としてはたらく。
　同様に，例えば慣性力mAなども，物体がどのような運動をしていようとも，観測者の加速度Aのみで，向きと大きさが決まってしまう。
　また，一様電界から受ける電気力なども物体の動きによらず，電界のみで決まってしまう力である。
　いま，図3のように，重力mgと慣性力mAの合力fを作っても，これは物体の運動によらない力となっている。
　つまり，この車の中を見かけ上**ナナメの重力$f=mg'$がはたらく世界**と見なしてしまうのだ。
　あとは，**この「見かけの重力mg'」を使ってしまえば，慣性力のことは一切**

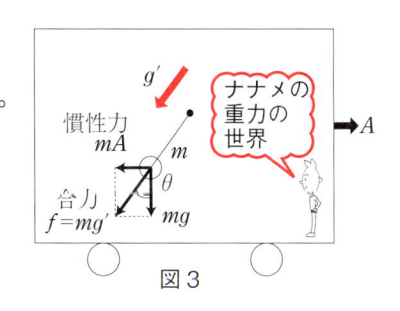

図3

考えずに済む。図4のように，もし，点線に沿っておもりを回転させると，見かけ上の最下点Cで最大速度となり，見かけ上の最高点Dで最小速度となる。

また，図5のように，一様な電界中で電荷を与えたおもりを回転させるときも全く同様である。

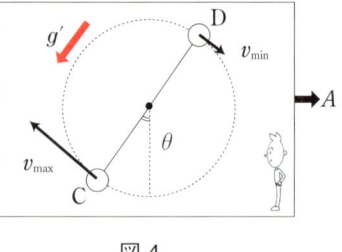

図4

Point ① 見かけの重力

重力mg＋（慣性力など一定の力）
　　　　＝見かけの重力mg'
の世界で考えよ。

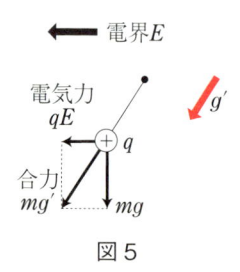

図5

解　説

〔Ⅰ〕(1)　単振り子の問題は軸のとり方が命！　その軸のとり方のポイントは，図aのような**円軌道に沿ってx軸をとる**ことだ。

え！　問題文のx軸は水平ですよ

いま図aの**θは十分に小さいので，近似的に円軌道はほぼ水平と見なせる**のでいいのだ。

図aで運動方程式より，

$$m_1 a_1 = -m_1 g \sin\theta$$

$$\fallingdotseq -m_1 g \theta \quad (近似公式より)$$

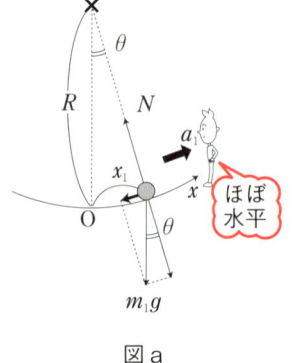

ここで，図aにおいておうぎ形の弧長公式より，$x_1 = R \times \theta$ を変形して代入，

$$m_1 a_1 = -\boxed{\frac{m_1 g}{R}} \times x_1 \quad \cdots\cdots ①$$

図a

ほぼ水平

(2) ①式は，見かけ上のばね定数 $K_1 = \boxed{\dfrac{m_1 g}{R}}$ の水平ばね振り子と見なせるので，その周期 T_1 は，

$$T_1 = 2\pi\sqrt{\dfrac{m_1}{K_1}} = 2\pi\sqrt{\dfrac{m_1}{\dfrac{m_1 g}{R}}} = \underline{2\pi\sqrt{\dfrac{R}{g}}}\ 答$$

となる。

$\left(\begin{array}{l}\text{この周期が，}m_1\text{や振幅によらず，半径}R\text{，重力加速度}g\\ \text{のみで決まってしまうことを「単振り子の等時性」という}\end{array}\right)$

別解

円弧状の x 軸をとらずに水平の x 軸で解くと，どうなるだろうか。

図bで，x，y 軸方向の運動方程式より，

$x：m_1 a_1 = -N\sin\theta$ ……②

$y：m_1 a_2 = N\cos\theta - m_1 g$ ……③

ここで，y 方向は，ほぼ動きがないので，

$a_2 \fallingdotseq 0$

また，$\cos\theta \fallingdotseq 1$ より，③式は，

$m_1 0 \fallingdotseq m_1 g - N$　∴　$N = m_1 g$ ……④

図b

となる。

④式と図bより，$\sin\theta = \dfrac{x_1}{R}$ を②式に代入して，

$\underline{m_1 a_1 = -m_1 g \dfrac{x_1}{R}}$　答

これで①式と同じ式が出てくる。

y 方向の運動方程式を考えること，および，$a_2 \fallingdotseq 0$ と $\cos\theta \fallingdotseq 1$ の2つの近似を用いねばならないことで，少し手間が掛かってしまうことが分かる。

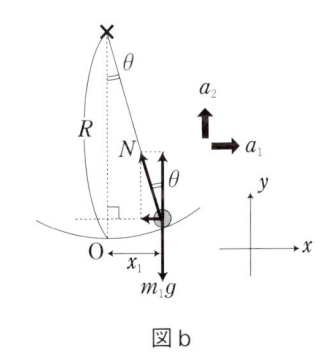

〔Ⅱ〕(1) 台の上から見ると，図cのように，慣性力 m_1A が左向きにはたらく。

このとき**重力 m_1g と慣性力 m_1A の合力を「見かけ上の重力」m_1g'** とみなす。また，m_1g' の左への傾角を ϕ とすると，図cより，小球は最下点Pから ϕ だけ傾いた見かけ上の最下点Sを中心として振動する。よって求める角 ϕ の条件は，$\tan\phi = \dfrac{m_1A}{m_1g}$ より，

$$\tan\phi = \dfrac{A}{g} \quad (\ll 1) \text{をみたす。答}$$

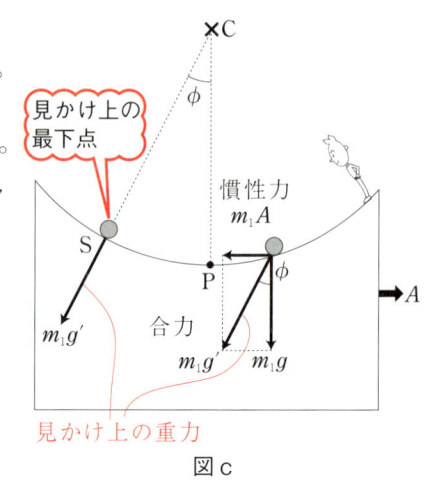

(2) 図cで，「見かけ上の重力」の大きさ m_1g' は三平方の定理より，

$$m_1g' = \sqrt{(m_1g)^2 + (m_1A)^2}$$
$$= m_1\sqrt{g^2 + A^2}$$

以上より，図dのように，小球は点Sを振動中心点，点Qを右側の折り返し点とする単振り子運動をする。その周期 T_1' は，単振り子の周期公式で $g \to g' = \sqrt{g^2+A^2}$ としたものなので，

$$T_1' = 2\pi\sqrt{\dfrac{R}{g'}}$$

$$= 2\pi\sqrt{\dfrac{R}{\sqrt{g^2+A^2}}} \quad \text{答}$$

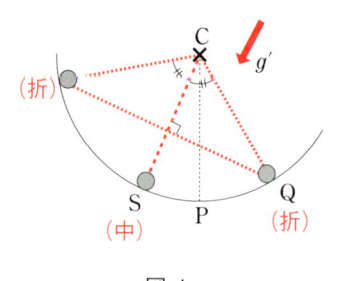

〔Ⅲ〕(1) 今回の「見かけ上の重力」は図eのように左下方向に30°傾いた向きとなり，その大きさは図eより，

$$g' = \sqrt{g^2 + \left(\dfrac{g}{\sqrt{3}}\right)^2} = \dfrac{2}{\sqrt{3}}g \quad \cdots\cdots ⑤$$

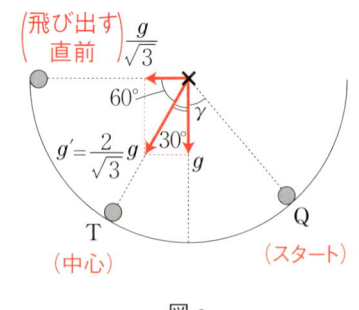

すると，小球は点Tを中心とする運動をする。
いま，小球が球面から飛び出さないためには図eより，

$$\gamma + 30° \leq 60° \quad \therefore \quad \underline{\gamma \leq 30°}\,\text{答}$$

となることが必要である。

(2) 図fで，手放した直後の**球面と垂直方向**の力のつり合いより，

$$N_0 = mg'\cos(30° + \gamma)$$
$$= \underline{\frac{2}{\sqrt{3}}mg\cos(30° + \gamma)} \quad (\because \text{⑤})\,\text{答}$$

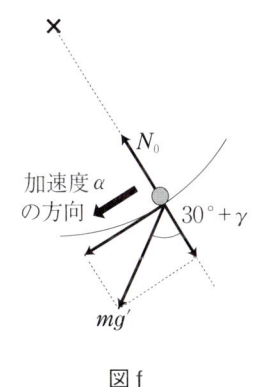

> どうせ，小球は一瞬は静止しているのだから，**上下方向**の力のつり合いではダメですか

図 f

よくある質問で，よくあるミスだ。

小球は図fのように，これから球面の接線方向へ動き出すね。すると，その加速度aはその接線方向となる。よって，**加速度aと全く関係のない唯一の方向となるのは，球面と垂直となる方向のみ**となる。この向き以外には力のつり合いの式を立ててはいけないんだ。一瞬静止はコワイゾ。

Point ❷ 一瞬静止の落とし穴

一瞬静止では，加速度方向(動き出す方向)と**垂直方向にのみ**，力はつり合う。

(3) 台から見て，小球の速さが最大値v_0となるのは，図gで示す点Tに小球があるときである。

この点Tを見かけ上高さ0とする。すると，点Qの高さは，見かけ上，$R\{1 - \cos(30° + \gamma)\}$となる。

よって，**見かけ上の重力mg'を用いた力学的エネルギー保存則**より，

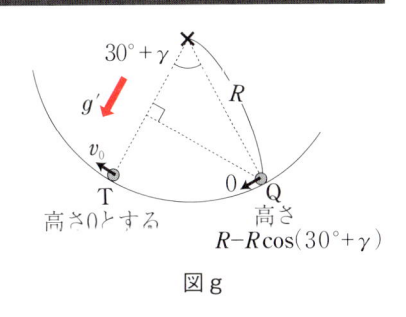

図 g

$$\underbrace{mg'R\{1-\cos(30°+\gamma)\}}_{\text{点Q}} = \underbrace{\frac{1}{2}mv_0^2}_{\text{点T}}$$

ここに⑤式より,$g' = \frac{2}{\sqrt{3}}g$を代入して,

$$v_0 = \sqrt{\frac{4}{\sqrt{3}}gR\{1-\cos(30°+\gamma)\}} \quad \text{答}$$

〔Ⅳ〕(1) a_1, a_2はともに,床から見た加速度なので,図hのように床から見る。小球と台の間にはたらく垂直抗力の大きさをNとする。小球が,Pからθだけ傾いたときのx方向の運動方程式は,

$$m_1 a_1 = -N\sin\theta \quad \cdots\cdots Ⓐ$$

$$m_2 a_2 = N\sin\theta \quad \cdots\cdots Ⓑ$$

(Ⓐ+Ⓑ)式より,

$$m_1 a_1 + m_2 a_2 = 0 \quad \cdots\cdots ⑥ \quad \text{答}$$

図h

(2) 水平方向は,「全運動量=0」になる。よって,水平方向に小球と台**全体の重心は不動**(p.32)となることが使える。

$$\underbrace{\frac{m_1 L + m_2 0}{m_1 + m_2}}_{t=0\text{の重心座標}} = \underbrace{\frac{m_1 x_1 + m_2 x_2}{m_1 + m_2}}_{t=t\text{での重心座標}}$$

$$\therefore \quad m_1 L = m_1 x_1 + m_2 x_2 \quad \cdots\cdots ⑦ \quad \text{答}$$

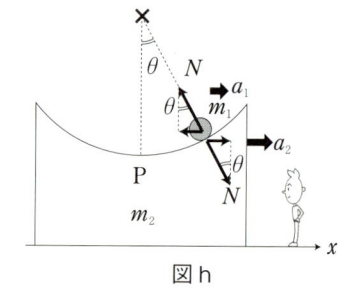

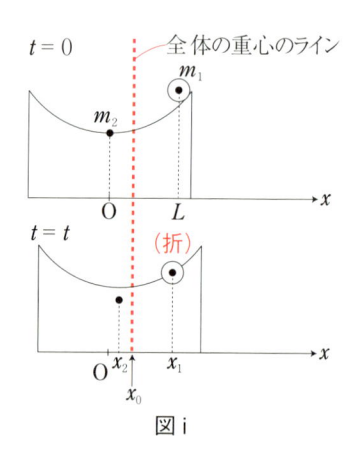

図i

(3) 振動中心は，**力のつり合い点**を見つければよい。図jのように，小球が円弧の底で静止すれば，全体がつり合った状態となれる。よって，ここが振動中心になる。

このときの位置は，$x_1 = x_2 = x_0$ となるので，⑦式より，

$$m_1 L = m_1 x_0 + m_2 x_0$$

$$\therefore \quad x_0 = \frac{m_1}{m_1 + m_2} L \quad \cdots\cdots ⑧$$

(4) 単振動の振幅とは，**振動中心と折り返し点との間の距離**のこと。振動中心は(3)で求めた $x = x_0$，折り返し点とは，$t = 0$ でスタートする $x = L$ の点であった。

よって，図kより振幅は，

$$L - x_0 = \frac{m_2}{m_1 + m_2} L \quad (\because \ ⑧) \quad \cdots\cdots ⑨$$

(5) 小球のみならず台までも振動しているので，床から見た小球の運動はとても複雑。よって，**台の上に乗って**，台の動きを封じ込めてしまう。ただし，台は右向きの加速度 a_2 をもっているので，慣性力 $m_1 a_2$ が左向きにはたらいて見えることに注意。

今回も〔Ⅰ〕と同様に，単振り子を扱うので，図lのように円弧状の x' 座標軸を設定する（ただし，$x' = x_1 - x_2$ であり，その方向は**ほぼ水平**）。

台から見た小球の相対加速度は，**ほぼ水平**なので近似的に，

$$\alpha = a_1 - a_2 \quad \cdots\cdots ⑩ \quad \text{となる。}$$

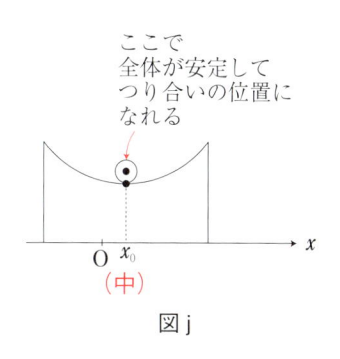

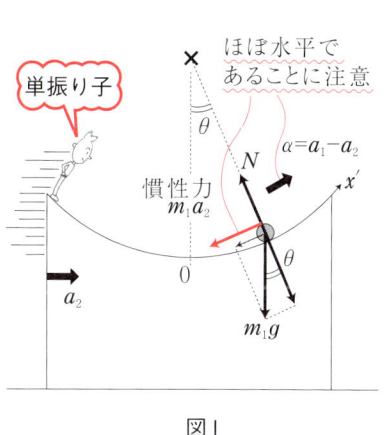

図1より運動方程式は，

$$m_1 \alpha = -m_1 g \sin\theta - m_1 a_2$$
$$\quad\quad\, \fallingdotseq -m_1 g \theta - m_1 a_2 \quad (\sin\theta \fallingdotseq \theta \text{より})$$
$$\quad\quad\, = -\frac{m_1 g}{R}x' - m_1 a_2 \quad \cdots\cdots ⑪ \quad (\text{弧長公式} \quad x' = R\theta \text{より})$$

答

(6) ここで大問題発生!! ⑪式の中には，αとa_2という異なる2つの加速度が入っている。いまは台上から見えているので，a_2を台上の加速度αを使って表したい。

そこで，a_2とαの関係といえば……，

> ⑩式です。$\alpha = a_1 - a_2$

でも，⑩式にはa_1も入ってきてしまってるよ。すると，a_1とa_2の関係式まで必要になるけど……，

> あっ！ 忘れていました。a_1とa_2には⑥式の関係が成り立ちます

よく思い出せたね。(1)の問は(5)のヒントだったんだ。

すると，⑥式に⑩式を代入して，

$$m_1(\alpha + a_2) + m_2 a_2 = 0$$
$$\therefore \quad a_2 = -\frac{m_1 \alpha}{m_1 + m_2} \quad \cdots\cdots ⑫$$

こうして，a_2をαを使って表せた。⑫式を⑪式に代入すると，

$$m_1 \alpha = -\frac{m_1 g}{R}x' + m_1 \frac{m_1 \alpha}{m_1 + m_2}$$

ここでαに注目して，強引に$M\alpha = -Kx'$の形にもっていくと，

$$\therefore \quad \boxed{\frac{m_1 m_2}{m_1 + m_2}} \alpha = -\boxed{\frac{m_1 g}{R}} x'$$

　　　　　見かけの質量M　見かけのばね定数K
(p.358ではこの正体が分かるよ。見ておこう。)

これで単振り子の周期 T_2 は,

$$T_2 = 2\pi\sqrt{\frac{M}{K}} = 2\pi\sqrt{\frac{\frac{m_1 m_2}{m_1 + m_2}}{\frac{m_1 g}{R}}} = 2\pi\sqrt{\frac{m_2 R}{(m_1 + m_2)g}} \ \text{答}$$

別解

全体の重心の x 座標は不動であることと, y 座標はほぼ静止していることを用いるとすばやく解ける。

いま図 m のように, 台の重心を点 C にとってしまう (一般に台の重心は, 台とともに動きさえすれば, どこにとっても答は変わらないので, 都合のよいところにとればよいのだ (p.33))。

すると, 全体の重心 G は点 C と点 Q を $m_1 : m_2$ の比に内分するところにある。

そして, G は不動であるので, 図 n のように, 小球の運動の**見かけ上の半径 R'** は,

$$R' = R \times \frac{m_2}{m_1 + m_2} \quad \cdots\cdots ⑬$$

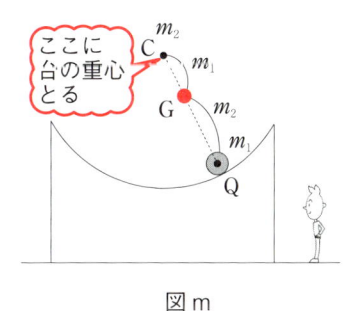

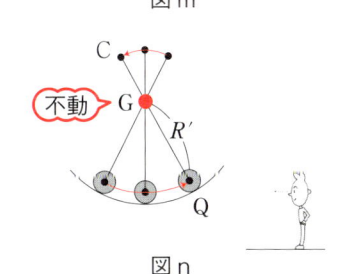

この糸の長さの単振り子運動をして見える。

するとその周期は, 単振り子の周期公式で $R \to R'$ として,

$$T_2 = 2\pi\sqrt{\frac{R'}{g}} = 2\pi\sqrt{\frac{m_2 R}{(m_1 + m_2)g}} \quad (\because\ ⑬) \ \text{答}$$

となる。

> 重心不動ってすごい便利ですね。他の応用例はありますか？

そうだね。次の**例題**も難関大でよく出るよ。

例題

質量Mの恒星Mと質量mの惑星m$(M>m)$が，互いの万有引力だけによってそれぞれ運動している。図に示すように，惑星mがある定点Cを中心とした半径aの円周上を等速円運動しているとする（ただし，図には恒星Mを図示していないことに注意）。万有引力定数をGとする。

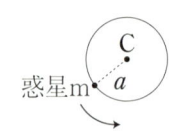

(1) 恒星M，惑星m，点Cの互いの位置関係を，理由とともに述べよ。
(2) 恒星Mと点Cとの距離，惑星mの速さv，恒星Mの速さVを求めよ。

〔東大〕

解 説

(1) 恒星Mと惑星mとからなる系には外力がはたらかない。よって，図oのように，mとMの間を$M:m$の比に内分する重心点が不動点Cとなる。……答

(2) 図のように，mとMは共に重心点である定点Cを中心する円運動をしている。それぞれの回転半径はaと$\dfrac{m}{M}a$となる。ここで，mにはたらく遠心力と万有引力のつり合いより，……答

$$m\dfrac{v^2}{a} = G\dfrac{Mm}{\left(a+\dfrac{m}{M}a\right)^2}$$

半径 / 区別 / Mm間の距離

$$\therefore\ v = \dfrac{M}{M+m}\sqrt{\dfrac{GM}{a}} \quad \cdots\cdots ①$$

（p.359に「換算質量」を使った別解があるよ。）

また，速さは回転半径に比例するので，$v:V = a:\dfrac{m}{M}a$

$$\therefore\ V = \dfrac{m}{M}v = \dfrac{m}{M+m}\sqrt{\dfrac{GM}{a}} \quad (\because\ ①)$$

図o

まとめ

1 単振り子の周期公式を導く方法

(1) 円弧状の軸を立てる(ほぼ水平とみなせる)

(2) $ma = -mg\sin\theta$

(3) $\sin\theta \fallingdotseq \theta = \dfrac{x}{R}$ 　（近似と弧長公式より）

(4) $ma \fallingdotseq - \boxed{\dfrac{mg}{R}} x$

(5) $T = 2\pi\sqrt{\dfrac{m}{\left(\dfrac{mg}{R}\right)}} = 2\pi\sqrt{\dfrac{R}{g}}$ 　（mによらず，R，gのみで決まる）

2 見かけの重力のテクニック

（重力mg）＋（ある一定の力　例 慣性力や電気力など）
＝（見かけの重力mg'）
と見なして，その重力mg'のみがはたらく世界で運動を扱う。

3 重心不動

(1) ある方向について，2物体系の「全運動量＝0」かつ外力がはたらかないならば，2物体全体の重心座標x_Gは，その方向には不変となる。

(2) 利用例

　❶ 2物体の座標の関係式を求めるとき ➡ （p.104）

　❷ 台の変位を知りたいとき ➡ （p.33）

　❸ 可動支点の単振り子の見かけ上の糸の長さl'を求めて，

　　周期$T' = 2\pi\sqrt{\dfrac{l'}{g}}$を求めるとき ➡ （p.107）

　❹ 連星系の問題を解くとき ➡ （p.108）

第9講 面積速度一定の法則の成立条件

研究用例題9　☑1回目35分　□2回目25分　□3回目15分

　質量Mの太陽のまわりを回っている質量mの小惑星がある。図のように，この小惑星および地球の公転軌道は円とみなすことができ，その公転半径はR_P，R_Eである。ケプラーの3法則および万有引力の法則を用いて次の問いに答えよ。ただし，太陽の万有引力のみを考慮し，他の惑星の影響は無視してよい。万有引力定数をGとする。

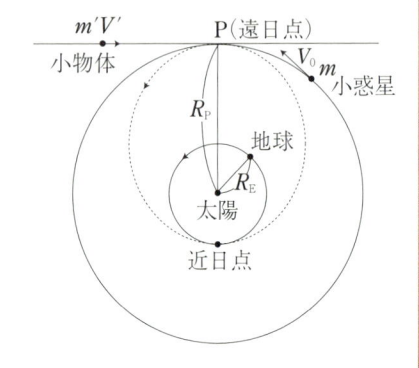

(1)　小惑星の速さV_0をG，M，R_Pで表せ。

　図のように質量m'，速さV'の小物体が小惑星の軌道の接線方向から飛んで来て，点Pで小惑星に正面衝突して一体となった。小惑星の公転の向きは変わらなかったが，小惑星の公転軌道は楕円となった。近日点における太陽との間の距離は地球公転軌道半径R_Eに等しく，遠日点における太陽との間の距離はもとの公転軌道半径R_Pに等しかった。次の問いに答えよ。

(2)　衝突直後の小惑星の速さu_fをm，m'，V_0，V'を用いて表せ。

(3)　小惑星の近日点における速さu_nと遠日点における速さu_fとの比$\dfrac{u_n}{u_f}$を求めよ。

(4)　u_fをG，M，R_E，R_Pを用いて表せ。

　R_PがR_Eの3倍であるとき，次の問いに答えよ。ただし，1年は3.14×10^7秒，地球の公転軌道半径は1.50×10^8kmとし，有効数字2桁で答を求めよ。ただし，$\sqrt{2}=1.41$，$\sqrt{3}=1.73$とする。

(5) 地球の公転周期を $T_E = 1$ 年，円運動していたときの小惑星の公転周期を T_P，合体して楕円軌道を描く小惑星の公転周期を T とする。T_P および T はそれぞれ T_E の何倍か。
(6) 遠日点における小惑星の速さ u_f は，衝突前の小惑星の公転速度 V_0 の何倍であるか。また，u_f は秒速何kmか。
(7) 衝突後，小惑星が最初に近日点にやってくるのは何年後か。

〔東京工大〕

目的　ケプラーの第2法則（面積速度一定の法則）は，宇宙での物体の運動でよく活用される。その成立条件をよく見てみると，じつは，宇宙空間でなくとも，身近な物体の運動で成立する法則であることが分かる。
難関大では宇宙以外への面積速度一定の法則の活用で差がついてくるので，ぜひ最後の 研究 にある例題3題も解いてほしい。

導入　ケプラーの第2法則（面積速度一定の法則）の成立する条件を言ってごらん。

> えーと，万有引力を受けて楕円軌道を回る天体で成立します

うーん，それは1つの例にすぎないね。もっと本質的な条件があるんだ。

> それは何ですか？

それは本当にシンプルで，

　物体の受ける力が常にある1点の方向のみを向く

ことだけなんだ（正確にはその力の大きさが，点Oからの距離のみで決まることも必要）。例えば，人工衛星は，常に地球の重心方向のみ向く力を受ける。また惑星は，太陽の重心方向のみ向く力を受ける。そのた

第9講　面積速度一定の法則の成立条件

めに，人工衛星や，惑星にはケプラーの第2法則が成立しているんだ。

例
　図1で，力は常に点Oに向く。よって，図より面積速度S（色をつけた部分の三角形の面積）は一定で，

$$S = \frac{1}{2}RV$$
$$= \frac{1}{2}rv$$
$$= \frac{1}{2}r_1 v_1 \sin\theta$$

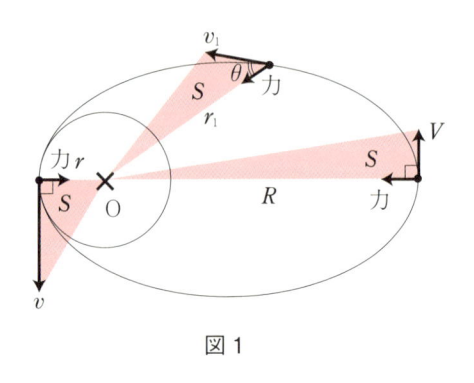

図1

Point　ケプラーの第2法則

❶　成立条件
　物体Pが常にある一点O方向のみを向く力を受けて運動すること。
❷　法　　則
　動径ベクトル$\overrightarrow{OP}$とPの速度ベクトル$\vec{v}$ではさまれる三角形の面積S（S：面積速度という）は常に一定となる。

カンタンでいいですから，ケプラーの第2法則の証明法ってありますか？

おおざっぱな証明ならこうだ。
　図2のように，x，y軸をとり，その上で$t = -1$秒，$t = 0$秒（このとき$x = 0$，$y = 0$を通る），$t = 1$秒の物体Pの位置と速度を追う。物体Pは，点O（$y = -r$（rは十分大きい）にある）のみに向く力を受けている。
　このとき，**物体Pは，x軸方向にほぼ力を受けていないとみなせるので，x方向の速度成分は，ほぼ一定となる**。よって，図より，

$$v_1' = v_2' \quad \cdots\cdots ★$$

ここで図より，$t = 0$前後の面積速度S_1，S_2は，それぞれ，

$$S_1 = \frac{1}{2} r v_1'$$

$$S_2 = \frac{1}{2} r v_2'$$

となる。

以上より，
$$S_1 = S_2$$
となる。

このようにして，1秒1秒ごとに，その前後で面積速度が一定となることをつなげていけば，常に面積速度は一定となる。

ポイントは★の式。この式の成立条件はまさに「物体の受ける力がある1点の方向のみ」であった。

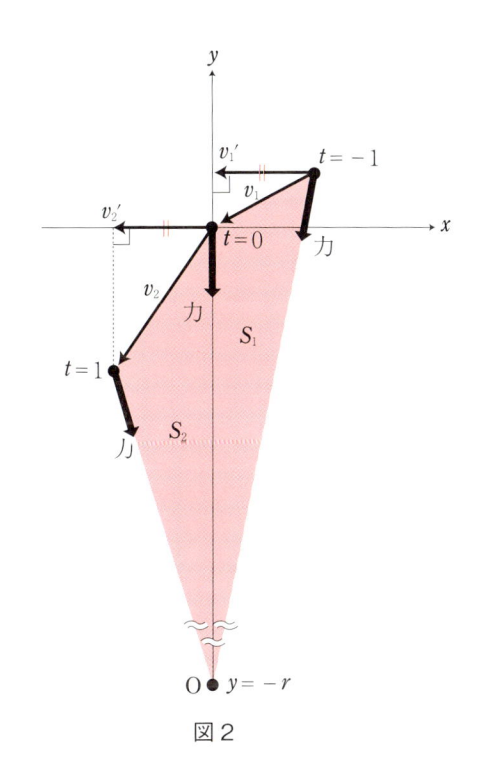

図2

解　説

(1) 図aのように回転系から見た遠心力を含む力のつり合いの式は，

$$\frac{mV_0^2}{R_P} = G\frac{Mm}{R_P^2}$$

$$\therefore \quad V_0 = \sqrt{\frac{GM}{R_P}} \quad \cdots\cdots ①$$ 答

図a

(2) 図bで，2物体に外力が存在しないので全体の運動量保存より，

$$x : mV_0 - m'V' = (m+m')u_f$$ (前) (後)

$$\therefore \quad u_f = \frac{mV_0 - m'V'}{m+m'}$$ 答

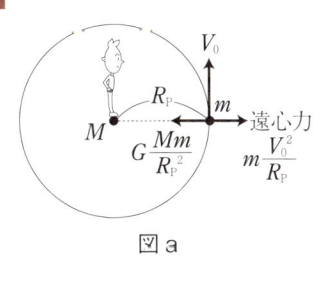

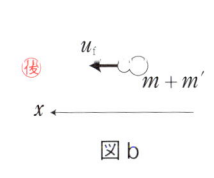

図b

第9講　面積速度一定の法則の成立条件　113

(3) ケプラーの第2法則が成立する条件を言ってごらん。

> 物体の受ける力が常にある1点の方向のみを向くときです

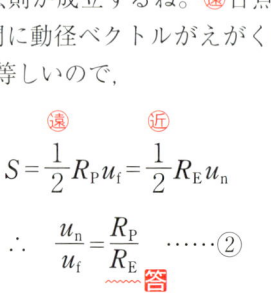

すると図cで小惑星の受ける万有引力は常に太陽の重心を向いているので、ケプラーの第2法則が成立するね。遠日点と近日点で単位時間に動径ベクトルがえがく面積S（面積速度）は等しいので，

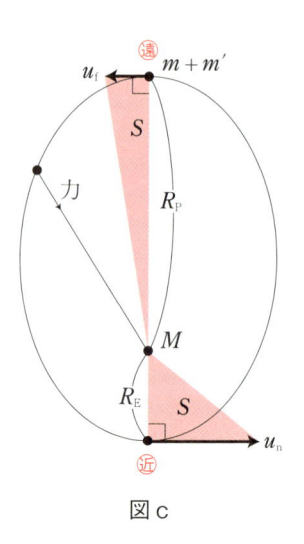

$$S = \frac{1}{2} R_P u_f = \frac{1}{2} R_E u_n$$

$$\therefore \quad \frac{u_n}{u_f} = \frac{R_P}{R_E} \quad \cdots\cdots ②$$

答

(4) (3)では2つの未知数u_f，u_nに対し，1つの式しか立てていないので，解けない。あと1つ式が必要となる。

そこで，図cで宇宙空間では，摩擦力などの力は存在しないので，万有引力による位置エネルギーを含む力学的エネルギー保存則が成立する。
$m_1 = m + m'$ とおくと，

$$\frac{1}{2} m_1 u_f^2 + \left(-\frac{GMm_1}{R_P}\right) = \frac{1}{2} m_1 u_n^2 + \left(-\frac{GMm_1}{R_E}\right) \quad \cdots\cdots ③$$

③式に②式を代入してu_nを消すと，

$$\frac{1}{2} u_f^2 - \frac{GM}{R_P} = \frac{1}{2} \left(\frac{R_P}{R_E} u_f\right)^2 - \frac{GM}{R_E}$$

$$\frac{1}{2} u_f^2 \left\{ 1 - \left(\frac{R_P}{R_E}\right)^2 \right\} = GM \left(\frac{1}{R_P} - \frac{1}{R_E}\right)$$

$$u_f^2 \frac{(R_E - R_P)(R_E + R_P)}{R_E^2} = 2GM \frac{R_E - R_P}{R_P R_E}$$

$$\therefore \quad u_f = \sqrt{\frac{2GMR_E}{R_P(R_E + R_P)}} \quad \cdots\cdots ④$$

答

(5) ケプラーの第3法則の成立する条件を言ってごらん。

ハイ 中心天体を共有する異なる軌道間で成立します

OK! すると図dで3つの軌道はともに太陽を中心天体として共有しているので，ケプラーの第3法則，

$$\frac{(周期T)^2}{((長)半径r)^3} = 一定$$

が成立する。

$$\frac{T_E^2}{R_E^3} = \frac{T_P^2}{R_P^3} = \frac{T^2}{\left(\frac{R_E+R_P}{2}\right)^3}$$

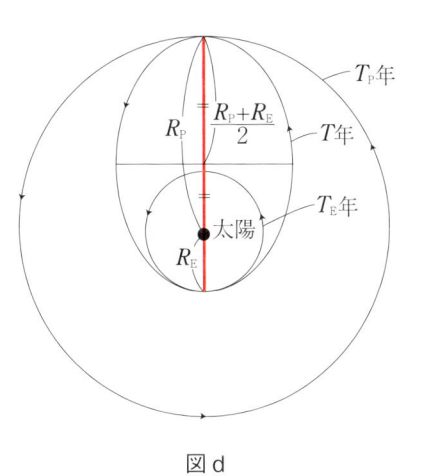

図d

よって，$R_P = 3 \times R_E$ のとき，

$T_P = 3\sqrt{3} \times T_E$ ……⑤ → 有効数字2桁なので，$T_P ≒ 5.2 \times T_E$ 答

$T = 2\sqrt{2} \times T_E$ ……⑥ → 有効数字2桁なので，$T ≒ 2.8 \times T_E$ 答

(6) (④÷①)式より，← (①式はV_0，④式はu_fなので，)

$$\frac{u_f}{V_0} = \sqrt{\frac{2R_E}{R_P+R_E}} = \sqrt{\frac{2R_E}{3R_E+R_E}} = \frac{1}{\sqrt{2}} ≒ 0.71 倍 答$$

∴ $u_f = \frac{1}{\sqrt{2}} V_0$ ← (u_fは直接求められない。一方，V_0は円運動の速さなので(円周)÷(周期)で簡単に求められることに注目。)

ここでV_0は，円周 $2\pi R_P = 2\pi \times 3R_E$ の長さを，⑤式より時間 $T_P = 3\sqrt{3} \times T_E$ で動く速さであるので，

$$u_f = \frac{1}{\sqrt{2}} V_0 = \frac{1}{\sqrt{2}} \times \frac{2\pi \times 3R_E}{3\sqrt{3}\, T_E}$$

← (R_E，T_Eはともに地球に関する量なのでデータが既知であることに注目。)

$$u_f = \sqrt{\frac{2}{3}} \times \frac{\pi R_E}{T_E}$$

$$\fallingdotseq \frac{1.41}{1.73} \times \frac{3.14 \times 1.5 \times 10^8 \text{[km]}}{3.14 \times 10^7 \text{[s]}}$$

$$\fallingdotseq 12 \text{[km/s]} \quad \text{答}$$

(7) 求める時間は，T ではないことに注意しよう。図eのように，衝突してから近日点までの時間は，楕円をちょうど $\frac{1}{2}$ 周してくる時間なので，$\frac{1}{2}T$ となる。

$$\frac{1}{2}T = \frac{1}{2} 2\sqrt{2}\, T_E \quad \leftarrow \begin{pmatrix} \text{地球の公転周期 } T_E\text{（既知）} \\ \text{に結びつけたいので⑥式を} \\ \text{用いた。} \end{pmatrix}$$

$$= \sqrt{2} \times T_E$$

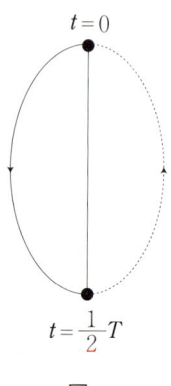

$$= 1.41 \times 1 \text{年}$$

$$\fallingdotseq 1.4 \text{年} \quad \text{答}$$

図e（$t=0$，$t=\frac{1}{2}T$）

研究 もう一度しつこいけど，ケプラーの第2法則の成立条件を言ってごらん。

いいですよ。物体の受ける力が常にある1点の方向のみに向くときです

すると本問ではたまたま，万有引力が，太陽方向のみに向いていたから，成立したに過ぎないんだね。

ということは，万有引力に限らず1点の方向のみに向く力があれば使えるのですね

そうだ。そこで**超頻出の3題**を解いてみてほしい。すべて摩擦はないものとして，重力加速度は g だ。

例題 1

図fで，半径Rの円軌道を速さVで回っている質量mの小物体がある。ここでゆっくり糸を引き，その半径をrの円運動にした。このときの速さvおよび，この間に糸を引く手のした仕事Wを求めよ。

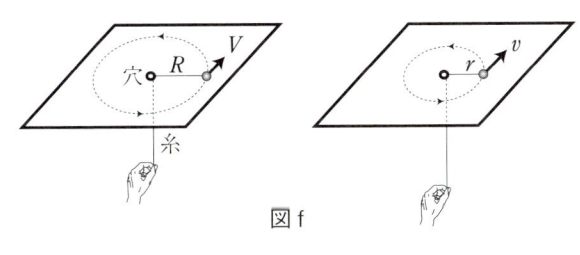

〔京大〕

図 f

解説

糸の張力は，常に1点の穴方向のみ向くので，面積速度Sは一定となる。

$$S = \frac{1}{2}RV = \frac{1}{2}rv \qquad \therefore \quad v = \frac{R}{r}V \quad \text{答}$$

また，仕事とエネルギーの関係より，

$$\frac{1}{2}mV^2 + W = \frac{1}{2}mv^2$$

$$\therefore \quad W = \frac{1}{2}m(v^2 - V^2) = \frac{1}{2}mV^2\left(\frac{R^2}{r^2} - 1\right) \quad \text{答}$$

第9講 面積速度一定の法則の成立条件

例題2

重力加速度の大きさをgとする。図gで，質量mの小球を高さhの点で円すい面に沿って水平に速さ$v=\sqrt{\dfrac{gh}{3}}$で放出したところ，小球は円すい面内で周回しながら上下運動をくり返した。このとき，小球のとりうる最下点の高さh_mと，そのときの速さv_mを求めよ。

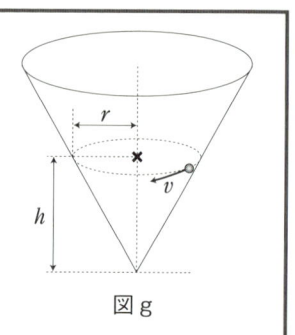

〔東北大〕

図g

解説

ポイントは「真上から見る」ということだ。真上から見ると小球は「うず巻き運動」をし，小球にはたらく垂直抗力の水平成分は，常に点Oの方向のみを向いている。よって，図hで面積速度S一定の法則より，

$$S = \frac{1}{2}rv = \frac{1}{2}r_m v_m \quad \cdots\cdots ①$$

また，摩擦力もないので，力学的エネルギー保存則も成立するので，

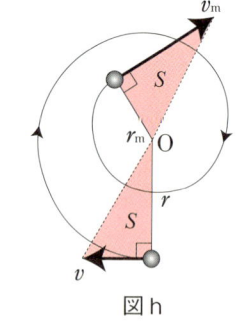

$$\frac{1}{2}mv^2 + mgh = \frac{1}{2}mv_m^2 + mgh_m \quad \cdots\cdots ②$$

ここで図iより，

$$\tan\theta = \frac{r_m}{h_m} = \frac{r}{h} \quad \cdots\cdots ③$$

①③式より，

$$v_m = \frac{r}{r_m}v = \frac{h}{h_m}v \quad \cdots\cdots ④$$

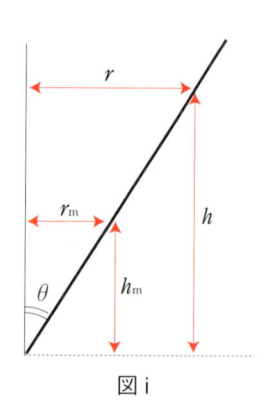

図h

図i

④式と $v=\sqrt{\dfrac{gh}{3}}$ を②式に代入して,

$$\dfrac{1}{6}gh + gh = \dfrac{1}{2}\dfrac{h^2}{h_m^2} \times \dfrac{gh}{3} + gh_m$$

$$6h_m^3 - 7hh_m^2 + h^3 = 0$$

$$(h_m - h)(2h_m - h)(3h_m + h) = 0$$

$0 < h_m < h$ より, $h_m = \dfrac{1}{2}h$ ……⑤ 答

④⑤式より, $v_m = 2v = 2\sqrt{\dfrac{gh}{3}}$ 答

例題 3

図jで，固定された電気量 $-Q$ の点電荷から距離 r の点で，電気量 $+q$，質量 m の点電荷を速さ v で図の方向に打ち出した。$+q$ の点電荷は，図の線分 l に漸近しつつ無限遠へ飛び去った。このとき，無限遠での $+q$ の点電荷の速さ V，および図の距離 h を求めよ。ただし，クーロンの法則の比例定数を k とする。

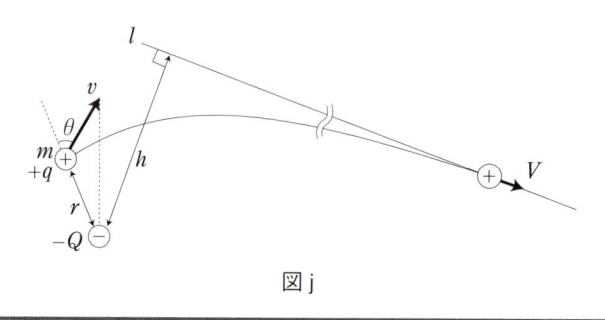

〔慶大〕

図 j

解　説

クーロン力は，常に，固定された電荷 $-Q$ の方向のみを向くので，面積速度 S 一定となる。

$$S = \frac{1}{2}rv\sin\theta = \frac{1}{2}hV \quad \cdots\cdots ①$$

（前）　　（後）

図 k

クーロン力による位置エネルギーを含む力学的エネルギー保存の法則より，

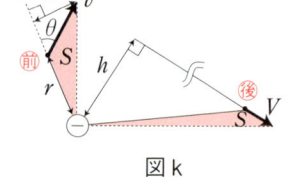

$$\frac{1}{2}mv^2 + k\frac{-qQ}{r} = \frac{1}{2}mV^2 + 0 \quad \cdots\cdots ②$$

（前）　　　　　　　（後）　無限遠なので

② 式より，

$$V = \sqrt{v^2 - \frac{2kqQ}{mr}} \quad \cdots\cdots ③ \quad \text{答}$$

① 式より，

$$h = \frac{rv}{V}\sin\theta = \frac{rv\sin\theta}{\sqrt{v^2 - \dfrac{2kqQ}{mr}}} \quad (\because ③) \quad \text{答}$$

まとめ

面積速度一定の法則の利用法

(1) **成立条件**

物体の受ける力が常にある1点Oの方向のみを向く

|代表的な力|：万有引力，クーロン力，糸の張力，
　　　　　　円すい面からの垂直抗力の水平成分

(2) **運動パターン**

❶ 楕円運動　　　❷ うず巻き運動　　　❸ 双曲線運動

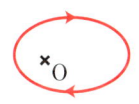

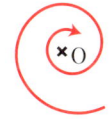

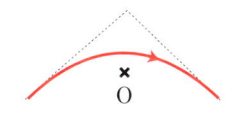

(3) **解　法**

❶ 運動を調べたい2点A，Bを定める。

❷ A，B各点での動径ベクトル$\vec{OA}$, $\vec{OB}$と速度ベクトル$\vec{v_A}$, $\vec{v_B}$を図示する。そして，それら2つのベクトルがはさむ三角形の面積Sを求め，等しいとおく。

❸ もし，摩擦力や手の力などが仕事をしていなければ，A点とB点の間で，力学的エネルギー保存則の式を立てる。

❹ ❷と❸を連立方程式として，未知数を求める。

第10講 熱気球の解法

研究用例題10　☒1回目 25分　☐2回目 15分　☐3回目 10分

　図のような熱空気気球がある。球体の下端には小さな開口部があって内部が外気に通じており，内部の空気を外気と等しい圧力に保つことができる。他方，球体の内部にはヒーターがあって球体内の空気の温度を調節することができ，これによって気球は上昇，下降を行うことができる。

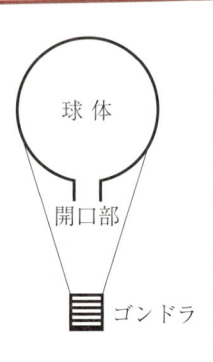

　この気球に関する以下の問い(1)～(4)に答えよ。ただし，気球の全体積 V_B = 球体内の空気の体積 V_A = 500 m³，気球の全質量（球体内部の空気による分は除いたもの）M_B = 180 kg とし，

地表における大気の　$\begin{cases} 温度 & T_0 = 280\text{ K} \\ 圧力 & P_0 = 1.00 \times 10^5 \text{ N/m}^2 \\ 空気の密度 & \rho_0 = 1.20 \text{ kg/m}^3 \end{cases}$

とする。また大気は理想気体とし，その組成，温度は高度によらず一定とする。

(1) 気球を地面にとめておいて，球体内部の空気の温度を280 Kから350 Kにすると，球体内部の空気の質量はどれだけ減少するか。

(2) 気球を地面から浮上させるには，球体内部の空気を最低何度まで熱することが必要か。その温度 T_1 を求めよ。

(3) 球体内部の空気の温度が終始上記の T_1 に保たれるよう装置をセットした上でゴンドラ内の積荷の質量を m_B = 18.0 kg だけ軽くしたとすると，気球は上昇しある高度で静止するはずである。その高度における大気の密度 ρ_1 を求めよ。

(4) その高度における大気の圧力 P_1 を求めよ。

〔東大〕

目的 　一般にとっつきづらいと言われる熱気球だが，その解法はワンパターン。結局，P，Tさえしっかり仮定できれば勝ち！なのだ。

- -

導入 　まずは，**気体の密度 ρ〔kg/m³〕** をしっかりと定義しよう。密度ときたら，「1m³あたりの質量」と言えるようにしておこう。

大切なのは，「**1m³あたり**」だ。

右の図のように，圧力P，体積V，モル数n，温度Tの気体の塊がある。**この気体の分子量（1molあたりの質量）をA〔kg/mol〕とする。**

$$P, V$$
$$n, T$$
$$A$$

この気体の密度ρ〔kg/m³〕は，

$$\rho = \frac{(質量)}{(体積)} = \frac{A〔kg/mol〕\times n〔mol〕}{V〔m^3〕}$$

$$= \frac{A \times \left(\dfrac{PV}{RT}\right)}{V} \quad \leftarrow \text{（いつも心に）状態方程式 } PV = nRT より$$

$$\therefore \quad \rho = \frac{AP}{RT}$$

この式のイメージは $\begin{pmatrix} 圧力P \Rightarrow 大ほど気体がギュッと縮まって密度\rho \Rightarrow 大 \\ 温度T \Rightarrow 大ほど気体がフンワリ膨らんで密度\rho \Rightarrow 小 \end{pmatrix}$

くだらないけど「高いのはマンション，**安いのはアパート**」という覚え方がある。その心は……

$$\boxed{\rho \;=\; AP/RT}$$
ロー（プライス）イコール・アパート

軽く聞き流して下さい（笑）。

次に，気球の解法へ入ってみよう。完全にワンパターンだ。

Point 《気球の解法3ステップ》

STEP 1 大気と内気の圧力Pと温度Tを図示する。（未知数があれば丸で囲もう）

STEP 1
大気
$P_大 \quad T_大$
$\rho_大$

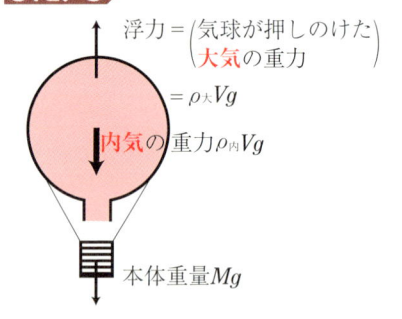

内気
$P_内 \; T_内$
$\rho_内 \; V$

STEP 2 大気と内気の密度 $\rho = \dfrac{AP}{RT}$
（アパート）
を$\rho_大$，$\rho_内$として求める。

STEP 2
$\rho_大 = \dfrac{AP_大}{RT_大}$

$\rho_内 = \dfrac{AP_内}{RT_内}$

STEP 3 力のつり合いの式を立てる。**ここで忘れてはならないのが，内気にかかる重力**だ。

　例えば，買ったばかりのガスコンロ用の缶は重いけど，使い切ると軽くなるね。中に含まれている気体の重力が重要なのだ。

STEP 3
浮力 = (気球が押しのけた大気の重力)
　　 = $\rho_大 Vg$
内気の重力 $\rho_内 Vg$
本体重量 Mg

$\rho_大 Vg = \boxed{\rho_内} Vg + Mg$

加熱して$\rho_内$を減らすと，気球は浮上する。

解説

(1) 《気球の解法3ステップ》で解く

STEP 1 加熱前後の圧力と体積を，図aのように仮定する。

ここで大切なことは，**大気と内気は自由に出入りできるので，それらの圧力は必ず等しくなること**。大気と内気の境界線での力のつり合いのイメージだ。

> では，大気と内気の温度も等しくなってしまうのでは？

いいえ，冬の寒い日，ストーブのある室内と外では，両方とも1気圧だけど温度は違ってもいいよね。

前
大気 P_0, T_0, ρ_0
内気 P_0, T_0, ρ_0, V_A
初め内気は大気と全く同じ

後
大気 P_0, T_0, ρ_0
内気 P_0, T_0', ρ_0', V_A
自由に出入りできるので内外の圧力は必ず等しい

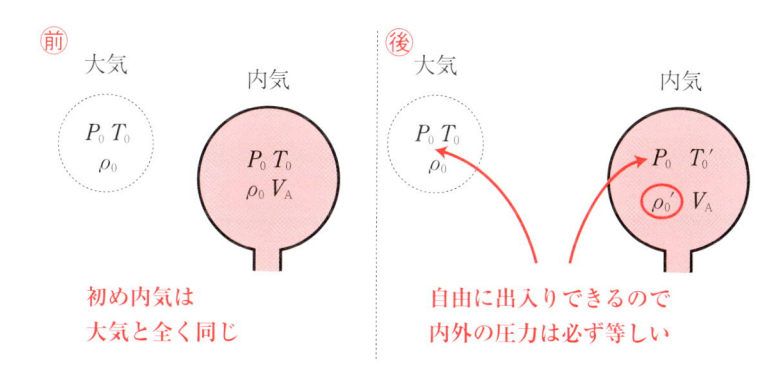

図a（未知の数は○で囲んでいる）

STEP 2 前後の密度 ρ_0, ρ_0' を求める。空気の分子量は A，気体定数は R と仮定する。**未知数は，○で囲むと式変形の目印になる。**

$$\rho_0 = \frac{AP_0}{RT_0} \quad \cdots\cdots ①$$

$$\rho_0' = \frac{AP_0}{RT_0'} \quad \cdots\cdots ②$$

似た式が2つ出たら……，

> 左辺どうし右辺どうし，辺々を割ります

その通り。そこで(②÷①)式より，

$$\frac{\rho_0{'}}{\rho_0} = \frac{T_0}{T_0{'}} \quad \therefore \quad \rho_0{'} = \frac{T_0}{T_0{'}}\rho_0 \quad \cdots\cdots ③$$

よって，内気の質量の減少分は，

$$\rho_0 V_A - \rho_0{'} V_A = \rho_0 V_A - \frac{T_0}{T_0{'}}\rho_0 V_A$$

$$= \left(1 - \frac{280}{350}\right) \times 1.2 \times 500$$

$$= \underline{120 \text{ [kg]}} \text{ 答}$$

> 120kgですか，激しくダイエットしましたね(笑)

そうなんだ。**この「ダイエット」で，気球は浮上していくんだ。**

(2) **STEP1** 図bのように仮定。
STEP2

$$\rho_0{''} = \frac{AP_0}{RT_1} \quad \cdots\cdots ④$$

(④÷①)式より，← おきまり！

$$\frac{\rho_0{''}}{\rho_0} = \frac{T_0}{T_1}$$

$$\therefore \quad \rho_0{''} = \frac{T_0}{T_1}\rho_0 \quad \cdots\cdots ⑤$$

STEP3 浮上直前の力のつり合いより，

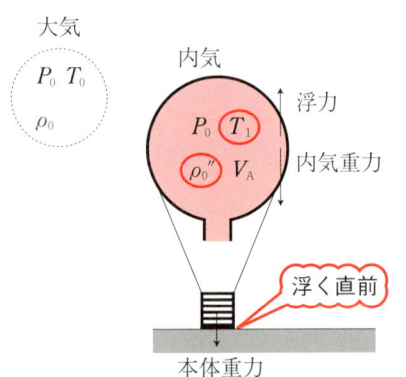

$$\underbrace{\rho_0 V_A g}_{\text{浮力}} = \underbrace{\rho_0{''} V_A g}_{\text{内気重力}} + \underbrace{M_B g}_{\text{本体重力}}$$

$$= \frac{T_0}{T_1}\rho_0 V_A g + M_B g \quad (\because \quad ⑤)$$

図b

$$\therefore \quad T_1 = \frac{\rho_0 V_A}{\rho_0 V_A - M_B} T_0$$

$$= \frac{1.2 \times 500}{1.2 \times 500 - 180} \times 280$$

$$= 400 \text{[K]} \quad \underline{\text{答}}$$

(3) **STEP1** 図cのように仮定。
STEP2

$$\rho_1 = \frac{A P_1}{R T_0} \quad \cdots\cdots ⑥$$

$$\rho_2 = \frac{A P_1}{R T_1} \quad \cdots\cdots ⑦$$

(⑦÷⑥)式より，← おきまり！

$$\frac{\rho_2}{\rho_1} = \frac{T_0}{T_1}$$

$$\therefore \quad \rho_2 = \frac{T_0}{T_1} \rho_1 \quad \cdots\cdots ⑧$$

図c

STEP3 力のつり合いより，

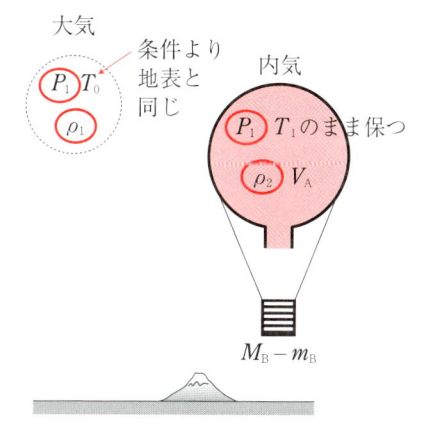

$$\underbrace{\rho_1 V_A g}_{\text{浮力}} = \underbrace{\rho_2 V_A g}_{\text{内気重力}} + \underbrace{(M_B - m_B) g}_{\text{本体重力}}$$

$$= \frac{T_0}{T_1} \rho_1 V_A g + (M_B - m_B) g \quad (\because \quad ⑧)$$

$$\therefore \quad \rho_1 = \frac{M_B - m_B}{V_A \left(1 - \dfrac{T_0}{T_1}\right)}$$

$$= \frac{180 - 18}{500 \left(1 - \dfrac{280}{400}\right)}$$

$$= \frac{162}{150} = 1.08 \text{[kg/m}^3\text{]} \quad \underline{\text{答}}$$

(4) P_1を求めたいので，P_1を消す前の⑥式に戻る。
(①÷⑥)式より，← おきまり！

$$\frac{\rho_0}{\rho_1} = \frac{P_0}{P_1}$$

$$\therefore \quad P_1 = \frac{\rho_1}{\rho_0} P_0$$

$$= \frac{1.08}{1.20} \times 1.00 \times 10^5$$

$$= 9.00 \times 10^4 \,[\text{N/m}^2] \quad 答$$

まとめ

《気球の解法3ステップ》

STEP1 大気と内気の P, T 仮定。
(自由に行き来できる部分の圧力は等しい)

STEP2 大気と内気の密度 $\rho = \dfrac{AP}{RT}$ を辺々割る(おきまり)。
(アパート)

STEP3 力のつり合いの式を立て、未知数を求める。

$$\underbrace{\rho_{大}Vg}_{浮力} = \underbrace{\rho_{内}Vg}_{内気重力} + \underbrace{Mg}_{本体重力}$$

↑
忘レナイ!

結局は問題文を読んで、**P, T さえ仮定できれば勝ち!**

第11講 球形容器によるポアソンの式の証明

研究用例題11　☑1回目 40分　☐2回目 30分　☐3回目 20分

　球形の容器に，単原子分子理想気体が入っている。気体の圧力は分子の運動にもとづくものとして，圧力の計算を試みる。その際，次のような仮定をする。気体分子は容器の壁と完全弾性衝突を行い，分子どうしは衝突しない。また，分子はみな同じ質量m，同じ速さuをもつ。

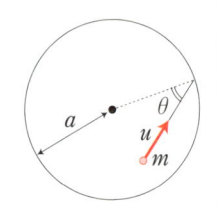

(1)　図に示すように，1個の分子が入射角θで壁に衝突するとき，その分子は1回の衝突で壁にどれだけの力積の大きさIを与えるか。m，u，θを用いて表せ。ただし，壁はなめらかであるものとする。

(2)　上記の入射角θの分子は，単位時間当たり何回壁に衝突するか。その回数N_1をu，a，θを用いて表せ。球形容器の直径(内径)は$2a$である。

(3)　容器内の分子の総数をNとし，容器の容積をVとするとき，気体の圧力PをN，V，mおよびuを用いて表せ。なお容器の内壁の全面積は$4\pi a^2$，容積$\dfrac{4}{3}\pi a^3$である。

(4)　(3)の答を状態方程式に代入することによって，単原子分子理想気体の内部エネルギーUを気体定数R，気体のモル数n，絶対温度Tを用いて表せ。

　いま，球形の容器の半径が一定の速さwでゆっくりと大きくなっていく。

(5)　壁に1回衝突した後の分子の，壁と垂直方向の速度成分の大きさu_y'を衝突前の速さu，入射角θ，壁の動く速さwで表せ。

(6)　1回の衝突で1つの分子が失う運動エネルギー$\Delta\varepsilon$を，m，u，w，θで表せ。ただしwはuに比べて十分に小さいのでw^2の項は小さく無視してよい。

いま，微小時間Δtの間に球の半径がaから$a+w\Delta t$へ変化した。

(7) 時間Δtの間に1つの分子が失う運動エネルギーΔEをm, u, w, a, Δtで表せ。ただしΔtは微小時間なので(2)で求めたN_1の結果は近似的に使えるものとする。

(8) 時間Δtの間に温度はTから$T+\Delta T$へ変化した。$\dfrac{\Delta T}{T}$をw, a, Δtで表せ。

(9) 時間Δtの間に体積はVから$V+\Delta V$へ変化した。$\dfrac{\Delta V}{V}$をw, a, Δtで表せ。ただし微小量$w\Delta t$の2次以上の項は小さく無視できる。

(10) $\dfrac{\Delta T}{T}$を$\dfrac{\Delta V}{V}$を用いて表せ。

〔名大〕

目的

❶ 球形容器タイプの気体分子運動論を図形的処理法からマスターする。とくに，特徴のある2つの二等辺三角形をかき出せるようにしよう。

❷ ポアソンの式(単原子分子)$P \times V^{\frac{5}{3}}$の導出法をマスターしよう。

中堅大では，$U = \dfrac{3}{2}nRT$の証明までで終わることが多いが，難関大になると，ポアソンの式の証明$\left(\dfrac{\Delta T}{T} = -\dfrac{2}{3} \cdot \dfrac{\Delta V}{V}\right)$までカバーしておくべきである。

導入 なめらかな固定面との斜衝突の場合，力積と運動量の関係は，**ベクトル図**で表すと分かりやすいし，力積が図形的に一発で求まる(p.51)。

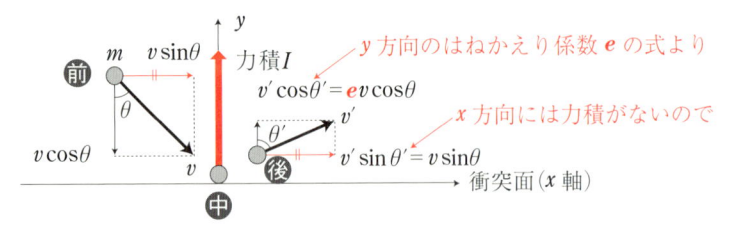

例

ここで，
(前の運動量ベクトル)＋(中で受ける力積ベクトル)
　　　　　　　　　　　　　　＝(後の運動量ベクトル)

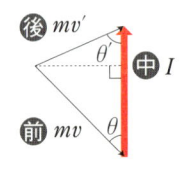

図より，$I = mv\cos\theta + mv'\cos\theta'$
　　　　　$= mv\cos\theta + mev\cos\theta$
　　　　　$= (1+e)mv\cos\theta$

解　説

> 通常の「箱タイプ」の気体分子運動論とは違って「球タイプ」ですね。これは1回はやっておきたいです

そうだね。おおまかな流れとしては，通常の気体分子運動論と同じだよ。まずは次の **STEP1** ～ **STEP7** のストーリーで，温度 T を求めていこう。

STEP1 　1個の分子の1回の衝突が，壁に与える力積の大きさ I を求める。

(1)　図aのように，分子は光の反射(球面はなめらかでかつ完全弾性衝突より)のように球面内を進んでいく。1回の衝突の前後の運動量ベクトルの変化を，図bに示す。ここで，分子が壁に与える力積の大きさは，分子が壁から受ける力積の大きさと等しい。

図a　　　　　　　　　図b

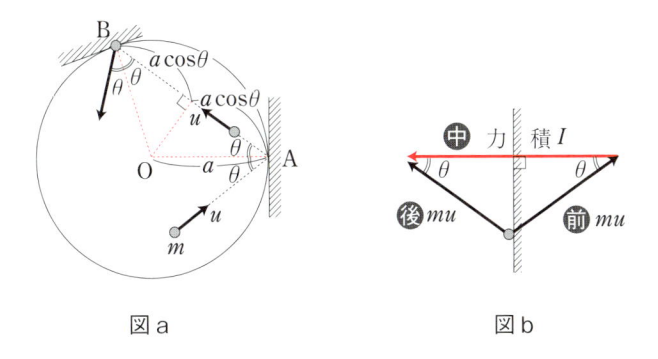

図bで，力積と運動量の関係より，次の関係が成り立っている。

(前の運動量ベクトル) + (中で受ける力積ベクトル)
　　　　　　　　　　＝ (後の運動量ベクトル)

図bの三角形の底辺(中の部分)が求める力積の大きさIとなるので，

$I = 2mu\cos\theta$ ……①　(1)の答

STEP2　1個の分子が1秒あたりに壁へ衝突する回数N_1を求める。

(2)　図aで，分子が点Aに衝突した後，点Bに衝突したとすると，図cのように，△OABは二等辺三角形となり，分子が次に衝突するまでに進む距離は，図cで$\overline{AB} = 2a\cos\theta$ となる。

図c

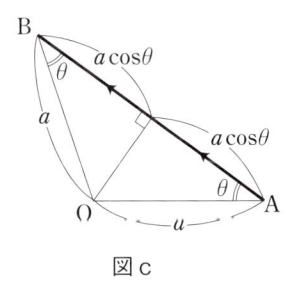

つまり，分子は容器内を$2a\cos\theta$ [m]走るごとに1回衝突をする。一方，分子は1秒間に全長u [m]だけ進むので，その間の壁との衝突回数N_1は，

$N_1 = \dfrac{u}{2a\cos\theta}$ ……②　(2)の答

第11講　球形容器によるポアソンの式の証明

STEP 3 平均の力 f に換算する。

(3) 図dと図eで，壁に**1秒あたりに与える力積どうし**を比べて，

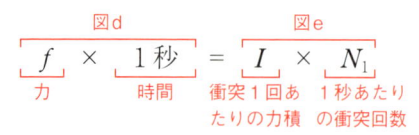

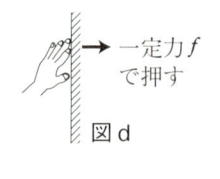

$$\underbrace{f}_{\text{力}} \times \underbrace{1\text{秒}}_{\text{時間}} = \underbrace{I}_{\text{衝突1回あたりの力積}} \times \underbrace{N_1}_{\text{1秒あたりの衝突回数}}$$

図d：一定力 f で押す

この式に，①②式を代入して，

$$f = 2mu\cos\theta \times \frac{u}{2a\cos\theta}$$

$$\therefore\ f = \frac{mu^2}{a} \quad \cdots\cdots ③$$

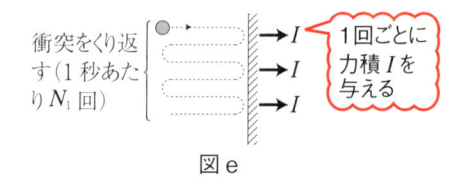

図e：衝突をくり返す（1秒あたり N_1 回）／1回ごとに力積 I を与える

ここで，$\cos\theta$ が打ち消されていることから，何が分かるかい？

> えーと　θ によらないということは… あ！ どんな角度でぶつかっても，与える力は結局同じということです。それから，この③って，遠心力の形と同じじゃないですか

確かに，各分子はいろいろな角度 θ で壁にぶつかるね。とくに θ が小さく（つまり壁に垂直に近く）ぶつかる分子は，与える力積 I は大きいけど衝突回数 N_1 は少ない。一方，θ が大きく（つまり壁に沿うように）ぶつかる分子は，与える力積 I は小さいけど衝突回数 N_1 は多いんだ。

このようにして，どんな分子でも，③式の力 f を壁に与えているんだ。

それから，遠心力と同じ形と言ったけれど，どうしてか分かるかい。それもまさに f が θ によらないからなんだ。

f が θ によらないから，$\theta \to 90°$ としてもかまわない。

すると，各分子は球の内面に沿って，半径 a，速さ u の等速円運動をすることになるよ。f はその遠心力 $f = \dfrac{mu^2}{a}$ と等しいんだ。

STEP 4 全分子から受ける力の和 F を求める。

$$F = f \times \underbrace{N}_{\text{全分子数}} = \frac{mu^2}{a}N \quad \cdots\cdots ④$$

図a

図b

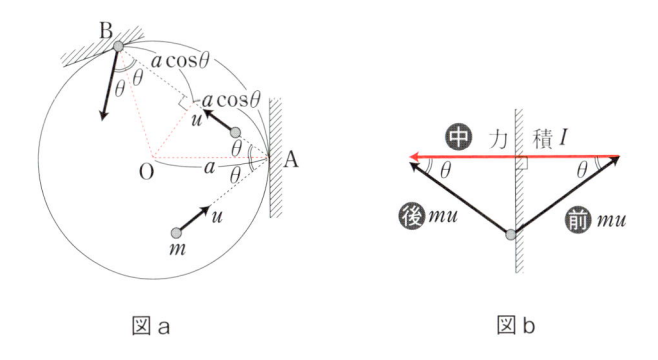

図bで，力積と運動量の関係より，次の関係が成り立っている。

(前の運動量ベクトル) + (中で受ける力積ベクトル)
= (後の運動量ベクトル)

図bの三角形の底辺(中の部分)が求める力積の大きさ I となるので，

$I = 2mu\cos\theta$ ……① (1)の答

STEP 2 1個の分子が1秒あたりに壁へ衝突する回数 N_1 を求める。

(2) 図aで，分子が点Aに衝突した後，点Bに衝突したとすると，図cのように，△OABは二等辺三角形となり，分子が次に衝突するまでに進む距離は，図cで $\overline{AB} = 2a\cos\theta$ となる。

図c

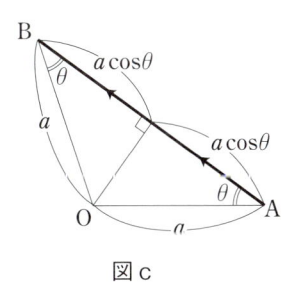

つまり，分子は容器内を $2a\cos\theta$ [m] 走るごとに1回衝突をする。一方，分子は1秒間に全長 u [m] だけ進むので，その間の壁との衝突回数 N_1 は，

$N_1 = \dfrac{u}{2a\cos\theta}$ ……② (2)の答

第11講　球形容器によるポアソンの式の証明

STEP3 平均の力 f に換算する。

(3) 図dと図eで，壁に1秒あたりに与える力積どうしを比べて，

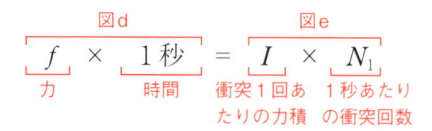

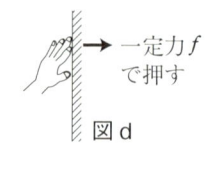

$$\underbrace{f}_{力} \times \underbrace{1秒}_{時間} = \underbrace{I}_{衝突1回あたりの力積} \times \underbrace{N_1}_{1秒あたりの衝突回数}$$

→ 一定力 f で押す

図d

この式に，①②式を代入して，

$$f = 2mu\cos\theta \times \frac{u}{2a\cos\theta}$$

$$\therefore \quad f = \frac{mu^2}{a} \quad \cdots\cdots ③$$

衝突をくり返す(1秒あたりN₁回)　→ I　→ I　→ I

1回ごとに力積 I を与える

図e

ここで，$\cos\theta$ が打ち消されていることから，何が分かるかい？

えーと θ によらないということは… あ！ どんな角度でぶつかっても，与える力は結局同じということです。それから，この③って，遠心力の形と同じじゃないですか

確かに，各分子はいろいろな角度 θ で壁にぶつかるね。とくに θ が小さく(つまり壁に垂直に近く)ぶつかる分子は，与える力積 I は大きいけど衝突回数 N_1 は少ない。一方，θ が大きく(つまり壁に沿うように)ぶつかる分子は，与える力積 I は小さいけど衝突回数 N_1 は多いんだ。

このようにして，どんな分子でも，③式の力 f を壁に与えているんだ。

それから，遠心力と同じ形と言ったけれど，どうしてか分かるかい。それもまさに f が θ によらないからなんだ。

f が θ によらないから，$\theta \to 90°$ としてもかまわない。

すると，各分子は球の内面に沿って，半径 a，速さ u の等速円運動をすることになるよ。f はその遠心力 $f = \dfrac{mu^2}{a}$ と等しいんだ。

STEP4 全分子から受ける力の和 F を求める。

$$F = f \times \underbrace{N}_{全分子数} = \frac{mu^2}{a}N \quad \cdots\cdots ④$$

STEP5 圧力 P を求める。

球の表面積 $S=4\pi a^2$ より，圧力（1m^2あたりの押す力）P は，

$$P=\frac{F}{S}=\frac{mu^2N}{4\pi a^2\cdot a} \quad (\because \ \text{④})$$

$$=\frac{mu^2N}{4\pi a^3}$$

$$=\frac{mu^2N}{3V} \quad \cdots\cdots\text{⑤}$$

体積 $V=\frac{4}{3}\pi a^3$ より，
$4\pi a^3=3V$

(3)の**答**

STEP6 状態方程式に代入して，分子 1 個あたりの運動エネルギー E を求める。

(4) $PV=nRT$ に⑤式を代入して，

$$\frac{mu^2N}{3}=nRT$$

ここで，全分子数 $N=$ （モル数 n）×（アボガドロ数 N_A）より，

$$\frac{mu^2nN_A}{3}=nRT$$

よって，分子 1 個あたりの運動エネルギー E は，

$$E=\frac{1}{2}mu^2=\frac{3}{2}\frac{R}{N_A}T \quad \cdots\cdots\text{⑥}$$

この式から分子の運動エネルギー E は，温度 T に比例していることが分かる。

STEP7 内部エネルギー U を求める。

$U=$ （分子の運動エネルギーの総和）

$$=\underbrace{nN_A}_{\text{全分子数}}\times\frac{1}{2}mu^2$$

$$=nN_A\times\frac{3}{2}\frac{R}{N_A}T \quad (\because \ \text{⑥})$$

$$=\frac{3}{2}R\times nT$$

(4)の**答**

この式は，おなじみの単原子分子の内部エネルギー U の式だ。U は，nT に比例している。このときの比例定数 $\dfrac{3}{2}R$ を**単原子分子の定積モル比熱**という。

> 「球タイプ」でも「箱タイプ」と同じ結果になるんですね

そうだ。内部エネルギーは，**容器の形には関係なく**，温度 T とモル数 n のみで決まるからね。

実は，このストーリーには続編があり，その続編こそが，入試で大きな差を生むんだ。

> えー まだ続きがあったんですか。それはどんなストーリーですか？

それは，**断熱変化のポアソンの式「$P \times V^{\frac{5}{3}} = $ 一定」を証明する**というストーリーなのだ。

STEP 8　動く壁との1回衝突での速度の変化を求める。

(5)　図 f のように衝突面と垂直方向の速度 $u\cos\theta$ について注目する。衝突**前後**のはねかえり係数 $e=1$ の式より，

$$e = \dfrac{(衝突面に垂直に)離れる速さ}{(衝突面に垂直に)近づく速さ}$$

$$= \dfrac{w + u_y{'}}{u\cos\theta - w} = 1$$

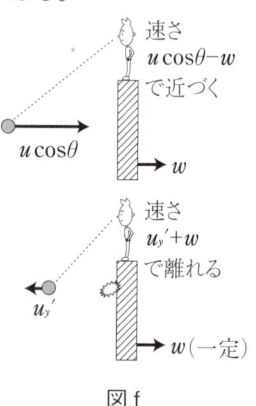

$$\therefore \quad u_y{'} = u\cos\theta - 2w \quad \cdots\cdots ⑦$$

(5)の答

図 f

STEP 9 1回の衝突で失う運動エネルギー$\Delta \varepsilon$を求める。

(6) 図gのように，衝突前後の速度ベクトルは変化するので，その運動エネルギーの減少分は，図gの2つの直角三角形において三平方の定理を用いて，

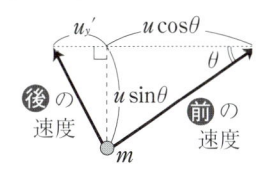

$$\Delta \varepsilon = \frac{1}{2}m\{(u\sin\theta)^2 + (u\cos\theta)^2\} - \frac{1}{2}m\{(u\sin\theta)^2 + u_y'^2\}$$

$$= \frac{1}{2}m\{(u\cos\theta)^2 - (u\cos\theta - 2w)^2\} \quad (\because \; ⑦)$$

$$= \frac{1}{2}m(4uw\cos\theta - 4w^2)$$

$$\fallingdotseq 2muw\cos\theta \quad \cdots\cdots ⑧$$

(6)の答

題意よりwはuより十分に小さく微小量の2次以上は無視

図g

STEP 10 Δt秒間に失う運動エネルギーΔEを求める。

(7) Δtは微小時間なので，1秒あたりの衝突回数N_1の式(②式)は，今回も近似的に使える。すると，Δt秒間あたりに失う運動エネルギーΔEは，

$$\Delta E = \Delta \varepsilon \times \underbrace{N_1 \Delta t}_{\Delta t\text{秒間での衝突回数}}$$

$$= 2muw\cos\theta \times \frac{u}{2a\cos\theta}\Delta t \quad (\because \; ②⑧)$$

$$= \frac{mu^2 w \Delta t}{a} \quad \cdots\cdots ⑨$$

(7)の答

この式からも，$\cos\theta$は消去されているので，⑨式は，どんな角度θでぶつかっている分子でも共通に成り立つ。

STEP 11 Δt 秒間の温度の変化 ΔT とその割合 $\dfrac{\Delta T}{T}$ を求める。

(8)　⑥式で，運動エネルギー E が温度 T に比例していることが分かっているので，⑥式を変形して，

$$T = \dfrac{2N_A}{3R} E$$

この式より，エネルギーが ΔE 減少するときの温度の増加 ΔT は，

$$\Delta T = \dfrac{2N_A}{3R}(\underbrace{-\Delta E}_{\text{減少分より}})$$

と分かる。ここに⑨式の ΔE を代入して，

$$\Delta T = \dfrac{2N_A}{3R}\left(-\dfrac{mu^2 w \Delta t}{a}\right)$$

$$= -\dfrac{2N_A mu^2 w \Delta t}{3Ra}$$

この式を，⑥式より得られる温度 $T = \dfrac{N_A mu^2}{3R}$ で辺々割って，

$$\dfrac{\Delta T}{T} = -\dfrac{2w\Delta t}{a} \quad \cdots\cdots ⑩$$

　　　　　　　(8)の答

STEP12 Δt 秒間の体積の増加 ΔV とその割合 $\dfrac{\Delta V}{V}$ を求める。

(9) 図hのように，Δt 秒間で球の半径が $a \to a+w\Delta t$ へ と変化するので，体積の増加 ΔV は，

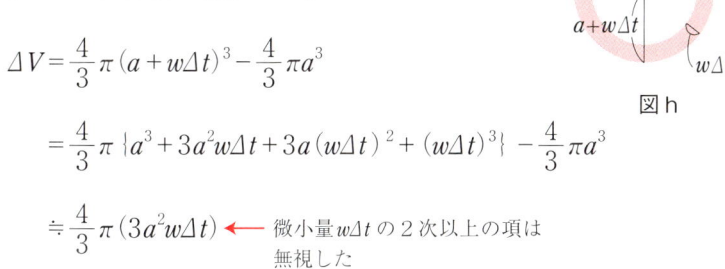

$$\Delta V = \frac{4}{3}\pi(a+w\Delta t)^3 - \frac{4}{3}\pi a^3$$

$$= \frac{4}{3}\pi\{a^3 + 3a^2 w\Delta t + 3a(w\Delta t)^2 + (w\Delta t)^3\} - \frac{4}{3}\pi a^3$$

$$\fallingdotseq \frac{4}{3}\pi(3a^2 w\Delta t) \quad \longleftarrow \text{微小量 } w\Delta t \text{ の2次以上の項は無視した}$$

$$= 4\pi a^2 w\Delta t \quad \cdots\cdots ⑪$$

> 💡 **イメージ** ⑪式は，図hの色のついた部分であり，スイカの皮の体積みたいだ。
> $$\Delta V = \underbrace{4\pi a^2}_{\text{球の表面積}} \times \underbrace{w\Delta t}_{\text{スイカの皮の厚み}}$$

⑪式を体積 $V = \dfrac{4}{3}\pi a^3$ で辺々割って，

$$\frac{\Delta V}{V} = \frac{4\pi a^2 w\Delta t}{\dfrac{4}{3}\pi a^3} = \frac{3w\Delta t}{a} \quad \cdots\cdots ⑫$$

(9)の答

第11講 球形容器によるポアソンの式の証明

STEP 13 $\dfrac{\Delta T}{T}$ と $\dfrac{\Delta V}{V}$ の関係を求める。

(10) ⑩⑫式を比べて，

$$\dfrac{\Delta T}{T} = -\dfrac{2}{3} \times \dfrac{\Delta V}{V} \quad \cdots\cdots ⑬$$

— (10)の**答**

となる。

> アレ！ これでおしまい？ まだポアソンの式は導いていないよ

そうだね。実は，ここから後の式変形は，**少し高度な数学の式変形**になるので，ほとんどの大学でこの⑬式を最終目標としている。

> でも，ポアソンの式まで行かないと終わった気がしません

わかったよ。では⑬式の続きだ。覚悟はいいかい。
⑬式の両辺を積分して，

$$\int \dfrac{dT}{T} = -\dfrac{2}{3} \int \dfrac{dV}{V}$$

ここで公式 $\int \dfrac{dx}{x} = \log x + (定数)$ より，

$$\log T = -\dfrac{2}{3} \log V + (定数 C)$$

$$\therefore \quad \log T + \dfrac{2}{3} \log V = C$$

$$\log(T \times V^{\frac{2}{3}}) = C \quad \boxed{公式}\ \begin{array}{l}\log A + \log B = \log(A \times B) \\ n \times \log A = \log(A^n)\end{array} \text{より}$$

よって，

$$T \times V^{\frac{2}{3}} = 一定 \quad となる。 \quad \longleftarrow \text{この式もポアソンの式の一種}$$

ここで(いつも心に)状態方程式 $PV = nRT$ から，$T = \dfrac{PV}{nR}$ より，

$$\left(\dfrac{PV}{nR}\right) \times V^{\frac{2}{3}} = 一定$$

$$\therefore \quad P \times V^{\frac{5}{3}} = 一定 \quad (nR は一定なので)$$

以上により，ポアソンの式が導けたね。

まとめ

1 球タイプの気体分子運動論

次の2つの二等辺三角形をかけるようにしておこう。

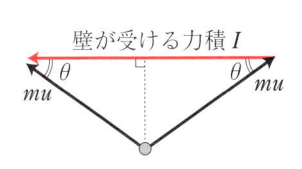

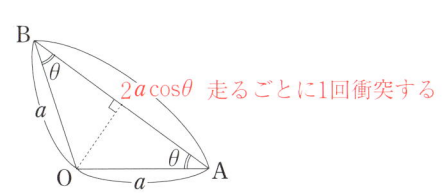

（左図）壁が受ける力積 I、mu、θ
（右図）B, O, A を頂点とする二等辺三角形、$2a\cos\theta$ 走るごとに1回衝突する

2 気体分子運動論のストーリー（完全版）

STEP1 1個の分子の1回衝突で与える力積 I を求める
STEP2 1秒あたりの衝突回数 N_1 を求める
STEP3 平均の力 f に換算する
STEP4 全分子から受ける力の和 F を求める
STEP5 圧力 P を求める
STEP6 状態方程式により運動エネルギー E を求める
STEP7 内部エネルギー U を求める ➡ 目標 $U = \dfrac{3}{2}RnT$

｝壁は静止

STEP8 動く壁との1回の衝突での速度の変化を求める
STEP9 1回の衝突で失う運動エネルギー $\Delta\varepsilon$ を求める
STEP10 Δt 秒間に失う運動エネルギー ΔE を求める
STEP11 Δt 秒間での温度の増加率 $\dfrac{\Delta T}{T}$ を求める
STEP12 Δt 秒間での体積の増加率 $\dfrac{\Delta V}{V}$ を求める
STEP13 $\dfrac{\Delta T}{T}$ と $\dfrac{\Delta V}{V}$ の関係を求める ➡ 目標 $\dfrac{\Delta T}{T} = -\dfrac{2}{3}\dfrac{\Delta V}{V}$

｝壁が動く

→ あとは公式 $\displaystyle\int \dfrac{dx}{x} = \log x + C$ を使うとポアソンの式 $PV^{\frac{5}{3}} =$ 一定 が求まる

第12講 等温変化 vs. 断熱変化・ピストンの単振動

研究用例題 12　☑1回目 40分　□2回目 30分　□3回目 20分

〔Ⅰ〕 図のように，ピストンでA，Bの2室に仕切られた密閉容器がある。ピストンは，なめらかな内壁に沿って自由に動くことができる。また，ピストンは断熱材でできており，A室とB室の間に熱の出入りはない。A，B両室の気体は，それぞれ外部の高温物体または低温物体との間でのみ，熱のやりとりができるようになっている。A，B両室には，それぞれ単原子分子からなる理想気体が満たされている。気体定数をRとする。

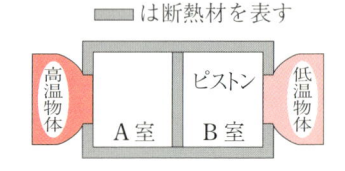

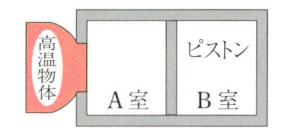

　最初，A，B両室には，それぞれ圧力P_0，体積V_0，絶対温度T_0の理想気体が満たされていた。A室の気体のモル数n_0は，P_0，V_0，T_0，Rを用いて$n_0 = \boxed{1}$と表される。以下では，この状態を初期状態とよび，この状態から始まる，過程（Ⅰ）と過程（Ⅱ）をそれぞれ考える。

過程（Ⅰ）：初期状態から，図1のようにA室に高温物体を接触させ，熱量Q_1をA室の気体に供給し，A室の気体の絶対温度を$2T_0$までゆっくりと上昇させた。この間，B室には低温物体を接触させ，B室の気体の絶対温度をT_0に保っておいた。この結果，A室の気体の圧力はP_1，体積はV_1になった。P_1をP_0を用いて表すと，$P_1 = \boxed{2}$となり，V_1をV_0を用いて表すと，$V_1 = \boxed{3}$となる。次に，この過程（Ⅰ）の途中での圧力と体積の関係を表す曲線の概形をA，B両室についてそれぞれかけ。$\boxed{4}$

　B室の絶対温度を一定に保つためには，B室から低温物体

へ熱量Q_2の流出が必要である。A,B両室全体の内部エネルギーの変化を考えて，Q_2をP_0，V_0，Q_1を用いて表すと，$Q_2=$ 　5　 となる。

過程（Ⅱ）：初期状態から，図2のようにB室に対しては熱の出入りを絶ち，A室には高温物体を接触させ，熱量Q_3をA室の気体に供給し，A室の気体の絶対温度を$2T_0$までゆっくりと上昇させた。この結果，A室の気体の圧力はP_3，体積はV_3，B室の気体の絶対温度はT_3になった。T_3をV_0，V_3，T_0を用いて表すと 　6　 となる。ただし，熱平衡状態を保って断熱変化する単原子分子理想気体では(圧力)×(体積)$^{\frac{5}{3}}=$一定が成り立つものとする。V_3がみたすべき式をV_0を用いて表すと 　7　 となる。

過程（Ⅱ）の途中での圧力と体積の関係を表す曲線の概形を，B室およびA室について 　4　 と同様の方法でかけ。 　8　 またQ_3をV_0，V_3，n_0，R，T_0を用いて表すと 　9　 となる。

〔Ⅲ〕 図3のように再びA室B室を共に圧力P_0，体積V_0，モル数n_0，温度T_0の状態に戻した。

この状態から下の(1)(2)の2つの条件の下でピストンに気体のみからの力を受ける単振動をさせた。

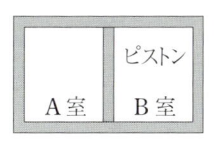

図3

ただし，ピストンの変位の大きさはシリンダーの長さに比べ十分に小さいものとする。また，ピストンの断面積をS，質量をMとする。

(1) A，B室の気体はともに等温変化するとして，単振動の周期をP_0，V_0，S，Mを用いて求めよ。
(2) A，B室の気体はともに断熱変化するとして，単振動の周期をP_0，V_0，S，Mを用いて求めよ。

〔阪大〕

目的

難関大に出題される熱力学の**永遠のテーマといっても言いすぎではない**のが，この「等温変化 vs. 断熱変化」。

次の3つのポイントを押さえよう。

❶ 分子1コ1コの運動エネルギーの変化
（変化しない vs. 変化する）

❷ （圧力P）-（体積V）グラフの形
$\begin{pmatrix} P \times V = 一定 & \text{vs.} & P \times V^{\frac{5}{3}} = 一定 \\ （反比例の形） & & （反比例より急勾配） \end{pmatrix}$

❸ 熱力学第一法則の形
（$\Delta U = 0$ vs. $Q_{\text{in}} = 0$）

さらに，難関大の定番問題である，「ピストンの微小単振動」を，この「等温変化 vs. 断熱変化」というテーマの中で扱ってみよう。

導入

1 どんな熱力学の問題でも，最終的に次の解法の流れにしたがう。

≪熱力学の解法3ステップ≫

STEP1 各状態の圧力P，体積V，モル数n，温度Tを求める。

▶問題文に与えられている文字はそのまま用いて，与えられていない文字は勝手に仮定しておく。

▶そして，① 「いつも心に」状態方程式 $PV = nRT$
　　　　　② ピストンがあるときは，ピストンの力のつり合いの式か，運動方程式を立てる
　　　　　③ とくに断熱圧縮または断熱膨張のときは，ポアソンの式 $P \times V^\gamma = $ 一定 の式を用いる

を使って，未知数を求めていこう。

STEP2 $P-V$グラフをかく。

▶**STEP1**の結果，各状態のP, Vが分かった。あとはそれを，$P-V$グラフ上に点として打って，結んでグラフをつくる。

STEP3 各変化の熱力学第一法則を表にまとめる。

$$Q_{in} = \Delta U + W_{out}$$

① $\Delta U = U_{後} - U_{前} = C_V n \Delta T$ は，**STEP1**のn, Tから求まる。
② $W_{out} = \pm (P-V$グラフの下の面積$)$は，**STEP2**から求まる。
③ Q_{in}は，①のΔUと②のW_{out}の和から求まる。ただし，断熱変化のときは先に$Q_{in} = 0$が分かっている。

第12講　等温変化 vs. 断熱変化・ピストンの単振動

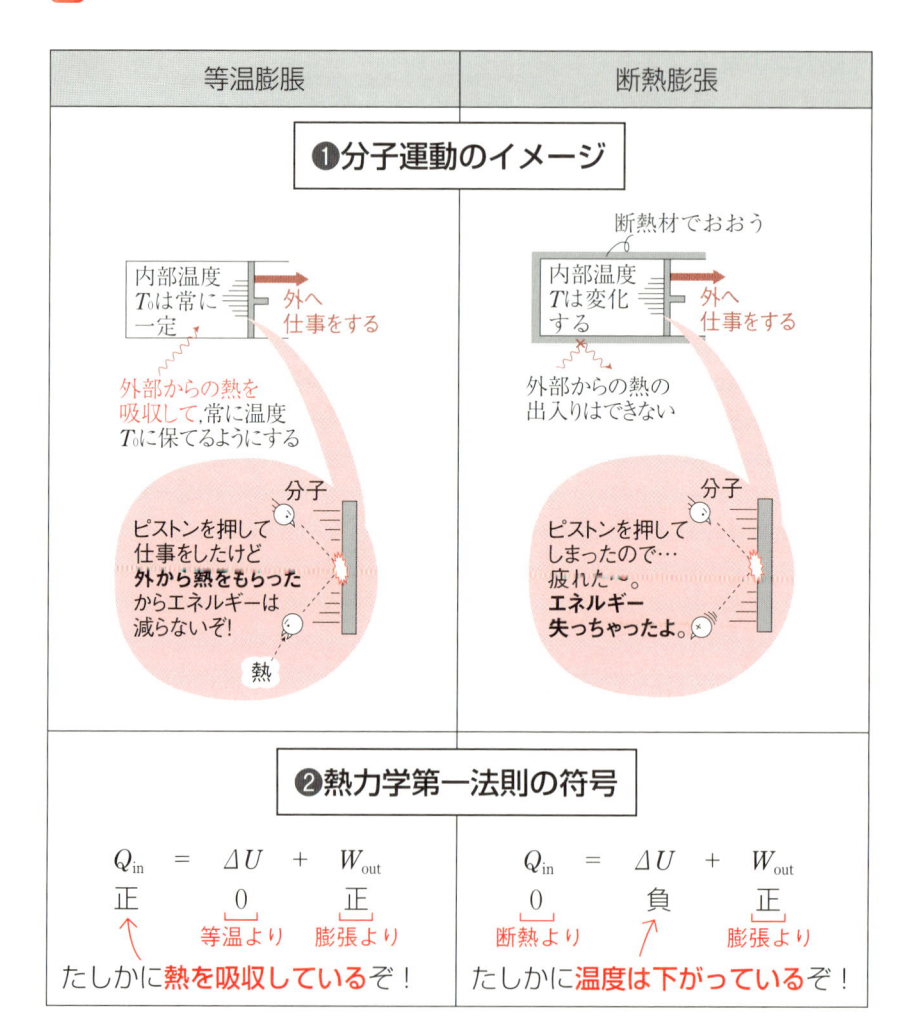

2 等温膨脹と断熱膨脹の4つの違い ❶❷❸❹

等温膨脹	断熱膨脹

❶分子運動のイメージ

等温膨脹
- 内部温度 T_0 は常に一定
- 外へ仕事をする
- 外部からの熱を吸収して,常に温度 T_0 に保てるようにする
- 分子：ピストンを押して仕事をしたけど**外から熱をもらった**からエネルギーは減らないぞ！
- 熱

断熱膨脹
- 断熱材でおおう
- 内部温度 T は変化する
- 外へ仕事をする
- 外部からの熱の出入りはできない
- 分子：ピストンを押してしまったので…疲れた～。**エネルギー失っちゃったよ。**

❷熱力学第一法則の符号

等温膨脹

$Q_{in} = \Delta U + W_{out}$
正　　　0　　　正
　　　↑等温より　↑膨脹より

たしかに**熱を吸収している**ぞ！

断熱膨脹

$Q_{in} = \Delta U + W_{out}$
0　　　負　　　正
↑断熱より　↑　　↑膨脹より

たしかに**温度は下がっている**ぞ！

等温膨張	断熱膨張

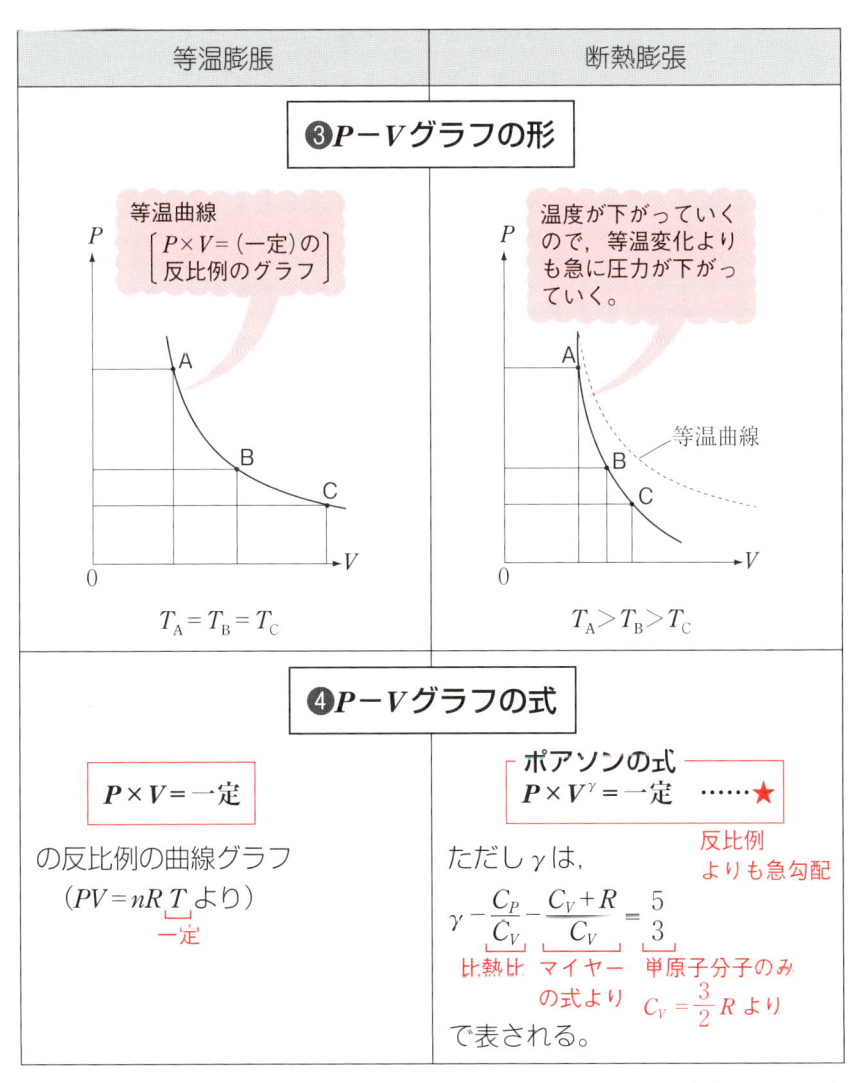

❸ $P-V$ グラフの形

等温膨張側:
等温曲線
$\begin{bmatrix} P \times V = (\text{一定})\text{の} \\ \text{反比例のグラフ} \end{bmatrix}$

点A, B, C を通る反比例曲線。
$T_A = T_B = T_C$

断熱膨張側:
温度が下がっていくので、等温変化よりも急に圧力が下がっていく。

点A, B, C を通る曲線（実線）と等温曲線（破線）。
$T_A > T_B > T_C$

❹ $P-V$ グラフの式

等温膨張側:
$P \times V = \text{一定}$

の反比例の曲線グラフ
（$PV = nR\underline{T}$ より）
　　　　　一定

断熱膨張側:
ポアソンの式
$P \times V^\gamma = \text{一定}$ ……★

反比例よりも急勾配

ただし γ は，
$\gamma = \dfrac{C_P}{C_V} = \dfrac{C_V + R}{C_V} = \dfrac{5}{3}$

比熱比　マイヤーの式より　単原子分子のみ $C_V = \dfrac{3}{2}R$ より

で表される。

（★の式の証明はp.130の例題で見た。）

3 難関大超頻出の《微小量の1次式への近似》 超重要

$$(1+x)^n ≒ 1 + nx$$
(xは1に比べて十分に小さい)

具体例で考えると，

$$(1+x)^2 = 1 + 2x + \cancel{x^2} ≒ 1 + 2x$$
$$(1+x)^3 = 1 + 3x + \cancel{3x^2} + \cancel{x^3} ≒ 1 + 3x$$

（ムシ）（ムシ ムシ）

これらから分かることは，

物理では，微小量xの2乗以上の項を原則無視（ムシ）する

ことだ。観測にはひっかからない微小量であること，および，2乗以上の項があると扱いがやっかいになる（非線型になる）からだ。また，数学的に見るとこの近似は，

$(1+x)^n$の「xのn次式」から，$1+nx$の「xの1次式」への近似

と見ることもできる。とくに単振動の問題では，（合力）を$-K(x-x_0)$の「xの1次式」の形にもっていくことが必要なので，この近似は必ず使いこなせるようにしたい。

また，この近似を使うには，前準備が必要。

例えば，aは大きい量，bは小さい量として$(a+b)^n$というbのn次式があるとき，これをbの1次式に直すには，まず，

$$(a+b)^n = a^n \left(1 + \frac{b}{a}\right)^n$$

の形にしてからでないと《微小量の1次式への近似》は使えない。つまり，

何より先に$1 + \dfrac{小さい量}{大きい量}$の形を強引に作っておく

ことだ。

解　説

〔I〕 1 ・ 2 ・ 3 　《熱力学の解法3ステップ》(p.145) で解いていこう。

STEP1 図aのように、過程(I)の前後でP, V, n, Tを図示する。これらの量のうち、求める未知数は、n_0, P_1, V_1となる。

ここで注意することは、ピストンのつり合いより、後のBの圧力が、Aと同じP_1になることと、Bの体積が$2V_0 - V_1$となることである。

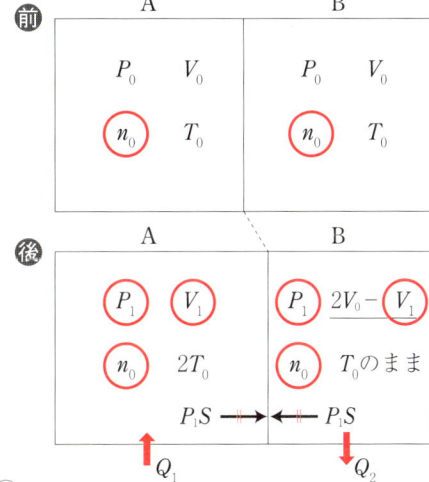

(いつも心に)状態方程式より、

前：$P_0 V_0 = n_0 R T_0$　……①

A：$P_1 V_1 = n_0 R \cdot 2T_0$　……②

後

B：$P_1 (2V_0 - V_1) = n_0 R T_0$　……③

まず、①式より、

$$n_0 = \frac{P_0 V_0}{R T_0}　\text{答}$$

ここでおきまりの式変形「辺々を割る」より、(②÷③)式を計算して、

$$\frac{V_1}{2V_0 - V_1} = 2 \quad \therefore \quad V_1 = \frac{4}{3} V_0　……④\text{答}$$

また、(①÷②)式より、

$$\frac{P_0 V_0}{P_1 V_1} = \frac{1}{2} \quad \therefore \quad P_1 = \frac{2 P_0 V_0}{V_1} = \frac{3}{2} P_0 \quad (\because \ ④)\text{答}$$

以上で3つの未知数がすべて求まった。

図a　〇は未知数

第12講　等温変化 vs. 断熱変化・ピストンの単振動

4 **STEP2** 次に，P-Vグラフをかく。B室の気体は等温変化をする。よって，状態方程式$PV=nRT$においてTが一定より，右辺は一定。したがって，左辺PVも一定になる。つまり，PとVは反比例のグラフになる。いわゆる，等温曲線だ。

一方，A室の気体のグラフはどんな形になるかな？

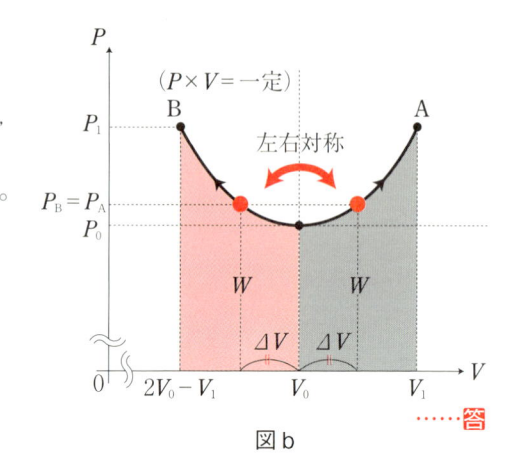

図b

……答

> A室？ 定圧でも定積でも等温でも断熱でもない……

確かに典型的なグラフの形ではないね。では，AとBの気体の圧力，体積どうしで必ず成り立つ関係は？

> AとBでは，圧力は必ず等しく$P_A=P_B$となること。あとは…そう，AとBの体積を足すと必ず$2V_0$になります。つまり，Bが体積をΔV増やすと，Aは体積をΔV減らします

そうだね。するとAのグラフの形は図bのように，**$V=V_0$の直線に関して左右対称のグラフになる**んだ。図bが **4** の答のグラフだ。

5 **STEP3** 熱力学第一法則をかこう。

A室の気体は，図bを見ると，P-Vグラフの下の灰色の面積Wだけ外へ仕事をしている。一方，B室の気体は，図bより全く同じ赤い面積Wだけ外から仕事をされてしまっていることが分かる。

以上より，A，B室の気体についての熱力学第一法則を表す式は，

$$A: \underset{Q_{in}}{+Q_1} = \underset{\Delta U}{\frac{3}{2}Rn_0(2T_0-T_0)} + \underset{W_{out}}{W} \quad \cdots\cdots ⑤$$

$$B: \underset{\text{放出熱}}{-Q_2} = \frac{3}{2}Rn_0(T_0-T_0) + \underset{\text{外から仕事をされている}}{(-W)} \quad \cdots\cdots ⑥$$

ここで求めたいのはQ_2である。Wは求める必要ないので，⑤＋⑥を計算して，Wを消去する。

$$Q_1 - Q_2 = \frac{3}{2}Rn_0T_0 + 0 \quad \cdots\cdots ⑦$$
　　　ア　　　　イ　　　　ウ

$$\therefore \quad Q_2 = Q_1 - \frac{3}{2}Rn_0T_0$$

$$= Q_1 - \frac{3}{2}P_0V_0 \quad (\because \ ①) \quad 答$$

> **イメージ** ⑦式は，A＋B全体に着目したときの熱力学第一法則を表している。つまり，A＋B全体として**ア**熱Q_1-Q_2が投入され，**イ**その結果A室の気体のみが温度T_0だけ上昇する。一方，**ウ**AとB全体としては外への仕事がない（AとBの間で仕事がやりとりされているだけ）というイメージである。

6 今回も≪**熱力学の解法3ステップ**≫で解こう。

STEP1 図cのように，過程（Ⅱ）の変化**後**のP，V，n，Tを図示する。求める未知数はP_3，V_3，T_3である。（Ⅰ）と同様にピストンのつり合いより，圧力P_3はAとBで共通。AとBの体積の和は$2V_0$を満たしている。

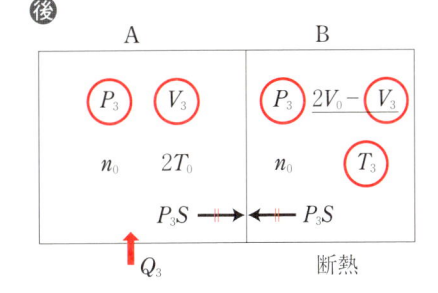

（いつも心に）状態方程式より，

A：$P_3 V_3 = n_0 R 2T_0 \quad \cdots\cdots ⑧$

B：$P_3(2V_0 - V_3) = n_0 R T_3 \quad \cdots\cdots ⑨$

> あれ？2つの式（⑧⑨）の中に3つも未知数（P_3，V_3，T_3）が入っているよ。これだけでは解けないです

そうだね。さらにあと1つの式が必要だ。B室はどのような変化をした？

> 断熱変化……　あ！　ということはポアソンの式です！

図c　〇は未知数

その通り。そこで**≪断熱変化のポアソンの式≫**(p.147)より，Bについて，

前(図a) **後**
$$P_0 \times V_0^{\frac{5}{3}} = P_3 \times (2V_0 - V_3)^{\frac{5}{3}} \quad \cdots\cdots ⑩$$

これで3つの式がそろったので，3つの未知数 P_3, V_3, T_3 が求められる。本問で求めたいのは T_3 なので，⑩式に①⑨式を代入して T_0, T_3 で表すと，

$$\left(\frac{n_0 R T_0}{V_0}\right) V_0^{\frac{5}{3}} = \left(\frac{n_0 R T_3}{2V_0 - V_3}\right)(2V_0 - V_3)^{\frac{5}{3}}$$

$$\therefore \quad T_0 \times V_0^{\frac{2}{3}} = T_3 \times (2V_0 - V_3)^{\frac{2}{3}}$$

$$\therefore \quad T_3 = \left(\frac{V_0}{2V_0 - V_3}\right)^{\frac{2}{3}} \times T_0 \quad \cdots\cdots ⑪ \quad \text{答}$$

← ポアソンの式のもう1つの形は $T \times V^{\frac{2}{3}} = $ 一定 である(p.140)

← **7** の3行目に示している $V_3 T_3 = 2T_0(2V_0 - V_3)$ から $T_3 = \dfrac{2T_0(2V_0 - V_3)}{V_3}$ を答えにしてもよい。

7 本問で求めたいのは V_3 なので，(⑧÷⑨)式より P_3 を消去して，

$$\frac{V_3}{2V_0 - V_3} = \frac{2T_0}{T_3}$$

$$\therefore \quad V_3 T_3 = 2T_0(2V_0 - V_3)$$

⑪式を代入して，

$$V_3 \left(\frac{V_0}{2V_0 - V_3}\right)^{\frac{2}{3}} \times T_0 = 2T_0(2V_0 - V_3)$$

$$V_3 V_0^{\frac{2}{3}} = 2(2V_0 - V_3)^{\frac{5}{3}}$$

$$\therefore \quad V_3^3 V_0^2 = 8(2V_0 - V_3)^5 \quad \text{答}$$

この式を解けば V_3 は求まる。

8 **STEP2** 過程(Ⅱ)のBは**≪断熱変化のポアソンの式≫**より，$P \times V^{\frac{5}{3}} = $ 一定となり，$P \times V = $ 一定の等温変化よりも**急な傾き**の P-V グラフになることがポイント。

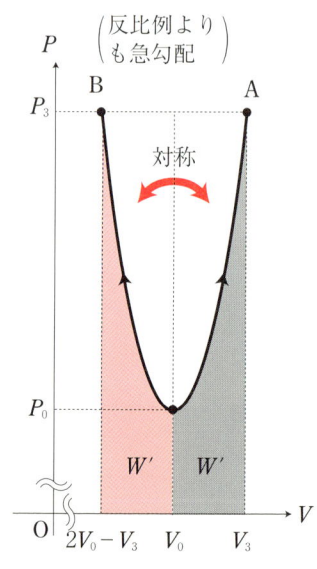

(反比例よりも急勾配)

対称

図d ……答

また，Aのグラフは $\boxed{4}$ と同様に $V=V_0$ に関して**左右対称**のグラフになる。以上より図dのグラフが**答**となる。

$\boxed{9}$ **STEP3** 図dのグラフの下の灰色と赤色の面積をそれぞれ W' とすると，A，Bの気体それぞれの熱力学第一法則より，

$$\quad Q_{in} \qquad\quad \Delta U \qquad\qquad W_{out}$$

$$A: Q_3 = \frac{3}{2}Rn_0(2T_0 - T_0) + W'$$

$$B: \underline{0} = \frac{3}{2}Rn_0(T_3 - T_0) + \underline{(-W')}$$

断熱　　　　　　外から仕事をされている

ここで求めたいのは Q_3 なので，辺々足して W' を消去すると，

$$Q_3 = \frac{3}{2}Rn_0 T_3 = \frac{3}{2}Rn_0 \left(\frac{V_0}{2V_0 - V_3}\right)^{\frac{2}{3}} \times T_0 \quad (\because \ \text{⑪})\ \textbf{答}$$

〔II〕（1）**等温変化のとき**

図eのように容器の中点を原点とし，右向きを正とする座標軸を立てる。ピストンが微小変位 x をもっているときを考える。

A，Bの圧力を P_A，P_B とする。

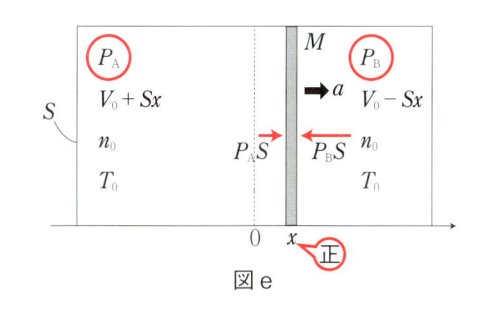

図e

（いつも心に）状態方程式は，

$$A: \boxed{P_A}(V_0 + Sx) = n_0 R T_0 \quad\cdots\cdots ⑫$$

$$B: \boxed{P_B}(V_0 - Sx) = n_0 R T_0 \quad\cdots\cdots ⑬$$

⑫式より，

$$P_A = \frac{n_0 R T_0}{V_0 + Sx} \quad\leftarrow x \text{の} -1 \text{次式}$$

このままだと単振動の運動方程式（x の1次式）にもっていけない。よって《微小量の1次式への近似》(p.148) $(1+x)^n \fallingdotseq 1+nx$ を用いる

$$= \frac{n_0 R T_0}{V_0 \left(1 + \boxed{\dfrac{Sx}{V_0}}\right)} \quad\leftarrow 1 + \dfrac{\text{小さい量}}{\text{大きい量}}$$

第12講　等温変化 vs. 断熱変化・ピストンの単振動

$$P_A = P_0\left(1 + \frac{Sx}{V_0}\right)^{-1} \quad (\because ①)$$

$$\fallingdotseq P_0\left(1 - \frac{Sx}{V_0}\right) \quad \cdots\cdots ⑭ \quad \leftarrow x の1次式にもっていけた！$$

全く同様に，⑬式より，

$$P_B \fallingdotseq P_0\left(1 + \frac{Sx}{V_0}\right) \quad \cdots\cdots ⑮$$

さて，図 e でピストンの加速度の x 成分を a とすると，その運動方程式は，

$$Ma = -P_B S + P_A S$$

$$= -\boxed{\frac{2P_0 S^2}{V_0}} x \quad \cdots\cdots ⑯$$

↑ 見かけ上のばね定数 K

よって，単振動の周期は，

$$T = 2\pi\sqrt{\frac{M}{K}}$$

$$= \frac{2\pi}{S}\sqrt{\frac{MV_0}{2P_0}} \quad (\because ⑯) \quad 答$$

となる。

(2) 断熱変化のとき

図 f のように A，B の圧力を P_A'，P_B'，温度を T_A'，T_B' とする。

≪断熱変化のポアソンの式≫ より，

A : $P_0 \times V_0^{\frac{5}{3}} = \boxed{P_A'} \times (V_0 + Sx)^{\frac{5}{3}} \quad \cdots\cdots ⑰$

B : $P_0 \times V_0^{\frac{5}{3}} = \boxed{P_B'} \times (V_0 - Sx)^{\frac{5}{3}} \quad \cdots\cdots ⑱$

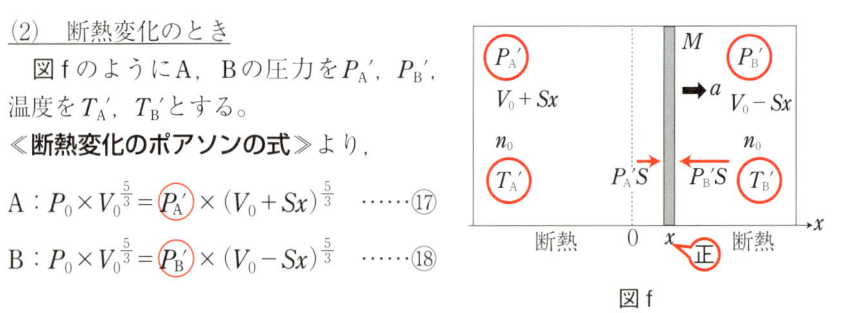

図 f

⑰式より，

$$P_A' = P_0\left(\frac{V_0}{V_0+Sx}\right)^{\frac{5}{3}}$$

← x の $-\frac{5}{3}$ 次式

$$= P_0\left(\frac{1}{1+\boxed{\dfrac{Sx}{V_0}}}\right)^{\frac{5}{3}}$$

← 1 + $\dfrac{小さい量}{大きい量}$ をつくる

$$= P_0\left(\mathbf{1}+\frac{Sx}{V_0}\right)^{-\frac{5}{3}}$$

$$\fallingdotseq P_0\left(1-\frac{5Sx}{3V_0}\right) \quad \cdots\cdots ⑲$$

← x の1次式にもっていけた！

全く同様に，⑱式より，

$$P_B' = P_0\left(1+\frac{5Sx}{3V_0}\right) \quad \cdots\cdots ⑳$$

図 f で，ピストンの運動方程式は，

$$Ma = -P_B'S + P_A'S$$

$$= -\boxed{\frac{10P_0S^2}{3V_0}}x \quad \cdots\cdots ㉑$$

↑
見かけ上のばね定数 K'

よって，単振動の周期 T' は，

$$T' = 2\pi\sqrt{\frac{M}{K'}}$$

$$= \frac{2\pi}{S}\sqrt{\frac{3MV_0}{10P_0}} \quad (\because ㉑) \quad \underline{\underline{答}}$$

となる。

イメージ 　**断熱変化の方が「硬い気体バネ」になる。**

⑯, ㉑式を比べると, 気体をクッションのように反発力を与える一種の「ばね」と見なしたときの, 見かけ上のばね定数Kは, 断熱変化時の㉑式の方が大きい。すなわち, 硬いバネになっていることが分かる。

つまり, **断熱変化の方が少しでも圧縮すると, 急激に圧力が上昇するので, 気体が押し戻す力が強い**ということだ。例えば, 図gのように, シリンダーを立てると, ピストンは重みで下がるが, 等温変化よりも断熱変化の方が少しだけ下がっただけで, すぐに重力とつり合うだけの圧力に達してしまう。よって, 断熱変化の方がピストンの下がりが少なくなる。

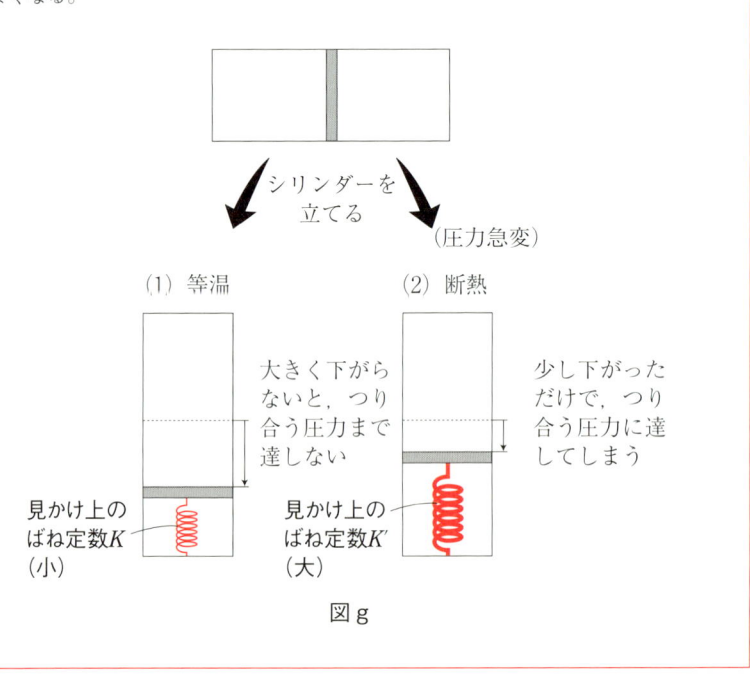

図g

まとめ

1 ≪熱力学の解法3ステップ≫

STEP1 各状態の P, V, n, T を仮定し，
- ❶ $PV = nRT$
- ❷ ピストンのつり合いの式
- ❸ 断熱変化のポアソンの式

より P, V, n, T を求める。

STEP2 P-V グラフを作図する。

STEP3 $Q_{in} = \Delta U + W_{out}$
- $\Delta U = C_V n \Delta T$
- $W_{out} = \pm (P$-V グラフの下の面積$)$

2 等温膨張 vs. 断熱膨張

① **等温膨張**

$\underbrace{Q_{in}}_{正} = \underbrace{\Delta U}_{0} + \underbrace{W_{out}}_{正}$ → 熱を吸収する

$P \times V = $ 一定（P-V グラフは反比例）

② **断熱膨張**

$\underbrace{Q_{in}}_{0} = \underbrace{\Delta U}_{負} + \underbrace{W_{out}}_{正}$ → 温度が下がる

$P \times V^{\gamma} = $ 一定（P-V グラフは反比例より急）

3 空気ばねによる単振動

① **等温変化**

$PV = $ 一定の式と近似の式により，
P を座標 x の1次式として表す

② **断熱変化**

$P \times V^{\frac{5}{3}} = $ 一定の式と近似の式により，
P を座標 x の1次式として表す

以上により，$Ma = -Kx$ の運動方程式をつくる。

第13講 波の式の重ね合わせ2タイプ

研究用例題13 ☑1回目 40分 ☐2回目 30分 ☐3回目 20分

〔Ⅰ〕 無限に長い管の中での空気の振動について考える。x軸を管に沿って図1のようにとる。平面波とみなせる音速vの音波がx軸正の向きに進んでいる。以降この波を入射波と呼び、簡単のため管の内壁の影響は考えないことにする。

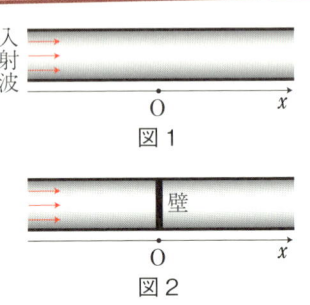

x軸の原点Oで入射波の変位$y_{1\mathrm{O}}$を調べたら時刻tの関数として、
$$y_{1\mathrm{O}} = A\sin(2\pi f t)$$
となっていた。ここで変位の正の向きはx軸正の向きとし、Aとfは正の定数である。必要なら整数m, 自然数nを用いよ。

(1) 位置x, 時刻tにおける入射波の変位y_1を求めよ。
(2) 時刻$t=0$において空気が最も密となる位置x_Aを求めよ。

次に図2のように原点Oの位置に壁を作り、壁の左側における空気の振動について考える。空気の変位yを入射波の変位y_1と反射波の変位y_Rの重ね合わせとして調べよう。必要なら以下の式を用いてもよい。

$$\sin\alpha \pm \sin\beta = 2\sin\frac{\alpha\pm\beta}{2}\cos\frac{\alpha\mp\beta}{2} \quad (\text{複号同順})$$

(3) 時刻tにおける壁の位置での反射波の変位y_{R_0}を求めよ。
(4) 一般の位置x, 時刻tにおける反射波の変位y_Rを求めよ。
(5) 位置x, 時刻tにおける合成波の変位yを計算せよ。また変位の腹の位置x_Bを求めよ。

〔Ⅱ〕 図3のようにx軸上の正方向に進む音波と、負方向とに進む音波がある。

正方向に進む音波は波長λ_1で$x=0$での変位は$y_{1_0}=a\sin2\pi f_1 t$，負方向に進む音波は波長$\lambda_2(>\lambda_1)$で$x=0$での変位は$y_{2_0}=a\sin2\pi f_2 t$となっている（$f_1>f_2$）。波長λ_1とλ_2との差および振動数f_1とf_2との差は十分に小さいとする。

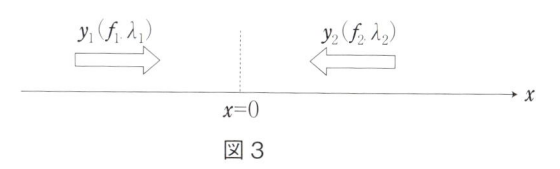

図3

(1) 正方向に進む音波の座標xでの変位y_1，および負方向に進む音波の座標xでの変位y_2をそれぞれ求めよ。

(2) 座標xにおいてy_1とy_2との合成波としての空気の変位yは$2a$と(時間に関してゆるやかに変化する成分)と(激しく変化する成分)との積になる。(ゆるやかに変化する成分)と(激しく変化する成分)を示せ。

(3) ある場所で，音波が最も強め合った瞬間から次に最も強め合うまでの時間ΔTはいくらか。

(4) ある瞬間に，音波が最も強め合っている点と点の間の最短距離ΔLはいくらか。

(5) (4)で音波が最も強め合っている点が空間を移動する速さv_g(群速度という)はいくらか。

〔阪大〕

目的

波の式の作り方は，しくみを理解すれば，ワンパターンである。そこで，さらに難関大特有の2つの波を重ね合わせた合成波の式を研究する。ここでは，波の式の重ね合わせの代表的2タイプ
　❶定常波　❷うなり
を扱う。
　波の式の重ね合わせでは，和→積公式を用いに合成波の式の作り方，および，その具体的な解釈法をマスターすることが目標だ。

導入 右図の例で、波の式の作り方をまとめてみよう。図は、時刻 $t=0$ の波形であり、波長 λ、周期 T、振幅 A、速さ $v=f\lambda=\frac{1}{T}\lambda$ で、$+x$ の向きへ進行する正弦波である。

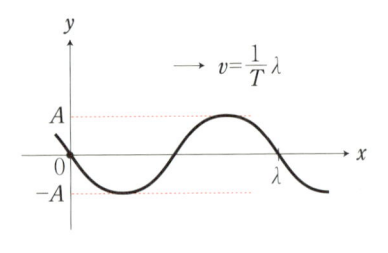

この波の時刻 t における、座標 x の点の変位 y を表す式（波の式）を求める方法をまとめる。

《波の式のつくり方3ステップ》

STEP1 $x=0$ での y-t グラフをかき、それを式にする。

右上のグラフより、$x=0$ の点は $t=0$ で $y=0$ の高さにあり、その後時間とともに $y>0$ へ上昇する。よって、その y-t グラフは図4の形。図4 の y-t グラフで、

❶ グラフは、$y=A\sin\theta$ の形になっている。

❷ 各点での角度 θ と、時刻 t の比は、いつも $\theta:t=2\pi:T$

❸ ❷より $\theta=\frac{2\pi}{T}t$ を❶に代入して、このグラフの式は $y=A\sin\frac{2\pi}{T}t$

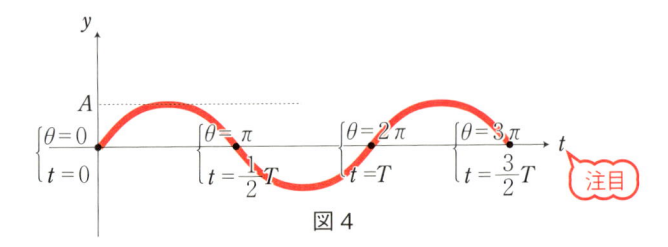

図4

STEP2 $x=0$ の点から一般の位置 x まで、振動が伝わるのに要する時間 t_1 を求める。

図5で、$x=0$ のO点の振動が、一般の位置 x のP点まで伝わるのに要する時間 t_1 は、

$$t_1=\frac{距離\overline{OP}}{速さv}=\frac{x}{v}秒$$

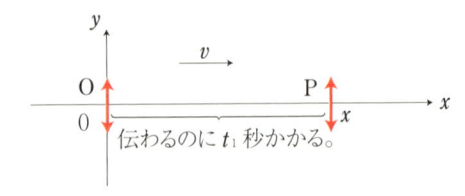

図5

STEP 3 一般の位置 x での y-t グラフを式にする。

STEP 2 より，点Pでは，点Oと同じ形をした振動が，t_1 秒だけ遅れて始まることが分かった。よって，図6のように点Pでの y-t グラフは点Oでの y-t グラフ（図4）を

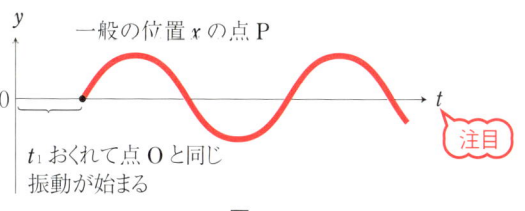

一般の位置 x の点P

t_1 おくれて点Oと同じ振動が始まる

図6

注目

t_1 秒だけ右に平行移動したグラフになっている。

このグラフの式は，**STEP 1** の式の $t \rightarrow t-t_1 = t-\dfrac{x}{v}$ に変えたものである。

$$y = A\sin\dfrac{2\pi}{T}\left(t-\dfrac{x}{v}\right) = A\sin 2\pi\left(\dfrac{t}{T}-\dfrac{x}{\lambda}\right)$$

$v = f\lambda = \dfrac{1}{T}\lambda$

解　説

〔Ⅰ〕(1) 《波の式の作り方3ステップ》(p.160)で解く。

STEP 1　$x=0$ のとき，y-t グラフの式は，$y_{1_0} = A\sin(2\pi ft)$ と与えられている。

STEP 2　$x=0$ から $x=x$ まで振動が伝わる時間 t_1 は，

$$t_1 = \dfrac{距離}{速さ} = \dfrac{x}{v}$$

STEP 3　よって，$x=x$ での y-t グラフの式は **STEP 1** で $t \rightarrow t-t_1$ におき換えて，

$$y_1 = A\sin\{2\pi f(t-t_1)\}$$

$$= A\sin\left\{2\pi f\left(t-\dfrac{x}{v}\right)\right\} \quad \cdots\cdots ①$$

答

第13講　波の式の重ね合わせ2タイプ

(2) ①式で$t=0$とすると，

$$y_1 = A\sin\left\{2\pi f\left(-\frac{x}{v}\right)\right\}$$
$$= -A\sin\left(2\pi f\frac{x}{v}\right)$$

図a

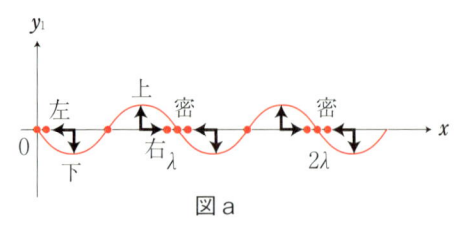

よって，$t=0$のとき，y-xグラフは図aのようになる。

ここで，$2\pi f\dfrac{x}{v}=2\pi$となる$x=\dfrac{v}{f}$が波長λと等しい。

そして，この$\lambda=\dfrac{v}{f}$の整数倍ごとに「密」となっているので，整数mを用いて表すと，

$$x_A = m\frac{v}{f} \quad \text{答}$$

(3) 壁は空気の変動に対して固定端としてはたらく。

よって，壁の位置での反射波の変位は，入射波の変位と**逆符号**となるので，

$$y_{R_0} = -y_{1_0} = -A\sin(2\pi ft) \quad \text{答}$$

(4) 《波の式のつくり方3ステップ》(p.160)で，

STEP1 (3)で$x=0$でのy-tグラフの式は求めてある。

STEP2 $x=0$から$x=x$まで振動が伝わるのに要する時間t_Rは図bで，**$x<0$であることに注意して**，

$$t_R = \frac{距離}{速さ} = \frac{|x|}{v} = \frac{-x}{v}$$

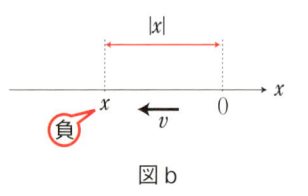

図b

STEP3 $x=x(<0)$でのy-tグラフの式は，

$$y_R = -A\sin\{2\pi f(t-t_R)\}$$
$$= -A\sin\left\{2\pi f\left(t-\frac{-x}{v}\right)\right\}$$
$$= -A\sin\left\{2\pi f\left(t+\frac{x}{v}\right)\right\} \quad \text{……②} \quad \text{答}$$

(5) 波の重ね合わせの原理より，合成波の変位は①式と②式を足して，

$$y = y_1 + y_R$$

$$= A\sin\left\{2\pi f\left(t - \frac{x}{v}\right)\right\} - A\sin\left\{2\pi f\left(t + \frac{x}{v}\right)\right\} \quad \cdots\cdots ③$$

この式はどんな波を表す？

> うわ〜　2つのsinの項がバラバラに振動をするのでとっても見づらい式になっています

そうだね，2つのsinの項に分かれてしまっているのが難点だ。
そこで，**2つのsinの和の項を1つの積の項にまとめる方法**って何？

> えーと，そう！三角関数の和→積公式です

そうだね。ここで和→積公式　$\sin\alpha \pm \sin\beta = 2\sin\dfrac{\alpha\pm\beta}{2}\cos\dfrac{\alpha\mp\beta}{2}$（複号同順）を使うために，③式で，

$$\alpha = 2\pi f\left(t - \frac{x}{v}\right) \quad \cdots\cdots ④, \qquad \beta = 2\pi f\left(t + \frac{x}{v}\right) \quad \cdots\cdots ⑤$$

とすると，

$$y = A(\sin\alpha - \sin\beta)$$

$$= 2A\sin\frac{\alpha-\beta}{2} \times \cos\frac{\alpha+\beta}{2}$$

$$= 2A\sin\left(-2\pi f\frac{x}{v}\right)\cos(2\pi f t) \quad (\because\ ④⑤)$$

$$= -2A\sin\left(2\pi f\frac{x}{v}\right)\cos(2\pi f t) \quad \cdots\cdots ⑥ \quad 答$$

これで y が1つの項にまとまったね。以上の式変形は波の式の合成では必須だ。とくに④⑤式のように，**位相を α，β とおきかえるのがコツ**。

第13講　波の式の重ね合わせ2タイプ

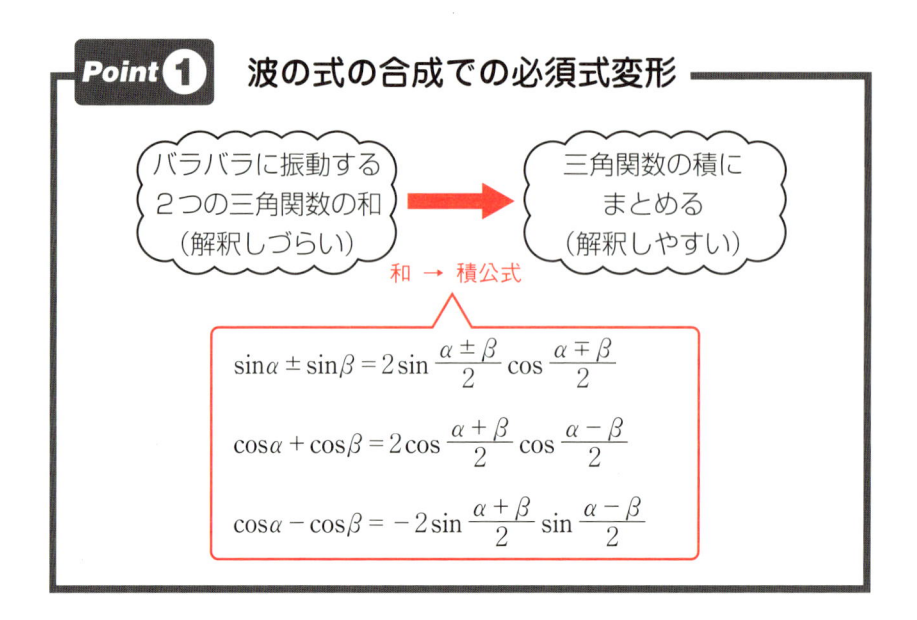

Point 1　波の式の合成での必須式変形

```
バラバラに振動する      →      三角関数の積に
2つの三角関数の和              まとめる
（解釈しづらい）              （解釈しやすい）
```

和 → 積公式

$$\sin\alpha \pm \sin\beta = 2\sin\frac{\alpha\pm\beta}{2}\cos\frac{\alpha\mp\beta}{2}$$

$$\cos\alpha + \cos\beta = 2\cos\frac{\alpha+\beta}{2}\cos\frac{\alpha-\beta}{2}$$

$$\cos\alpha - \cos\beta = -2\sin\frac{\alpha+\beta}{2}\sin\frac{\alpha-\beta}{2}$$

ここでもう一度，⑥式を見てみよう。そして，この式を解釈してみよう。

$$y = -2A\sin\left(2\pi f\frac{x}{v}\right)\times\cos(2\pi ft) \quad\cdots\cdots ⑥$$

この式の意味は？

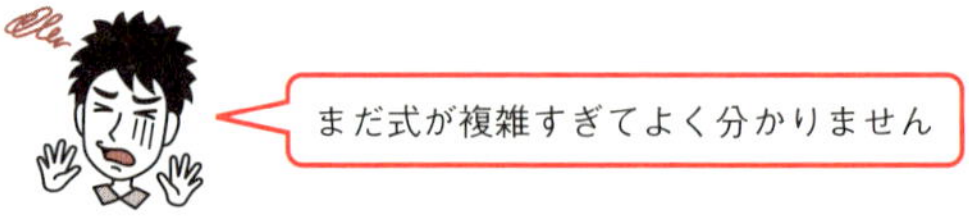

> まだ式が複雑すぎてよく分かりません

そうか。それでは，次のように**分けて**みよう。

$$y = \boxed{-2A\sin\left(2\pi f\frac{x}{v}\right)} \times \boxed{\cos(2\pi f\,t)} \quad\cdots\cdots ⑥$$

㋐ 位置 x のみで決まる部分（$=f(x)$ とおく）
㋑ 時間 t とともに ± 1 の間で振動する部分

まず ㋐のみのグラフを図 c のようにかいてみよう。

すると，これは壁（$x=0$）から始まる $-\sin$ 型のグラフになっているね。その波長は(2)で見たように，

$$\lambda = \frac{v}{f} \quad \text{だね。}$$

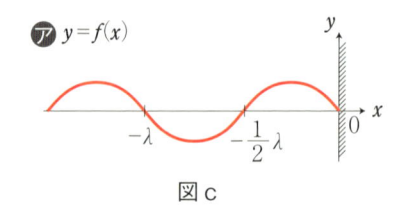

㋐ $y=f(x)$

図 c

次に **イ** を見てみよう。

大切なのは，具体例をつくることで，例えば，**イ** において，

(i) $t=0$ で， **イ** $=\cos 0 = 1$

(ii) $t=\dfrac{1}{6f}$ で， **イ** $=\cos\dfrac{\pi}{3}=\dfrac{1}{2}$

(iii) $t=\dfrac{1}{4f}$ で， **イ** $=\cos\dfrac{\pi}{2}=0$

(iv) $t=\dfrac{1}{3f}$ で， **イ** $=\cos\dfrac{2\pi}{3}=-\dfrac{1}{2}$

(v) $t=\dfrac{1}{2f}$ で， **イ** $=\cos\pi = -1$

となる。すると **ア**×**イ** は，時間とともに図dのように振動していることが分かる。これは，

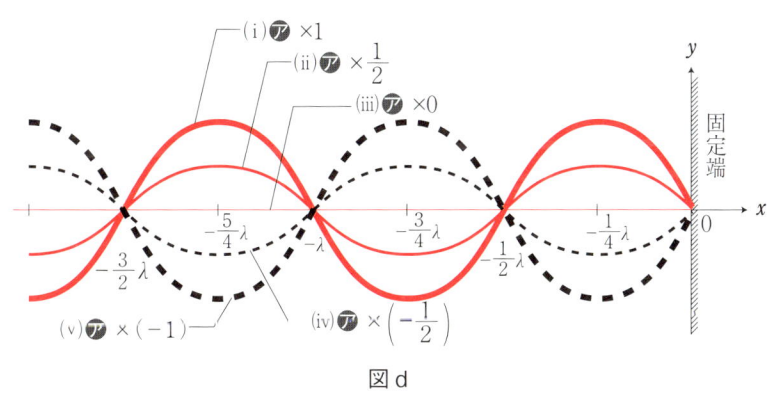

図d

> あ！ 定常波です！ $x=0$ の壁が固定端で節です！

そうだ。確かに，入射波と反射波は，「互いに逆行する同じ波長，振動数の波どうし」だから，定常波が生じることは予想できるね。しかし，こうやって，**式として計算できたことに意味がある**のだ。

図dで，振幅0の節の位置 x_A は， $x_A = 0,\ -\dfrac{1}{2}\lambda,\ -\lambda,\ -\dfrac{3}{2}\lambda,\ -2\lambda,\ \cdots\cdots$ 。

一方，振幅 $2A$ の腹の位置 x_B は， $x_B = -\dfrac{1}{4}\lambda,\ -\dfrac{3}{4}\lambda,\ -\dfrac{5}{4}\lambda,\ \cdots\cdots$ 。

一般に，n を自然数として， $x_B = -(2n-1)\dfrac{1}{4}\lambda = -(2n-1)\dfrac{v}{4f}$ となる。【答】

もう一度，解釈法をまとめておく。

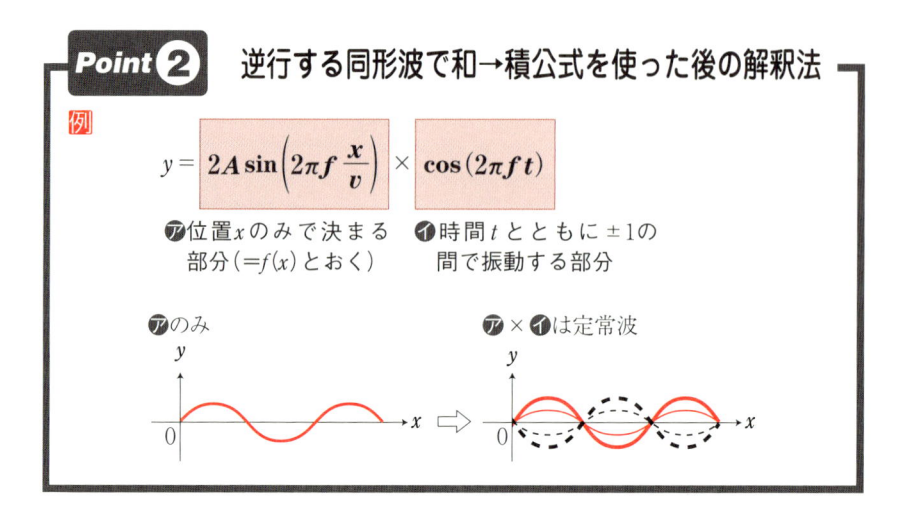

Point 2 逆行する同形波で和→積公式を使った後の解釈法

例

$$y = \boxed{2A\sin\left(2\pi f \frac{x}{v}\right)} \times \boxed{\cos(2\pi f t)}$$

㋐ 位置 x のみで決まる部分（$=f(x)$ とおく）
㋑ 時間 t とともに ±1 の間で振動する部分

㋐のみ　　　　　　　　　㋐×㋑は定常波

別解

腹の位置を求めるだけなら，次の方法でも解ける。

腹とは，波の干渉での強め合いの位置であるから，図 e のように，$x = -x_0$ を波源とした直接波と反射波の干渉を考える。

図 e より経路差は，$2|x_B|$ となること，および，1 回の固定端反射があることに注意すると，強め合う条件は n を自然数として，

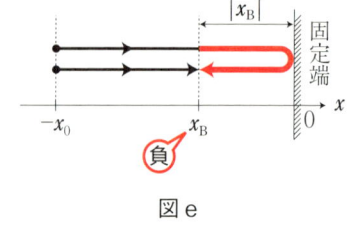

$$2|x_B| = \left(n - \frac{1}{2}\right)\lambda$$

$x_B < 0$ より，

$$x_B = -(2n-1)\frac{1}{4}\lambda = -(2n-1)\frac{v}{4f} \quad \text{答}$$

図 e

なんだ，ずっと簡単じゃないですか。わざわざ波の式を使わなくても……

次に **イ**を見てみよう。

大切なのは，具体例をつくることで，例えば，**イ**において，

(i) $t=0$で，**イ**$=\cos 0 = 1$

(ii) $t=\dfrac{1}{6f}$で，**イ**$=\cos \dfrac{\pi}{3} = \dfrac{1}{2}$

(iii) $t=\dfrac{1}{4f}$で，**イ**$=\cos \dfrac{\pi}{2} = 0$

(iv) $t=\dfrac{1}{3f}$で，**イ**$=\cos \dfrac{2\pi}{3} = -\dfrac{1}{2}$

(v) $t=\dfrac{1}{2f}$で，**イ**$=\cos \pi = -1$

となる。すると**ア**×**イ**は，時間とともに図dのように振動していることが分かる。これは，

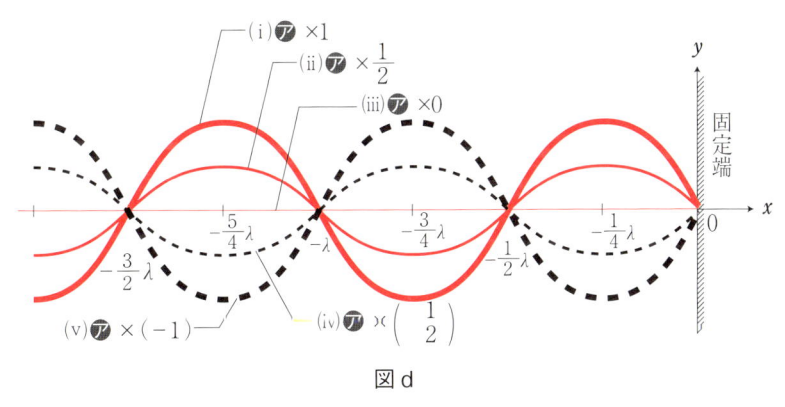

図d

あ！ 定常波です！ $x=0$の壁が固定端で節です！

そうだ。確かに，入射波と反射波は，「互いに逆行する同じ波長，振動数の波どうし」だから，定常波が生じることは予想できるね。しかし，こうやって，**式として計算できたことに意味がある**のだ。

図dで，振幅0の節の位置x_Aは，$x_A = 0, -\dfrac{1}{2}\lambda, -\lambda, -\dfrac{3}{2}\lambda, -2\lambda, \cdots\cdots$ 。

一方，振幅$2A$の腹の位置x_Bは，$x_B = -\dfrac{1}{4}\lambda, -\dfrac{3}{4}\lambda, -\dfrac{5}{4}\lambda, \cdots\cdots$ 。

一般に，nを自然数として，$x_B = -(2n-1)\dfrac{1}{4}\lambda = -(2n-1)\dfrac{v}{4f}$ となる。**答**

もう一度，解釈法をまとめておく。

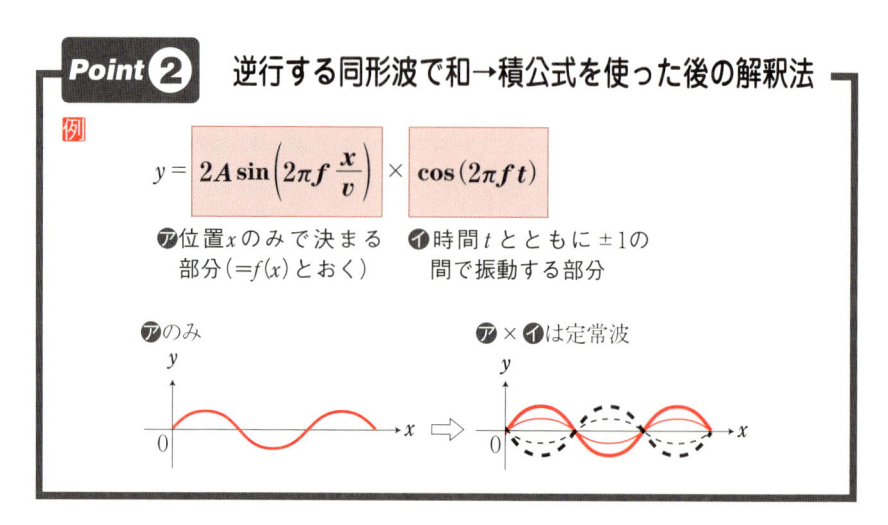

Point 2　逆行する同形波で和→積公式を使った後の解釈法

例

$$y = \boxed{2A\sin\left(2\pi f \frac{x}{v}\right)} \times \boxed{\cos(2\pi f t)}$$

㋐ 位置 x のみで決まる部分（$=f(x)$ とおく）
㋑ 時間 t とともに ±1 の間で振動する部分

㋐のみ　　　　　　　　　㋐×㋑は定常波

別解

腹の位置を求めるだけなら，次の方法でも解ける。

腹とは，波の干渉での強め合いの位置であるから，図eのように，$x = -x_0$ を波源とした直接波と反射波の干渉を考える。

図eより経路差は，$2|x_B|$ となること，および，1回の固定端反射があることに注意すると，強め合う条件は n を自然数として，

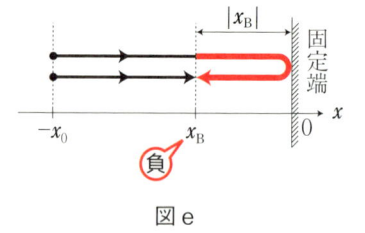

$$2|x_B| = \left(n - \frac{1}{2}\right)\lambda$$

$x_B < 0$ より，

$$x_B = -(2n-1)\frac{1}{4}\lambda = -(2n-1)\frac{v}{4f} \quad \text{答}$$

図e

なんだ，ずっと簡単じゃないですか。わざわざ波の式を使わなくても……

確かに腹(強め合い),節(弱め合い)の位置を求めるだけならそうだ。でも「一般の位置xでの振幅$A(x)$を求めよ」ときたら,強弱のみの干渉条件じゃ解けないね。この場合は,図dと⑥式に戻って,

$$振幅 A(x) = |\text{アの式}|$$

$$= 2A\left|\sin\left(2\pi f \frac{x}{v}\right)\right|$$

と求めるしかないんだね。

つまり,強め合い弱め合いだけじゃなくて,その中間の**一般の状態まで論議できるのが波の式の強力なところ**なんだ。

[Ⅱ] (1) 《**波の式のつくり方3ステップ**》(p.160)で解く。

STEP 1 $x=0$でのy-tグラフの式は,与式よりそれぞれ,

$$y_{1_0} = a\sin(2\pi f_1 t)$$

$$y_{2_0} = a\sin(2\pi f_2 t)$$

STEP 2 図fより,$x=x$まで振動が伝わる時間は正方向に進む波については,$v_1 = f_1 \lambda_1$より,

$$t_1 = \frac{x}{v_1} = \frac{x}{f_1 \lambda_1}$$

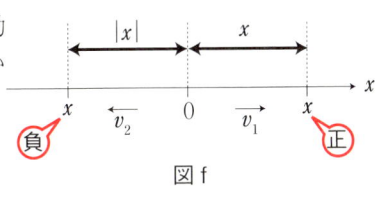

負方向に進む波については,**$x<0$に注意して**,$v_2 = f_2 \lambda_2$より,

$$t_2 = \frac{|x|}{v_2} = \frac{-x}{v_2} = \frac{-x}{f_2 \lambda_2}$$

STEP 3 $x=x$でのy-tグラフの式は,それぞれ,

$$y_1 = a\sin 2\pi f_1 (t - t_1)$$

$$= a\sin 2\pi f_1\left(t - \frac{x}{f_1 \lambda_1}\right)$$

$$= a\sin 2\pi \left(f_1 t - \frac{x}{\lambda_1}\right) \quad \cdots\cdots ⑦$$

$$y_2 = a\sin 2\pi f_2(t-t_2)$$
$$= a\sin 2\pi f_2\left(t - \frac{-x}{f_2\lambda_2}\right)$$
$$= a\sin 2\pi\left(f_2 t + \frac{x}{\lambda_2}\right) \quad \cdots\cdots ⑧ \;\text{答}$$

(2) 位置 x において，y_1，y_2 の合成波の変位 y は，⑦⑧式より，

$$y = y_1 + y_2$$
$$= a\sin 2\pi\left(f_1 t - \frac{x}{\lambda_1}\right) + a\sin 2\pi\left(f_2 t + \frac{x}{\lambda_2}\right) \quad \cdots\cdots ⑨$$

ここで，合成波の式変形には，何の公式を使ったっけ？

> 三角関数の和 → 積公式です！

そうだ。そこで，

$$\alpha = 2\pi\left(f_1 t - \frac{x}{\lambda_1}\right) \quad \cdots\cdots ⑩, \quad \beta = 2\pi\left(f_2 t + \frac{x}{\lambda_2}\right) \quad \cdots\cdots ⑪$$

とおくと，⑨式は，

$$y = a(\sin\alpha + \sin\beta)$$
$$= 2a\sin\frac{\alpha+\beta}{2} \times \cos\frac{\alpha-\beta}{2}$$
$$= 2a\sin\pi\left\{(f_1+f_2)t - \left(\frac{1}{\lambda_1} - \frac{1}{\lambda_2}\right)x\right\}$$
$$\times \cos\pi\left\{(f_1-f_2)t - \left(\frac{1}{\lambda_1} + \frac{1}{\lambda_2}\right)x\right\} \quad \cdots\cdots ⑫ \quad (\because \;⑩⑪)$$

となる。

> この式は，定常波の式（⑥式）とは違って，位置 x のみで決まる部分と時間 t で振動する部分に分けることができません！　どうやって解釈したらいいのですか？

確かに，x と t が分かれていないから，これは定常波とは異なるね。

そこで、質問。f_1とf_2の差は十分小さいので例えば$f_1 = 1000 \text{Hz}$、$f_2 = 999 \text{Hz}$としたとき、$f_1 + f_2$、$f_1 - f_2$はどっちが大きい？

> えーと、$f_1 + f_2 = 1999 \text{Hz}$、$f_1 - f_2 = 1 \text{Hz}$でダンゼン$f_1 + f_2$の方が$f_1 - f_2$よりも大きいです

つまり、時間tが経つとともに、$(f_1+f_2)t$は激しく増大する。一方、$(f_1-f_2)t$はあまり増大しない、つまりゆるやかにしか変化しない。

すると、⑫式を次のように分けることができる。

$$y = 2a \left[\sin\pi\left\{(f_1+f_2)t - \left(\frac{1}{\lambda_1} - \frac{1}{\lambda_2}\right)x\right\} \right] \times \left[\cos\pi\left\{(f_1-f_2)t - \left(\frac{1}{\lambda_1} + \frac{1}{\lambda_2}\right)x\right\} \right]$$

㋐ 時間とともに激しく変化する成分 ……答

㋑ 時間とともにゆるやかに変化する成分 ……答

このように分けることでどのような現象が見えてくるかは、次の設問で扱おう。

(3) 簡単のために$x=0$の位置に注目して、その位置での振動のy-tグラフをかいてみよう。⑫式で$x=0$とすると、

$$y = 2a \underbrace{\sin\left(2\pi \frac{f_1+f_2}{2} t\right)}_{\text{激しく振動する部分 } y_R} \times \underbrace{\cos\left(2\pi \frac{f_1-f_2}{2} t\right)}_{\text{ゆっくり振動する部分 } y_S}$$

ここで、y_Rは短い周期、

$$T_R = \frac{2}{f_1 + f_2}$$

で振動する図gのグラフで表される。

一方、y_Sは長い周期、

$$T_S = \frac{2}{f_1 - f_2} \quad \cdots\cdots ⑬$$

で振動する図hのグラフで表される。

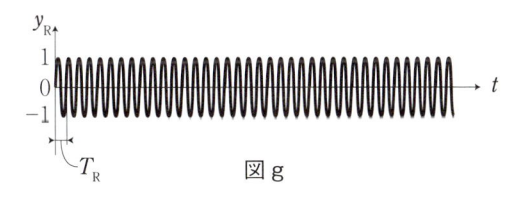

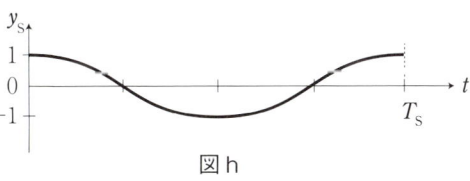

図g

図h

さて，このy_Rとy_Sを掛けると図iのように，全体の振幅は周期T_Sでゆっくりと変化しつつ，実際の振動の中味は周期T_Rで激しく振動する。

このグラフは，見たことはあるよね。

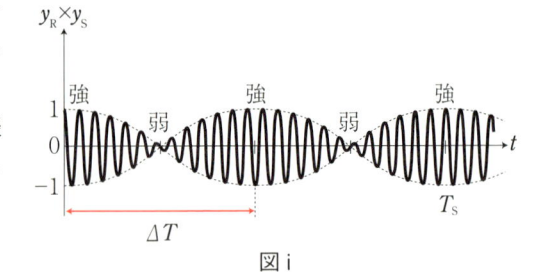

> えーと，あ！ そうです「うなり」のグラフです

その通り。わずかに異なる振動数の音を同時に聞くと，単位時間あたり$|f_1-f_2|$回の強弱をくり返して聞こえる現象だね。

ここで，図iで1回の**強弱強**にかかる時間ΔTは，

$$\Delta T = \frac{1}{2}T_S = \frac{1}{f_1-f_2} \quad (\because \quad ⑬) \quad \cdots\cdots ⑭$$

だから，単位時間あたりのうなりの回数は，

$$\frac{1秒}{\Delta T} = f_1 - f_2 \quad (\because \quad ⑭)$$

となる。これは，一般の**うなりの振動数の公式**と一致しているね。

(4) これも，簡単のために$t=0$の瞬間の波形のy-xグラフをかいてみよう。⑫式で$t=0$とすると，

$$y = -2a\,\underbrace{\sin\left\{\pi\left(\frac{1}{\lambda_1}-\frac{1}{\lambda_2}\right)x\right\}}_{\text{長い波長の波形}y_l} \times \underbrace{\cos\left\{\pi\left(\frac{1}{\lambda_1}+\frac{1}{\lambda_2}\right)x\right\}}_{\text{短い波長の波形}y_m}$$

ここで，λ_1とλ_2の差は十分に小さいので，$\left(\dfrac{1}{\lambda_1}-\dfrac{1}{\lambda_2}\right)$は，$\left(\dfrac{1}{\lambda_1}+\dfrac{1}{\lambda_2}\right)$に比べて十分に小さいことに注目してほしい。

y_m は短い波長,

$$\lambda_m = \cfrac{2}{\cfrac{1}{\lambda_1}+\cfrac{1}{\lambda_2}}$$

$$= \frac{2\lambda_1\lambda_2}{\lambda_1+\lambda_2}$$

をもつ図jの波形となる。

一方,y_l は長い波長,

$$\lambda_l = \frac{2\lambda_1\lambda_2}{\lambda_2-\lambda_1} \quad \cdots\cdots ⑮$$

をもつ図kの波形となる。

さて,この y_m と y_l を掛けると,図lのように全体の振幅は,波長 λ_l でゆったりと変化しつつ,その中味は波長 λ_m で細かく変化するといった波形になる。

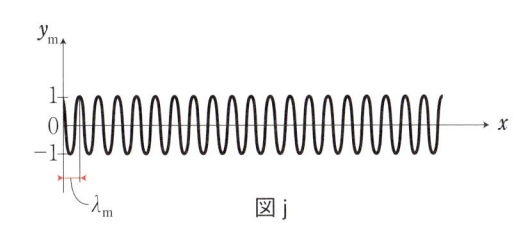

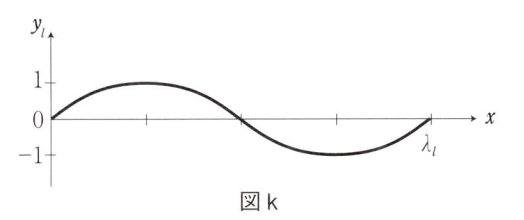

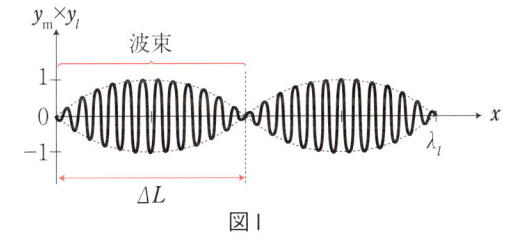

これは「**空間的なうなり**」を表す。つまり,図lのように場所によってゆるやかに振幅が変化していく。図lで強め合っている点と点の間の間隔 ΔL は,弱め合っている点と点との間隔と等しく,

$$\Delta L = \frac{1}{2}\lambda_l = \frac{\lambda_1\lambda_2}{\lambda_2-\lambda_1} \quad (\because \ ⑮) \quad \cdots\cdots ⑯$$

となっている。長さ ΔL の波のカタマリを**波束**という。

(5) (2)の答の式で,

$$y = 2a\sin\pi\left\{(f_1+f_2)t - \left(\frac{1}{\lambda_1} - \frac{1}{\lambda_2}\right)x\right\} \times \cos\pi\left\{(f_1-f_2)t - \left(\frac{1}{\lambda_1} + \frac{1}{\lambda_2}\right)x\right\}$$

このうち,「空間的うなり」は,長い波長の波形をもつ次の式

$$\sin\pi\left\{(f_1+f_2)t - \left(\frac{1}{\lambda_1} - \frac{1}{\lambda_2}\right)x\right\}$$

で決まるので,その波形は,

振動数 $f = \dfrac{f_1+f_2}{2}$

波　長 $\lambda = \dfrac{2}{\left(\dfrac{1}{\lambda_1} - \dfrac{1}{\lambda_2}\right)}$

をもつ波と同じ動きをする。
よって,その速さ v_g(群速度(図m))は,

$$v_g = f\lambda = \dfrac{f_1+f_2}{\dfrac{1}{\lambda_1} - \dfrac{1}{\lambda_2}} = \dfrac{\lambda_1\lambda_2(f_1+f_2)}{\lambda_2 - \lambda_1} \quad \text{答}$$

となる。

まとめ

1 《波の式のつくり方3ステップ》

STEP 1 $x=0$ の点の y-t グラフを式にする

STEP 2 $x=0$ の点から $x=x$ の点まで振動が伝わる時間 t_1 を求める（x が正か負かに注意）

STEP 3 $x=x$ の点の y-t グラフを式にする
（**STEP 1** で $t \to t-t_1$ とする）

2 波の式の重ね合わせ2タイプ

タイプ❶ 互いに逆行する同じ振動数，波長の波の重ね合わせ

例
$$y = a\sin 2\pi\left(ft - \frac{x}{\lambda}\right) + a\sin 2\pi\left(ft + \frac{x}{\lambda}\right)$$

$$= 2a\,\boxed{\sin(2\pi ft)} \times \boxed{\cos\left(2\pi \frac{x}{\lambda}\right)} \quad \leftarrow 和積公式$$

- $\sin(2\pi ft)$：時間 t とともに ± 1 の間で振動する部分
- $\cos\left(2\pi \dfrac{x}{\lambda}\right)$：位置 x のみで決まる部分

➡ 波長 λ，振動数 f の定常波

タイプ❷ わずかに異なる振動数，波長の波の重ね合わせ

例
$$y = a\sin\left\{2\pi\left(f_1 t - \frac{x}{\lambda_1}\right)\right\} + a\sin\left\{2\pi\left(f_2 t + \frac{x}{\lambda_2}\right)\right\}$$

$$= 2a\,\boxed{\sin\pi\left\{(f_1+f_2)t - \left(\frac{1}{\lambda_1}-\frac{1}{\lambda_2}\right)x\right\}} \times \boxed{\cos\pi\left\{(f_1-f_2)t - \left(\frac{1}{\lambda_1}+\frac{1}{\lambda_2}\right)x\right\}} \quad \leftarrow 和積公式$$

- 左の囲み：位置 x とともにゆっくりと振動する部分
- 右の囲み：時間 t とともにゆっくり振動する部分

➡ 時間周期 $\Delta T = \dfrac{1}{|f_1-f_2|}$，空間周期 $\Delta L = \dfrac{\lambda_1 \lambda_2}{|\lambda_2 - \lambda_1|}$ のうなり

第13講 波の式の重ね合わせ2タイプ

第14講 円運動とドップラー効果, 時間のおくれ

研究用例題14 ☒1回目 30分 □2回目 20分 □3回目 15分

　同一振動数 f_0〔Hz〕をもつ2つの音源AとBが, 図に示すように中心Oをはさんで半径 r〔m〕の円周上を角速度 ω〔rad/s〕で運動している。観測者Cは円周の外側の x 軸上の点で両音源からの音を観測する。音速を V〔m/s〕とし, また音源AとBの動く速さは音速に比べて十分に小さいので, 円の直径程度の距離を音が伝播する間の音源の回転は無視できるものとして以下の問に答えよ。ただし, その際必要ならば, x の絶対値が1より十分小さいとき, 近似式 $(1+x)^n ≒ 1+nx$ を用いることができるものとする。

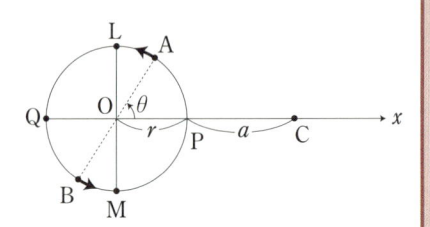

(1) 観測者Cが x 軸上の点Pから距離 a〔m〕の場所で静止しているとき, 観測する音の最大の振動数を f_h, 最小の振動数を f_l とする。音源の角速度 ω を f_h, f_l, V, r を用いて表せ。

(2) 距離 a が半径 r と等しい場合, 音源Bからの音が最大の振動数として観測されるのは, Aの x 軸からの回転角 θ〔rad〕がいくらのときか。$0 ≦ \theta ≦ \pi$ の範囲で答えよ。また, そのとき観測するうなりの振動数 f_1 はいくらになるか。

(3) 次に, 観測者Cは x 軸上を一定の速さ u〔m/s〕で点Pから遠ざかるように動き始めた。音源A, Bがそれぞれ点L, Mを通過するとき f_0 と等しい振動数の音を観測した。それは音源A, Bどちらから発された音か。さらにこのときの観測者の運動する速さ u を求めよ。

(4) 観測者Cが点Pから十分に遠いところまできて静止したとき, 両音源が円を一周する間に観測者が聞くうなりの振動数 f を縦軸に, 横軸に時刻 t をとったグラフをかけ。その際, 音源Aが点Pを通過したとき発した音を観測した時刻を $t=0$ とせよ。ただ

し，音が円の直径程度の距離を伝播するのに要する時間は無視できるものとする。

(5) (2)でもし音源A，Bの動く速さが小さくなく，音が伝播する間の音源の回転も無視できないとする。音源Bからの音が最大の振動数として観測される瞬間の，Aのx軸からの回転角θ〔rad〕はいくらか。また，音源Bからの音がf_0と等しい振動数として観測される瞬間のθはいくらか。$0 \leqq \theta \leqq \pi$〔rad〕の範囲でπ，ω，a，Vのうち必要なものを用いて表せ。

(6) (5)でAがPを通過する時刻を$t=0$として，縦軸にCが聞く音源Aからの音の振動数f_aを，横軸にそのときの時刻tをとったグラフをかけ。

〔東京工大〕

目的

難関大の定番である円運動や単振動する音源，観測者によるドップラー効果の問題。最近は，連星系や太陽系外惑星からの光の観測とからめて，光のドップラー効果として出題されることも多い。

ポイントは軸のとり方。音源と観測者を結ぶ軸をとり，その上への速度ベクトルの射影を考えることだ。

また，さらに難易度が上がると，伝わる時間の分，遅れて音が聞こえることの効果をとり入れた問題である例題の(5)(6)タイプも出てくる。

導入

(1) ドップラー効果の土台となる本質は，次の4つだ。次の4つが押さえられれば，ドップラー効果の公式はいつでも導くことができる。

❶ 音源がいくら動いても，音速は変わらない。
❷ 振動数fの音源は，どんなに動いても，1秒間にf個の音波を出す。
❸ 観測者がいくら動いても，波長の圧縮や引き伸ばしはできない。
❹ 観測者を1秒間に通過する波の数は，観測者の聞く振動数f'となる。

(2) 上の4つの点を押さえてドップラー効果の公式を導いていこう（導き方はいろいろあるため，自力で導けるようにしてほしい）。その式の能率的な立て方は次のようにまとめられる。

まず 波の基本式 $f = \dfrac{v}{\lambda}$ を思い出し，

（波長λ）は 分母 ，（音速v）は 分子 と覚えておく。

そして ㋐音の発射点と㋑音の受けとり点に注目して，現象どおりに式を立てるだけだ。

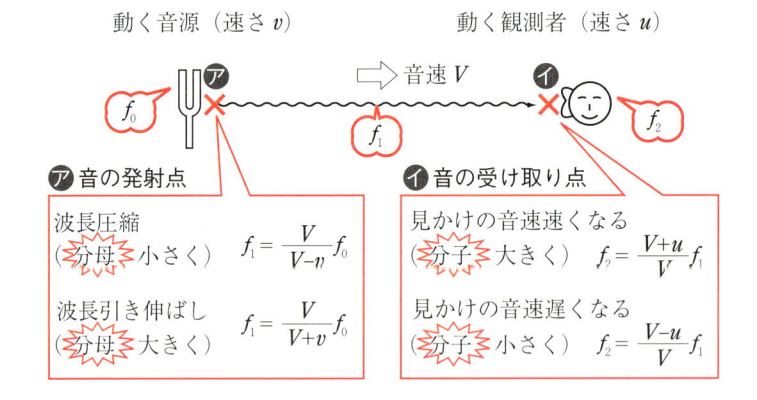

動く音源（速さv）　　　　　　動く観測者（速さu）

音速V

㋐ 音の発射点

波長圧縮
（分母 小さく）　$f_1 = \dfrac{V}{V-v} f_0$

波長引き伸ばし
（分母 大きく）　$f_1 = \dfrac{V}{V+v} f_0$

㋑ 音の受け取り点

見かけの音速速くなる
（分子 大きく）　$f_2 = \dfrac{V+u}{V} f_1$

見かけの音速遅くなる
（分子 小さく）　$f_2 = \dfrac{V-u}{V} f_1$

(3) とくに本テーマで大切なのは，右図のように，音の伝わる方向と音源A，観測者Bの速度ベクトルv_A, v_Bが一直線に乗っていないケースだ。

ポイントは，下の図のように，速度ベクトルを分解し，音が伝わる方向の速度成分（これがドップラー効果の原因である）のみ考えることだ。

㋐　波長が圧縮する（分母 小さく）

$$f_1 = \dfrac{V}{V - \dfrac{1}{2}v_A} f_0$$

㋑　見かけの音速が速くなる（分子 大きく）

$$f_2 = \dfrac{V + \dfrac{\sqrt{3}}{2}v_B}{V} f_1$$

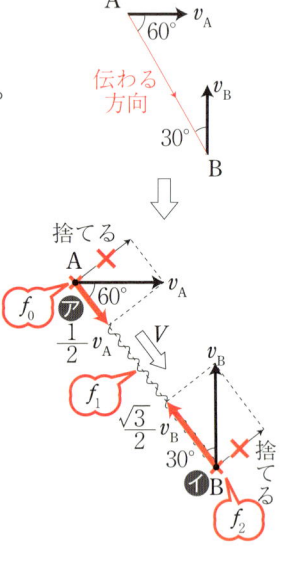

解　説

(1) 図aより，音源の速度ベクトルは各点での円の接線方向を向く。

その速度ベクトルの向きが，ちょうど点Cへ向き，**最も波長が圧縮された**音波が出るのは点R。

逆に点Cと正反対を向き，**最も波長が引き伸ばされた**音波が出るのは点Sである。

音源の速さは $v=r\omega$ なので，ドップラー効果の公式より，

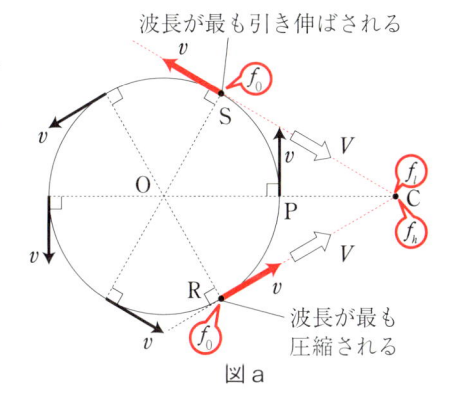

$$f_h = \frac{V}{V-v}f_0 = \frac{V}{V-r\omega}f_0 \quad \cdots\cdots ①$$
波長圧縮

$$f_l = \frac{V}{V+v}f_0 = \frac{V}{V+r\omega}f_0 \quad \cdots\cdots ②$$
波長引き伸ばし

ここで(①÷②)式より，

$$\frac{f_h}{f_l} = \frac{V+r\omega}{V-r\omega}$$

$$\therefore \quad f_h(V-r\omega) = f_l(V+r\omega)$$

$$\therefore \quad \omega = \frac{V(f_h-f_l)}{r(f_h+f_l)} \text{〔rad/s〕} \quad \underline{\text{答}}$$

(2) Bからの音が最大振動数として観測されるのは，Bが(1)の点Rで発した音を聞いたときである。

図bの△OBCで三平方の定理より，BC＝$\sqrt{2^2-1}\,a=\sqrt{3}\,a$ である。

また，△ABCで三平方の定理より，AC＝$\sqrt{2^2+3}\,a=\sqrt{7}\,a$ である。

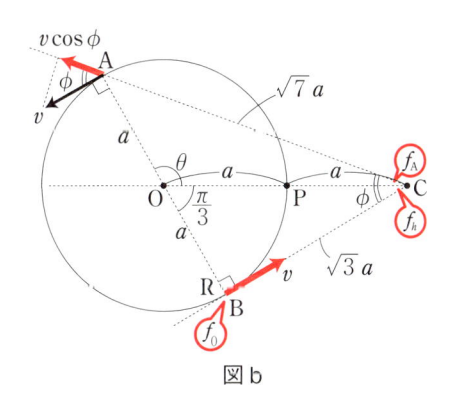

第14講　円運動とドップラー効果，時間のおくれ

ここで，△OBCは辺の長さの比が$1:2:\sqrt{3}$の直角三角形なので，

$$\angle \mathrm{BOC} = \frac{1}{3}\pi \text{[rad]}$$

よって，図より，$\theta = \pi - \frac{1}{3}\pi = \frac{2}{3}\pi$ [rad] **答**

また，Aの速度を分解して，**波長を引き伸ばせる成分**は，図の角ϕを用いて，$v\cos\phi = r\omega\cos\phi$となる。ここで△ABCに注目して，

$$\cos\phi = \frac{\sqrt{3}}{\sqrt{7}} \quad \cdots\cdots ③$$

よって，Aからの音の振動数は，

$$f_\mathrm{A} = \frac{V}{V + r\omega\cos\phi} f_0$$

<u>波長引きのばし</u>

$$= \frac{1}{1 + \dfrac{r\omega\cos\phi}{V}} f_0 \quad \longleftarrow 1 + \boxed{\dfrac{\text{小さい量}}{\text{大きい量}}}\text{を強引につくる (p.148)}$$

$$= \left(1 + \frac{r\omega\cos\phi}{V}\right)^{-1} f_0$$

$$\fallingdotseq \left\{1 + (-1)\frac{r\omega\cos\phi}{V}\right\} f_0 \quad \longleftarrow (\mathbf{1}+x)^n \fallingdotseq \mathbf{1}+nx \text{ より}$$

一方，Bからの音の振動数は(1)のf_hと同じだから，

$$f_h = \frac{V}{V - r\omega} f_0 = \left(1 - \frac{r\omega}{V}\right)^{-1} f_0 \fallingdotseq \left(1 + \frac{r\omega}{V}\right) f_0$$

よって，うなりの振動数f_1は，

$$f_1 = f_h - f_\mathrm{A} = \frac{r\omega}{V}(1 + \cos\phi) f_0$$

$$= \left(1 + \sqrt{\frac{3}{7}}\right)\frac{r\omega}{V} f_0 \text{[Hz]} \quad (\because ③) \quad \textbf{答}$$

> なぜ(1)では近似を用いないで，(2)でだけ近似を用いたのですか？

実は(1)でも近似を用いて解答してもよい。一方，(2)ではどうしても近似を使った後でうなりの計算をしないことには，式がとても複雑になってしまう。つまり，「近似を使った方が式変形がすっきりする」という視点で判断すればよい。

この《**微小量の１次式への近似**》(p.148)の攻略が難関大にはどうしても必要だ。今のように，「**なぜ近似を用いるのか**」という意識は大切にしてほしい。

(3) 図cのように，観測者Cが音から逃げながら音を受けとるときは**見かけの音速が遅くなる**ので，振動数は低くなってしまう。よって，音の発射時に**波長を圧縮**し，振動数を高くしてある**音源B**からの音が，振動数f_0の音として受けとれる。……答

図cで，B，Cの速度ベクトルと，直線BCとのなす角をγとする。

ドップラー効果の式より，

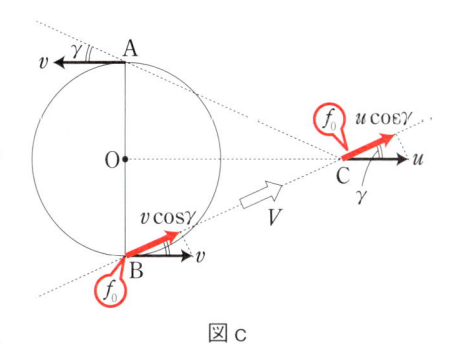

$$f_0 = \underbrace{\frac{V}{V - v\cos\gamma}}_{\text{波長圧縮}} \times \underbrace{\frac{V - u\cos\gamma}{V}}_{\text{見かけの音速遅くなる}} \times f_0$$

$(V - v\cos\gamma)f_0 = (V - u\cos\gamma)f_0$

∴ $u = v = r\omega$ [m/s] ……答

(4) CがPから十分に遠くにあるとき，A，Bから出る音は**ほぼ水平右向き**にCに向かうと考えてよい。時刻tで速度ベクトルの水平成分の大きさは$v\sin\omega t$となっているので，ドップラー効果の公式より，A，Bからの音の振動数は，

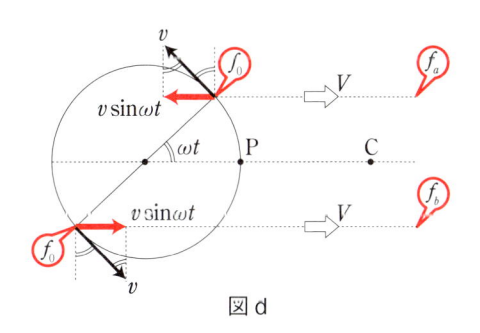

図d

第14講 円運動とドップラー効果，時間のおくれ

$$f_a = \frac{V}{V + v\sin\omega t} \times f_0 = \underbrace{\left(1 + \frac{v\sin\omega t}{V}\right)^{-1}}_{\text{波長引き伸ばし}} f_0 \fallingdotseq \left(1 - \frac{v\sin\omega t}{V}\right) f_0$$

$$f_b = \frac{V}{V - v\sin\omega t} \times f_0 = \underbrace{\left(1 - \frac{v\sin\omega t}{V}\right)^{-1}}_{\text{波長圧縮}} f_0 \fallingdotseq \left(1 + \frac{v\sin\omega t}{V}\right) f_0$$

よって，うなりの振動数 f は，

$f = |f_b - f_a|$

$\quad = f_{\max} |\sin\omega t|$

$\left(\text{ただし，} f_{\max} = \dfrac{2vf_0}{V} = \dfrac{2r\omega f_0}{V}\right)$

これを図eのようにグラフにかく。　　　　図e　　　……答

本問も，近似しないと図示が大変になるので近似をした。

(5) 　(2)と(5)では何が違うのですか？

　例えば，花火を見たことはあるよね。花火が「ドン！」と聞こえるときにはすでに花火はかなり開いてしまっているよね。

　また，ジェット機が飛んでいるとき，音のする位置よりも機体は前にあるよね。さらに，雷がピカッと光ってからしばらくして「ゴロゴロ」と聞こえるね。この「ずれ」が大切だ。

　つまり，(2)では，

　　　　（音の聞こえる時刻）≒（音の発される時刻）

と近似的にみなしてしまい「ずれ」を無視していた。つまり，音の聞こえる位置に音源がちょうど見えるということだ。

　一方，(5)では，

（音の聞こえる時刻）＝（音の発される時刻）＋（音が伝わるのにかかる時間）

と，この「ずれ」も厳密に考えていこうということなのだ。つまり，音が聞こえる位置よりも，前方に音源が動いてしまっているということだ。

図fのように，θ が $\frac{2}{3}\pi$ のとき，Bから f_h の音が出ることは(2)で見てきた。この音が距離 $\sqrt{3}\,a$ を伝わってCで受けとられるまでに要する時間は $\frac{\sqrt{3}\,a}{V}$ である。よって，その間に図gのようにAは，

$$\theta = \frac{2}{3}\pi + \omega \frac{\sqrt{3}\,a}{V} \;[\text{rad}] \quad \text{答}$$

にいる。

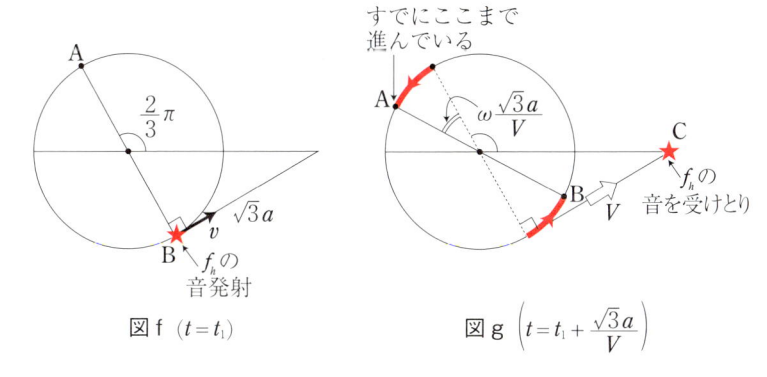

図f $(t = t_1)$

図g $\left(t = t_1 + \dfrac{\sqrt{3}\,a}{V}\right)$

また，図hのように，全くドップラー効果の起こっていない音がBからCに向かって発射されるのは，$\theta = 0$ のときだ。その音が距離 $3a$ を伝わるのに要する時間は $\frac{3a}{V}$。よって，その間に図iのようにAは，

$$\theta = \omega \frac{3a}{V} \quad \text{答}$$

にいる。

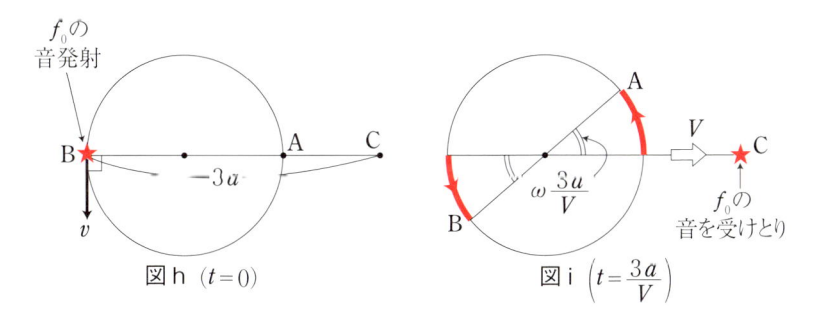

図h $(t = 0)$

図i $\left(t = \dfrac{3a}{V}\right)$

(6) (5)でAがPを通過した時刻を$t=0$として，縦軸にCが聞くAの音の振動数f_a，横軸にtをとったグラフは，図jのようになる。伝わるのに要する時間$\left(\dfrac{伝わる距離}{音速V}\right)$だけ遅れて聞こえてくることに注意しよう。

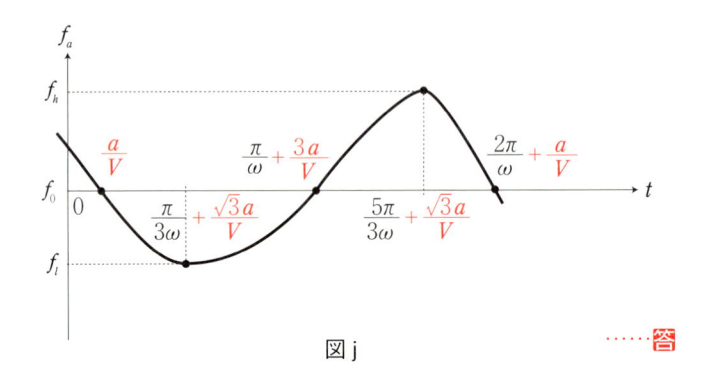

図j上の目盛り：
- 縦軸：f_h, f_0, f_l
- 横軸の目盛り：0, $\dfrac{a}{V}$, $\dfrac{\pi}{3\omega}+\dfrac{\sqrt{3}a}{V}$, $\dfrac{\pi}{\omega}+\dfrac{3a}{V}$, $\dfrac{5\pi}{3\omega}+\dfrac{\sqrt{3}a}{V}$, $\dfrac{2\pi}{\omega}+\dfrac{a}{V}$

図j ……答

まとめ

1 ドップラー効果の本質は，次の4つ
① 音源が動いても，音速は変わらない。
② 音源が動いても，必ず1秒にf個の音波を外部に出す。
③ 観測者が動いても，波長の圧縮や引き伸ばしはできない。
④ 観測者が1秒にf'個の音波を受けるとき，f'〔Hz〕の音として聞こえる。

2 ドップラー効果の式の立て方

$$\begin{pmatrix} f_{新}\cdots\text{新しい振動数} & f_{旧}\cdots\text{古い振動数} & V\cdots\text{音速} \\ v\cdots\text{音源の速さ} & u\cdots\text{観測者の速さ} & \end{pmatrix}$$

① 動く音源が音を発射するときに
- (波長)引き伸ばし(**分母大きく**) → $f_{新} = \dfrac{V}{V+v} \times f_{旧}$
- (波長)圧縮(**分母小さく**) → $f_{新} = \dfrac{V}{V-v} \times f_{旧}$

② 動く観測者が音を受けとるときに
- (音速)早く見える(**分子大きく**) → $f_{新} = \dfrac{V+u}{V} \times f_{旧}$
- (音速)遅く見える(**分子小さく**) → $f_{新} = \dfrac{V-u}{V} \times f_{旧}$

3 ドップラー効果の応用
① 音源と観測者を結ぶ軸を考えて，軸上に速度ベクトルを射影した成分のみ考えて，ドップラー効果の式を立てよ（円運動音源では注意）。
② (音を**受けとる**時刻) = (音を**発する**時刻) + $\left(\dfrac{\text{伝わる距離}}{\text{音速}}\right)$

区別せよ！

第15講 2スリット干渉への帰着

研究用例題 15 ☑1回目 20分 □2回目 15分 □3回目 10分

以下の図1～図3で，スリットに波長λの平面波とみなせる光波を入射させると，スクリーンに等間隔に明暗の干渉縞が生じた。このとき点Pが明るくなる条件，および干渉縞の間隔Dを各図中に与えられた文字および整数mを用いて表せ。

(1) ロイドの鏡

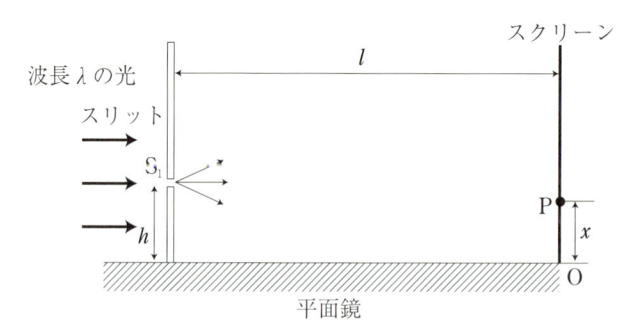

h, xはlに比べて十分に小さい
図1

(2) フレネルの鏡

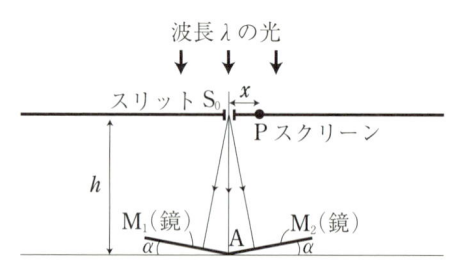

xはhに比べて十分に小さい
α〔rad〕は1に比べて十分に小さい角
図2

(3) 複レンズ

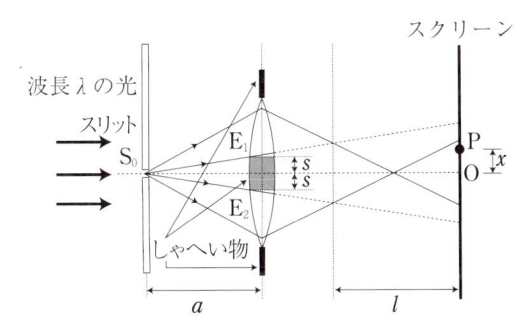

図3

E_1, E_2 は焦点距離 f の1つの凸レンズを上下に分割したもの。s, x は a, l に比べて十分に小さい。

〔慶大〕

目的

2スリット，回折格子，クサビ状薄膜，平行薄膜，ニュートンリング，マイケルソン干渉計などの典型的な光の干渉については，難関大志望者であれば，既にスラスラ導ける状態になっているでしょう。

さらに点を伸ばすには，本テーマのような一見未知の干渉問題でありながら，実はよく知っている2スリットの問題へ直せるというタイプの問題を攻略することだ。

導入

ここで，2スリットによる干渉をおさらいしておこう。

図4のように，間隔 d の2つのスリット S_1, S_2 に，波長 λ の単色光が入射した場合を考える。

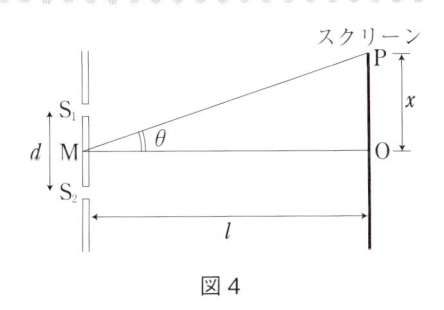

図4

第15講 2スリット干渉への帰着 185

スリットから l だけ離れたスクリーン上に，図4のように点O，Pをとる。OP=x と d は，l に比べて十分に小さいものとする。

まず S_1P と S_2P との経路の差を求めていこう。

〔求め方その1〕

図5で，S_1P と S_2P は平行と見なして，S_1 から垂線 S_1H を下ろす。

すると，∠PMO = ∠S_2S_1H = θ として，

$$経路差 = S_2H = d\sin\theta$$

$$≒ d\tan\theta \quad (\theta は十分に小さい)$$

$$= d\frac{x}{l} \quad \cdots\cdots ① \quad (\triangle PMO に注目)$$

図5

となる。

〔求め方その2〕

図6のようにスクリーン上に点 S_1'，S_2' をとる。

△PS_1S_1' について，三平方の定理より，

$$S_1P = \sqrt{l^2 + \left(x - \frac{d}{2}\right)^2}$$

$$= l\left\{\mathbf{1} + \left(\frac{x - \frac{d}{2}}{l}\right)^2\right\}^{\frac{1}{2}}$$

$$≒ l\left\{\mathbf{1} + \frac{1}{2}\left(\frac{x - \frac{d}{2}}{l}\right)^2\right\}$$

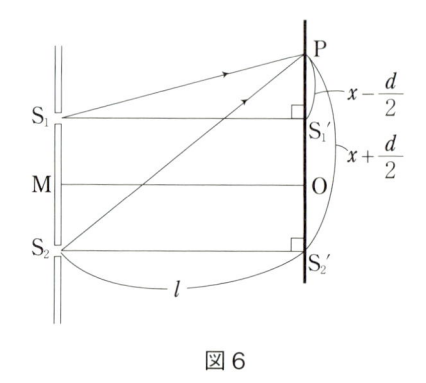

図6

$\left(\begin{array}{l}《微小量の1次式への近似》(p.148) \\ ((\mathbf{1}+x)^n ≒ 1+nx を用いた\end{array}\right)$

△PS₂S₂′についても同様にして，

$$S_2P \fallingdotseq l\left\{\mathbf{1} + \frac{1}{2}\left(\frac{x+\dfrac{d}{2}}{l}\right)^2\right\}$$

よって，経路差は，

$$S_2P - S_1P \fallingdotseq \frac{1}{2l}\left\{\left(x+\frac{d}{2}\right)^2 - \left(x-\frac{d}{2}\right)^2\right\}$$

$$= \frac{1}{2l} \times 2xd = \frac{dx}{l}$$

次に干渉条件で点Pが明るくなるには，mを整数として，①式より，

$$経路差 = d\frac{x}{l} = m \times \lambda \quad （mは整数）$$

を満たせばよい。よって，

$$x = \frac{l\lambda}{d} \times m \quad \cdots\cdots ②$$

となる点Pが明るくなる。mに具体的な値を入れていくと，

$$x = 0, \ \frac{l\lambda}{d}, \ \frac{2l\lambda}{d}, \ \frac{3l\lambda}{d}, \ \cdots\cdots$$

となるので，明線の間隔Dは，

$$D = \frac{l\lambda}{d} \quad \cdots\cdots ③$$

となることが分かる。

　以上の①②③式から分かるように，**d，l，λさえ分かれば，2スリット型の干渉の問題は解けてしまう**。次の例題の解説でも①③式は用いるよ。

解　説

(1) S_1に入射した光は，回折して広がり一部は直接Pに達し，一部は平面鏡で反射してPに達する。この反射は，固定端型の反射で位相がπずれる。

　ここで図aのように，**反射光は，S_1と鏡に関して対称となる点S_2からやってきたものと見なすのがコツ**。

　よって，(1)はスリット間隔 **d** $= 2h$ でスクリーンまでの距離 ***l*** の干渉と見なせる。

　よって，導入 の①式(p.186)で$d = 2h$として，

$$d\frac{x}{l} = 2h\frac{x}{l} = m\lambda$$

が**弱め合い**の条件となる（固定端反射による位相のずれはπなので）。

　一方，強め合いの条件は，

$$2h\frac{x}{l} = \left(m + \frac{1}{2}\right)\lambda \quad \text{答}$$

となる。

　また，導入 の③式(p.187)で$d = 2h$として干渉縞の間隔Dは，

$$D = \frac{l\lambda}{d} = \frac{l\lambda}{2h} \quad \text{答}$$

となる。

Point　点光源と鏡

　点光源Sと鏡に関して対称な点S'にもう1つの点光源を追加せよ（鏡像）。すると，S，S'の2スリットの問題に帰着できる。

　ただし，固定端型の反射の回数に注意すること。

(2) これも(1)と同様に,「点光源＋鏡」のタイプ。よって, 図bのようにS_0と鏡M_1, M_2に関して対称となる点S_1, S_2をとり, そのS_1, S_2からの「2スリット」の光の干渉とみなす。$S_1 S_2$の間隔をdとすると, 図bより,

$$d \fallingdotseq (2h\tan\alpha) \times 2$$
$$\fallingdotseq 4h\alpha \quad \begin{pmatrix} \alpha \text{は十分に} \\ \text{小さいので} \end{pmatrix}$$

また, 図bより「2スリット」$S_1 S_2$からスクリーンまでの距離lは,

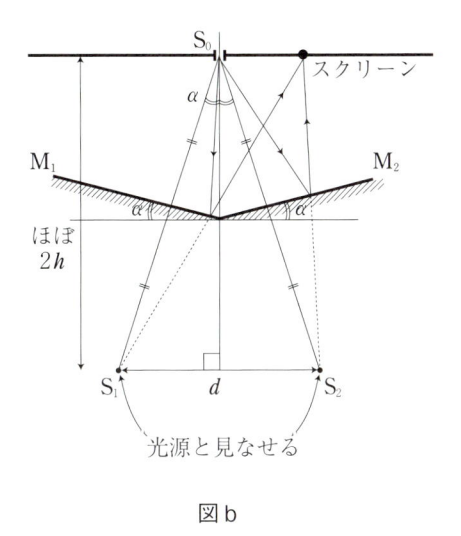

$$l \fallingdotseq 2h$$

図b

となることが分かる。

以上より, 導入の①式(p.186)で$d = 4h\alpha$, $l = 2h$として,

$$d\frac{x}{l} = 4h\alpha \frac{x}{2h} = 2\alpha x = m\lambda \quad \text{答}$$

が強め合いの条件となる(固定端型反射は合わせて2回あるので条件の逆転はない)。

また, 導入の③式(p.187)で$d = 4h\alpha$, $l = 2h$として, 干渉縞の間隔Dは,

$$D = \frac{l\lambda}{d} = \frac{2h\lambda}{4h\alpha} = \frac{\lambda}{2\alpha} \quad \text{答}$$

となる。

(3) 図cのように，上下のレンズE_1, E_2のつくるS_0の実像S_1S_2を考える。図のように，**このS_1S_2から光がスクリーンに向かって拡がっているように見える。よって，S_1S_2を「2スリット」とした光の干渉を考える。** まずは，S_1S_2のある平面とレンズとの距離bを求める。

レンズの写像公式より，

$$\frac{1}{a}+\frac{1}{b}=\frac{1}{f}$$

$$\therefore \quad b=\frac{af}{a-f} \quad \cdots\cdots ★$$

図c

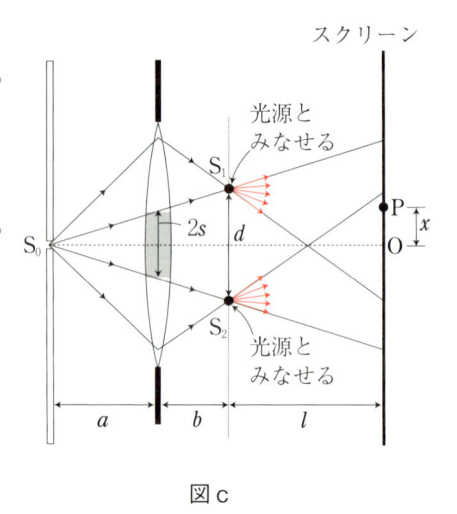

一方，図cでS_1S_2の間隔をdとすると，三角形の相似比より，

$$2s:d=a:(a+b)$$

$$\therefore \quad d=\frac{2s}{a}(a+b)$$

$$=\frac{2as}{a-f} \quad (\because \ ★)$$

また，図よりS_1S_2からスクリーンまでの距離は ***l***。
以上より，導入の①式(p.186)より点Pが明るくなるための条件は，$d=\frac{2as}{a-f}$として，

$$d\frac{x}{l}=\frac{2as}{a-f}\times\frac{x}{l}=m\lambda \quad \boxed{答}$$

一方，導入の③式(p.187)より，干渉縞の間隔Dは$d=\frac{2as}{a-f}$として，

$$D=\frac{l\lambda}{d}=\frac{(a-f)l\lambda}{2as} \quad \boxed{答}$$

となる。

まとめ

見なれない問題も典型的な干渉におき換えられることが多い。

3つのポイント

❶ 必ず2すじの光の道のりを明確にし，その経路差を追いつめていけ。

❷ 「点光源S＋鏡」では，鏡像S′をつくり，SとS′の「2スリット」とみなせ。（ただし，固定端型の反射の回数に注意すること！）

❸ レンズの実像の位置に新たな点光源を置け。

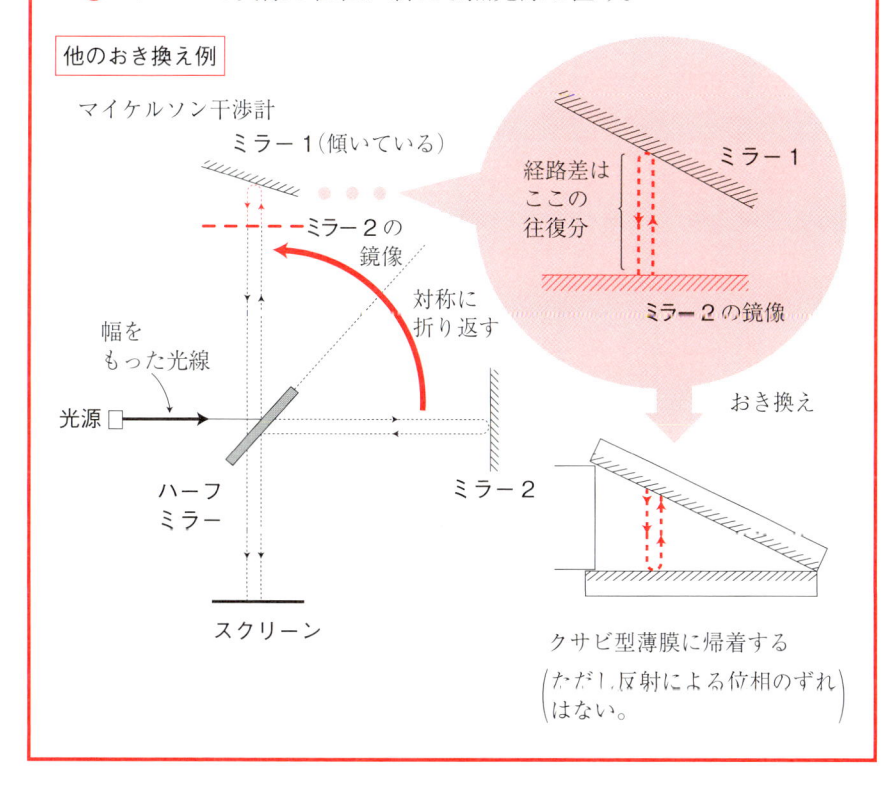

他のおき換え例

マイケルソン干渉計
ミラー1（傾いている）
ミラー2の鏡像
幅をもった光線
光源
ハーフミラー
ミラー2
対称に折り返す
スクリーン

経路差はここの往復分
ミラー1
ミラー2の鏡像

おき換え

クサビ型薄膜に帰着する
（ただし，反射による位相のずれはない。）

第16講 $n=1,2,3,\cdots,\infty$ スリットによる干渉

研究用例題 16 ☒1回目 40分 □2回目 30分 □3回目 20分

図1のように等間隔 d に並んだ3つの十分に細いスリットの列に対し，波長 λ の光の平面波を垂直に入射させるとき，スクリーンに生じる干渉縞を調べる。なお，スクリーンはスリットの列に平行で，両者の距離は d より十分に大きい。また，d は λ より十分に大きく，図中の角度 θ [rad] は十分に小さく，各スリットからPへ向かうすべての光は互いにほぼ平行とみなせる。

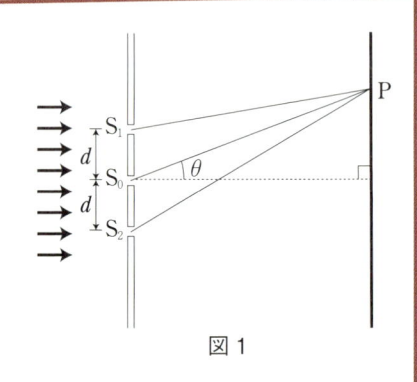

図1

(1) 隣り合うスリットから点Pまでの波の経路差 Δx および位相差 $\Delta \phi$ を d と θ および λ のうち必要なものを用いて表せ。

(2) 縦軸に点Pの光の明るさ（光の明るさは合成波の振幅の2乗に比例する）をとり，横軸に(1)の位相差 $\Delta \phi$ をとったグラフを $0 \leq \Delta \phi \leq 2\pi$ の範囲でかけ。縦軸の目盛は1つのスリットのみからの光がやってきたときを1とする。

(3) 図1のスリットをつくり直し，今度は図2のように，点Oを中心に間隔 d で4つのスリット S_1, S_2, S_3, S_4 をつくった。このとき隣り合うスリットから点Pまでの波の位相差を $\Delta \phi$ とする。

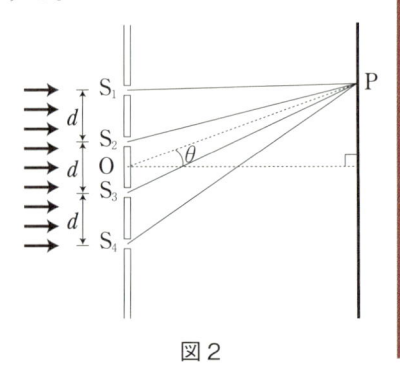

図2

このとき(2)と同様に縦軸に点Pの光の明るさをとり，横軸に$\Delta\phi$をとったグラフを$0 \leqq \Delta\phi \leqq 2\pi$の範囲でかけ。

(4) 以上により，一般にS_1，S_2，…，S_{n-1}，S_nと点Oを中心に間隔dでn個のスリットをつくったとき，点Pで暗線が生じるために，隣り合うスリットからの点Pまでの位相差$\Delta\phi$に必要とされる条件を求めよ(答える際に必要な，整数や自然数は各自設定せよ)。

(5) 図3のように有限の幅dをもつ1つのスリットに波長λの平面波を垂直に入射させる。このとき図3の角θの方向に進む光の明るさを縦軸，$d\sin\theta$を横軸にとったグラフを$0 \leqq d\sin\theta \leqq 2\lambda$の範囲で作図せよ。縦軸の目盛は$d\sin\theta=0$のときを1とする。

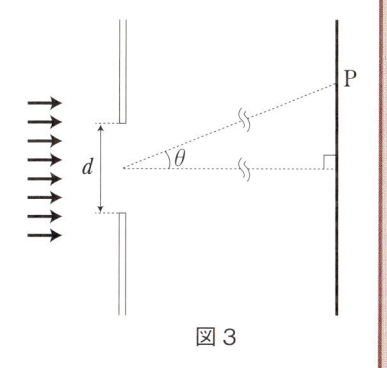

〔創作〕

図3

目的

難関大では，前講で扱った2スリットの問題ばかりでなく，本問のように3スリット（東京工大），4スリット（神戸大），8スリット（中央大），nスリット（京大），1スリット（阪大，早大，東大）の問題などが出題されている。

各大学ごとに，誘導の方法は異なる。しかし，その結果は，あらかじめ決まっている。だから，結果のシナリオを簡単な方法で導き出せるようにしておけば，テスト本番ではダンゼン有利となるのだ。

3スリット，4スリット，…，そして，一般のnスリット，さらに1スリットまで扱えるベクトル図法を使って，「非2スリット系」の問題をヴィジュアル的に解けるようになることが本テーマでの目的である。

導入 角振動数ωで振動する同位相の波源$S_1 S_2$から，波長λの波が送り出され，任意の点Pで，2つの波が重なりあう（図4）。

ここで，点Pにおける，

  S_1からの波の変位 $y_1 = a\sin(\omega t)$

  S_2からの波の変位 $y_2 = a\sin(\omega t + \varDelta\phi)$

  ※角度の差$\varDelta\phi$を位相差という

     （y_2はy_1に比べ$\varDelta\phi$だけ位相が進んでいる）

  合成波の変位 $Y = y_1 + y_2$

  合成波の振幅 A

とする。

さて，このy_1，y_2，そして$Y = y_1 + y_2$を図形的に表現してみよう。

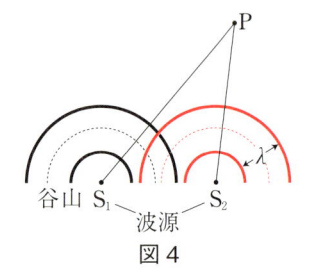

図4

図5のように，原点Oを中心に反時計回りに角速度ωで回転している長さaの矢印（ベクトル）のy軸上への正射影が波の変位 $y_1 = a\sin(\omega t)$ および $y_2 = a\sin(\omega t + \Delta\phi)$ となっている。よって，合成波の変位Yは2つのベクトルの和をとったときの，そのy軸上への正射影となる。

全体は原点Oを中心に，角速度ωで反時計回りに回転しているので，Yの最大値，つまり合成波の振幅Aは，2つのベクトルのベクトル和の長さAになっている。

図5より**位相差$\Delta\phi$のみで振幅Aが決まる**ことが分かる。

とくに (i) 強め合い($A = 2a$)となるのは，図6で，

$$位相差\ \Delta\phi = 0, \pm 2\pi, \pm 4\pi, \cdots$$
$$= 2\pi \times m\ (m\text{は整数})$$

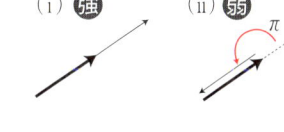

のときである。

(ii) 弱め合い($A = 0$)となるのは，図6で，

$$位相差\ \Delta\phi = \pi, \pi \pm 2\pi, \pi \pm 4\pi, \cdots$$
$$= 2\pi \times m + \pi\ (m\text{は整数})$$

のときである。

強め合い，弱め合いのみならず一般の位相差$\Delta\phi$の場合は図7より，

$$A = \left|2 \times a \sin\left(\frac{\pi - \Delta\phi}{2}\right)\right|$$
$$= \left|2a \sin\left(\frac{\pi}{2} - \frac{\Delta\phi}{2}\right)\right|$$
$$= 2a\left|\cos\left(\frac{\Delta\phi}{2}\right)\right| \quad \cdots\cdots \bigstar$$

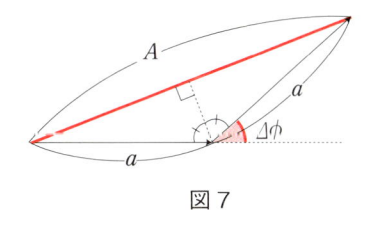

となる。

縦軸に A，横軸に位相差 $\Delta\phi$ をとったグラフを，$0 \leqq \Delta\phi \leqq 2\pi$ の範囲でかくと，図8のようになる。

ここで，光の明るさ I は，振幅の2乗，つまり A^2 に比例するので，比例定数を C を用いて，

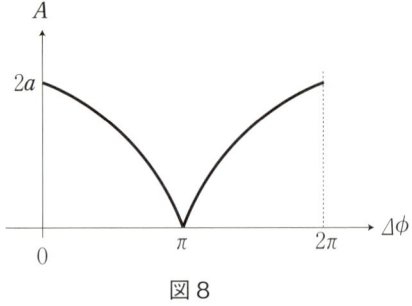

$$I = CA^2$$
$$= 4Ca^2 \cos^2\left(\frac{\Delta\phi}{2}\right) \quad (\because \; ★)$$
$$= 2Ca^2\{1 + \cos(\Delta\phi)\}$$

よって，光の明るさ I と位相差 $\Delta\phi$ の関係のグラフは図9のようになる。

このグラフが2スリット干渉での中央明線付近での干渉縞の光の明るさの分布を表している。

例題では，2スリットの議論を3スリット，4スリット，…，まで拡張して考えていく。

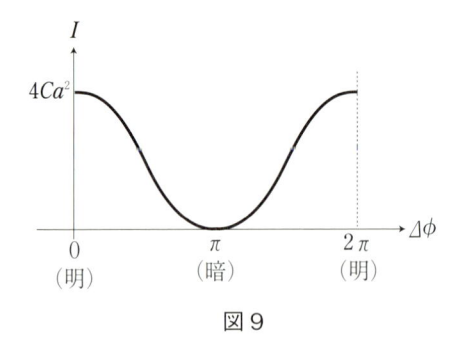

図8

図9

解説

(1) 図aより，経路差 Δx は，

$$\Delta x = d\sin\theta \quad \cdots\cdots ①$$

図a

> 経路差はカンタンに出ますが位相差って難しそうです

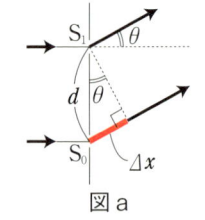

位相差 $\Delta\phi$ とは簡単に考えれば角度差のこと。だから忘れたら，図bをかいて求めればいい。

図bで，常に $\Delta\phi$ と Δx の間には次の関係がある。

$$\Delta\phi : \Delta x = 2\pi : \lambda$$

$$\therefore \quad \Delta\phi = \frac{2\pi}{\lambda}\Delta x \quad \cdots\cdots ②$$

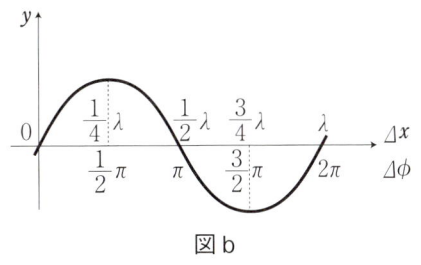

つまり，**λだけ経路差がつくと，2π だけ位相差がつく**ということだ。

ただし，位相差には波源そのものでの位相差や固定端反射による位相差($\pm\pi$)も追加されることがある。

②式に①式を代入して，

$$\Delta\phi = \frac{2\pi}{\lambda}d\sin\theta \quad \underline{\text{答}}$$

となる。

図b

(2) S_2, S_0, S_1 からの合成波の振幅Aは，導入の図7(p.195)で見たように(必ず導入には目を通しておいて下さい)，**図cのような3つのベクトルの和の長さ**で求められる(1つの波の振幅をaとしている)。

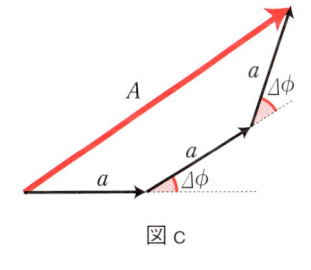

ここで，図dのように3つのベクトルの和の具体例を考えていく。

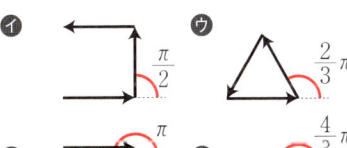

図c

- ㋐ $\Delta\phi = 0$ のとき， $A = 3a$
- ㋑ $\Delta\phi = \dfrac{\pi}{2}$ のとき， $A = a$
- ㋒ $\Delta\phi = \dfrac{2}{3}\pi$ のとき， $A = 0$
- ㋓ $\Delta\phi = \pi$ のとき， $A = a$
- ㋔ $\Delta\phi = \dfrac{4}{3}\pi$ のとき， $A = 0$
- ㋕ $\Delta\phi = \dfrac{3}{2}\pi$ のとき， $A = a$
- ㋖ $\Delta\phi = 2\pi$ のとき， $A = 3a$

図d

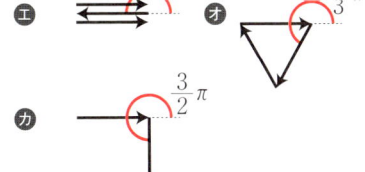

以上により，光の明るさ $\iff$ $\dfrac{A^2}{a^2}$ のグラフは，図eのようになる。
比例

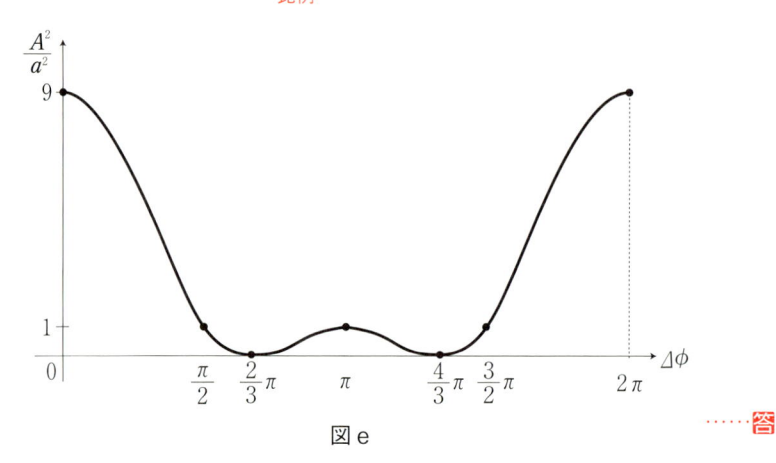

図e

……答

とくに，強い明線($\Delta\phi = 0$, 2π)と弱い明線($\Delta\phi = \pi$)の明るさの比が $9:1$ となっていることが分かる。

一般に，m を整数として，

　　$\Delta\phi = 2\pi \times m$ で強い明線

　　$\Delta\phi = 2\pi \times m + \pi$ で弱い明線

　　$\Delta\phi = 2\pi \times m + \dfrac{2}{3}\pi$，$2\pi \times m + \dfrac{4}{3}\pi$ で暗線

となることが分かる。

(3) (2)と同様に，S_1, S_2, S_3, S_4からの合成波の振幅Aは，**4つのベクトルの和の長さ**で求められる。

ここでも図fのように具体例を考える。

㋐ $\Delta\phi = 0$ のとき， $A = 4a$

㋑ $\Delta\phi = \dfrac{\pi}{2}$ のとき， $A = 0$

㋒ $\Delta\phi = \dfrac{2}{3}\pi$ のとき， $A = a$

㋓ $\Delta\phi = \pi$ のとき， $A = 0$

㋔ $\Delta\phi = \dfrac{4}{3}\pi$ のとき， $A = a$

㋕ $\Delta\phi = \dfrac{3}{2}\pi$ のとき， $A = 0$

㋖ $\Delta\phi = 2\pi$ のとき， $A = 4a$

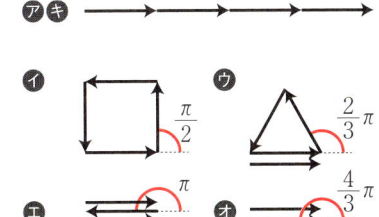

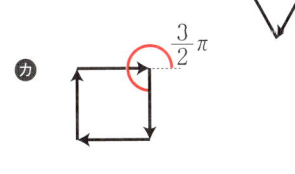

図 f

以上により，光の明るさ $\underset{比例}{\Longleftrightarrow}$ $\dfrac{A^2}{a^2}$ のグラフは，図gのようになる。

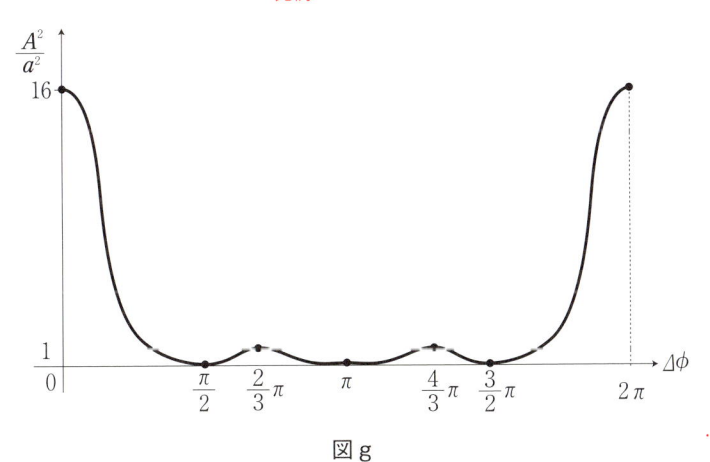

図 g

……答

図eよりも暗い領域が広くなっていることが分かる。

一般に，m を整数として，強い明線は，

$$\Delta\phi = 2\pi \times m$$

で，暗線は，

$$\Delta\phi = 2\pi \times m + \frac{\pi}{2},\ 2\pi \times m + \pi,\ 2\pi \times m + \frac{3}{2}\pi$$

となることが分かる。

(4) 以上の結果により，**ベクトル図が輪のようにぴったり閉じて，ベクトル和が0となるときに暗線ができる**ことが分かる。

そのための条件は図hのように，

$$\Delta\phi = 2\pi \times m + \alpha \text{ で,}$$

$$\alpha \times n \text{個} = 2\pi \times k$$

（k は自然数）

となればよいことが分かる（$0 < \alpha < 2\pi$）。

よって，求める条件は m を整数として，

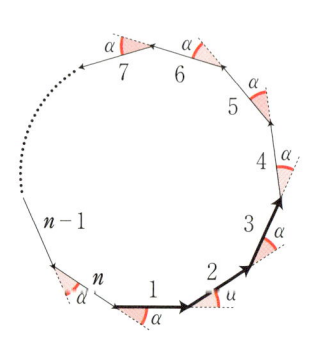

$$\Delta\phi = 2\pi \times m + \alpha$$

$$\left(\text{ここで，}\alpha = \frac{2\pi}{n},\ \frac{4\pi}{n},\ \frac{6\pi}{n},\ \cdots\ (\text{ただし，}0 < \alpha < 2\pi \text{をみたす範囲})\right)$$

答

ということになる。

α が n 個で 2π の k 倍

図h

> **研究**
>
> n を十分に大きくしてみよう。(4)で $n=100$ とすると，暗線となるのは，
> $$\alpha = \frac{2\pi}{100},\ \frac{4\pi}{100},\ \frac{6\pi}{100},\ \cdots\cdots,\ \frac{196\pi}{100},\ \frac{198\pi}{100}$$
> の99箇所になる。
>
> $n=1000$ では，
> $$\alpha = \frac{2\pi}{1000},\ \frac{4\pi}{1000},\ \cdots\cdots,\ \frac{1996\pi}{1000},\ \frac{1998\pi}{1000}$$
> の999箇所になる。
>
> 　同様にして $n \to \infty$ としてしまうと，$0 < \alpha < 2\pi$ をみたすほとんどの場所が暗くなってしまうことが分かる。よって，図 i のように，$\Delta\phi = 0,\ 2\pi,\ 4\pi,\ 6\pi,\ \cdots$ となる方向にのみ，極めて鋭い明線が生じ，それ以外ではすべて暗くなってしまうのだ。これがいわゆる回折格子の明暗の分布となる。
>
> 図 i
>
> 　ここまでの，3スリット，4スリット，$\cdots$，n スリット，∞ スリットのストーリーは**自力でスラスラ議論できるようにしておく**と，難関大入試で出たときに圧倒的に有利になる。

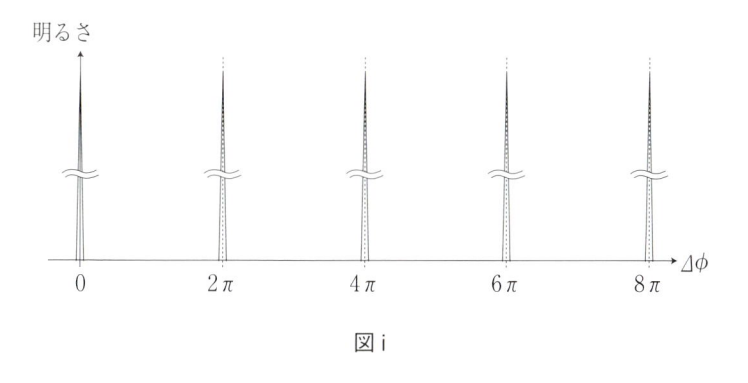

(5) どうして，1つしかスリットがないのに干渉ができるのですか？どうやって手をつけたらいいのか分かりません

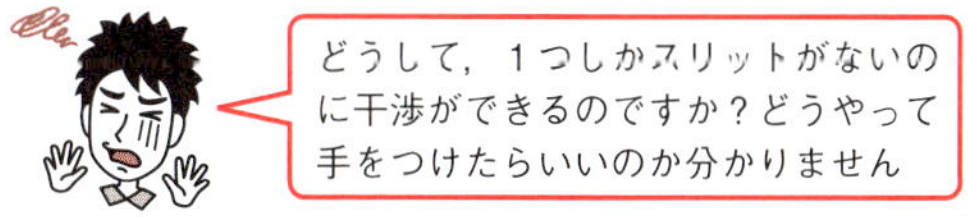

　それは，図 j のように**スリットを各区間ごとに細かく分けてしまって**，S_1, S_2, S_3, $\cdots$, S_{n-1}, S_n（n は十分大きな整数）という **n スリット**の問題**として扱う**んだ。図 j のように両端の区間 S_1 と S_n の経路差はほぼ $d\sin\theta$ となっている。

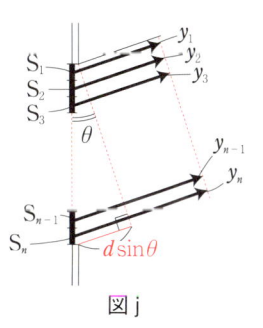

図 j

図kのように，各区間からの波の変位 y_1, y_2, …, y_{n-1}, y_n をベクトル図法で足して，その合成波の振幅 A を求めていく。

ここで，y_1 と y_2 の位相差を $\Delta\phi_1$，y_2 と y_3 の位相差を $\Delta\phi_2$，y_3 と y_4 の位相差を $\Delta\phi_3$，…，としていくと，y_1 と y_n の全位相差 $\Delta\Phi$ は，

$$\Delta\Phi = \Delta\phi_1 + \Delta\phi_2 + \Delta\phi_3 + \cdots\cdots + \Delta\phi_{n-1}$$

となる。この全位相差 $\Delta\Phi$ は，全経路差 $d\sin\theta$ と②式より，

$$\Delta\Phi = \frac{2\pi}{\lambda} d\sin\theta \quad \cdots\cdots ③$$

の関係をみたしている。

実は，**この全位相差のみに注目すれば，全体として波が強め合うか弱め合うかが決まってしまう**。それは，n を十分大きくしているので，図kのように**ベクトル和の図は円周上に乗ってしまう**からである。この円周の全長は不変のまま $\Delta\Phi$ によって円の半径が変わるだけである。

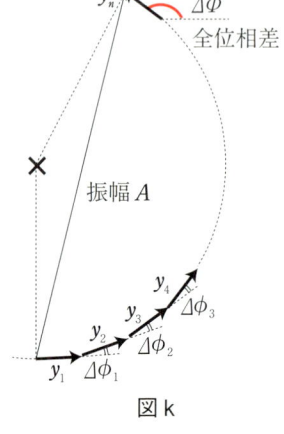

図k

とくに図lのように，

ア　$\Delta\Phi = 0$ のとき，
　A は最大値 A_0 となる。

イ　$\Delta\Phi = \pi$ のとき，
　ベクトル和は半円を描き，A は直径分の A_1 となる。
　$\left(A_1 \times \dfrac{\pi}{2} = A_0\right)$

ウ　$\Delta\Phi = 2\pi$ のとき，
　ベクトル和は1周して閉じるので，$A=0$ となる。

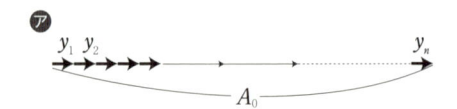

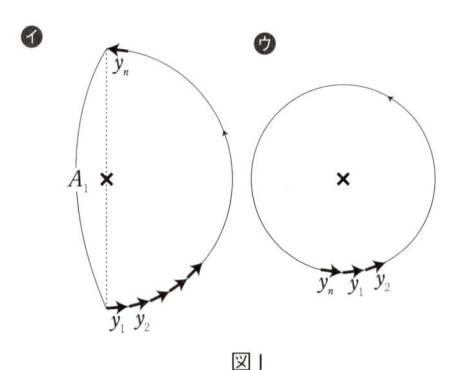

図l

エ $\Delta\Phi = 3\pi$ のとき,
ベクトル和は1周半し,
A は直径分の A_2 となる。
$$\left(A_2 \times \frac{3}{2}\pi = A_0\right)$$

オ $\Delta\Phi = 4\pi$ のとき,
ベクトル和は2周して閉じる
ので,$A = 0$ となる。

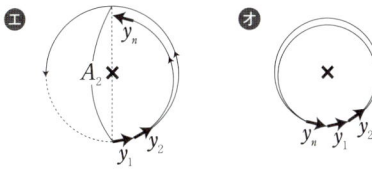

図1（つづき）

ここで,③式で $d\sin\theta = \dfrac{\lambda}{2\pi}\Delta\Phi$ より,

ア $d\sin\theta = 0$,

イ $d\sin\theta = \dfrac{1}{2}\lambda$,

ウ $d\sin\theta = \lambda$,

エ $d\sin\theta = \dfrac{3}{2}\lambda$,

オ $d\sin\theta = 2\lambda$,

となるので,求めるグラフは図mのようになる。

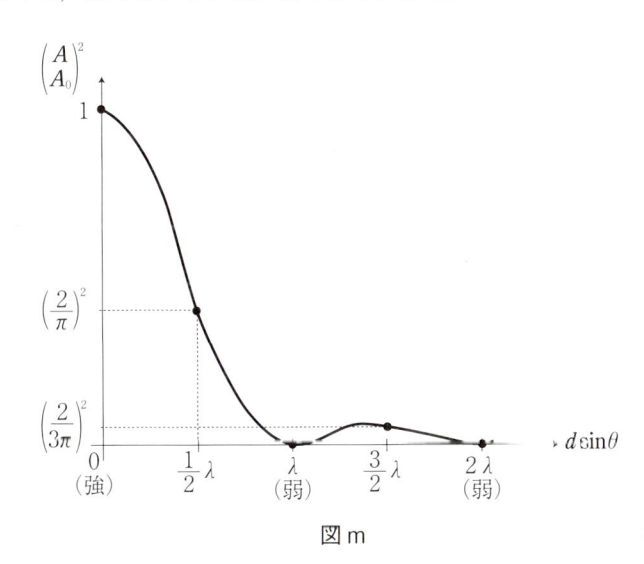

図m ……答

イメージ 通常の2スリットなら，$d\sin\theta = \lambda$ で強め合いです。でも，これは弱め合いになっています

確かに，2スリットとは逆の形になっているね。分かりやすいイメージはこうだ。

図nのように，スリットを上半分と下半分に分けて，それぞれの中点$S_上$，$S_下$をとる。この$S_上$，$S_下$を通る光どうしの干渉とみなすと，間隔dではなくて，**間隔$\frac{1}{2}d$の2スリット**となる。

よって，1次の弱め合いの条件は，

$$\frac{1}{2}d\sin\theta = \frac{1}{2}\lambda$$

$$\therefore \quad d\sin\theta = \lambda$$

となるんだ。

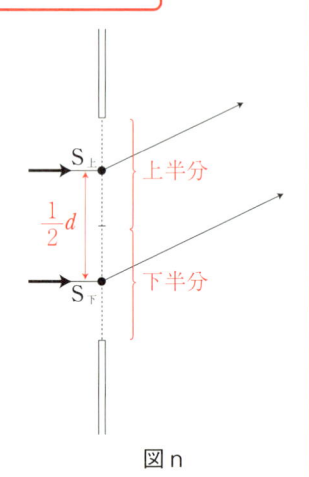

図n

まとめ

1　nスリットの干渉の《ベクトル図法》

〔手順1〕　隣り合うスリットからの光の経路差Δxを図形的に求める。

〔手順2〕　位相差$\Delta\phi = \dfrac{2\pi}{\lambda}\Delta x$（＋初期位相差＋反射による位相差）を求める。

〔手順3〕　n個のスリットから出た波の合成波の振幅Aを，角度$\Delta\phi$ずつ向きを変えたn個のベクトル和で求める。

2　代表例は，図形とともにかけるようにしていこう。

(i) $n=3$

$\Delta\phi = 0$	$\Delta\phi = \dfrac{2}{3}\pi$	$\Delta\phi = \pi$	$\Delta\phi = \dfrac{4}{3}\pi$	$\Delta\phi = 2\pi$
$A = 3a$	$A = 0$	$A = a$	$A = 0$	$A = 3a$

(ii) $n=4$

$\Delta\phi = 0$	$\Delta\phi = \dfrac{\pi}{2}$	$\Delta\phi = \pi$	$\Delta\phi = \dfrac{3}{2}\pi$	$\Delta\phi = 2\pi$
$A = 4a$	$A = 0$	$A = 0$	$A = 0$	$A = 4a$

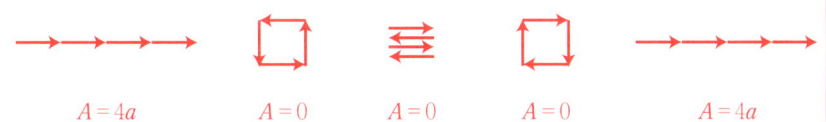

(iii) 1スリット干渉

　スリット幅の区間をn等分し，各点からの変位のベクトル和が円周上に乗ることに注目。とくに，$d\sin\theta = \lambda$で弱め合ってしまうのがポイント。

第17講 斜交平面波の干渉

研究用例題 17 ☑1回目 25分 ☐2回目 20分 ☐3回目 10分

　図1は光源，小さな孔（ピンホール）の開いた板，レンズ，プリズム，スクリーンからなる実験装置の断面であり，ピンホールとレンズの光軸は紙面上にある。図2のようにレンズとプリズムの間に透明な物質からできた膜を挿入することで，この装置を用いて物質の屈折率を測定することができる。光源から出た光は単光色で，空気中の波長を λ とする。レンズは，通過した光が平面波となるように調整されている。この光を，図3に示すような直角三角柱のプリズムを2つ組み合わせた複プリズムに通す。複プリズムの上面は平面波の波面に平行であり，その稜（点Aと点Bを結ぶ線）は紙面に垂直である。複プリズムの頂角は α，屈折率は $n_P (>1)$ であるとする。光の進行方向は複プリズムの左右のプリズムでそれぞれ角度 θ だけ曲げられ，光軸に垂直なスクリーン上に到達して紙面に垂直な細かい干渉じまを作る。角度 θ および α は小さく，$\sin\theta \fallingdotseq \tan\theta \fallingdotseq \theta$，$\sin\alpha \fallingdotseq \tan\alpha \fallingdotseq \alpha$ などとしてよい。なお，レンズなどの物体の端からの回折の効果は無視でき

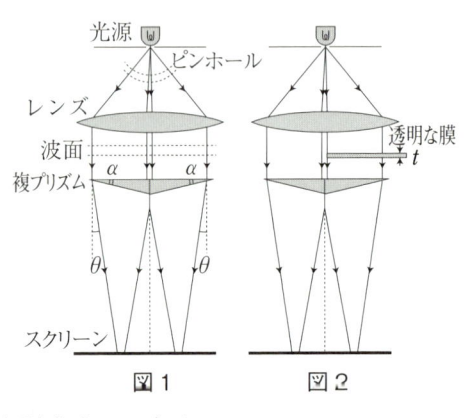

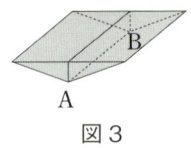

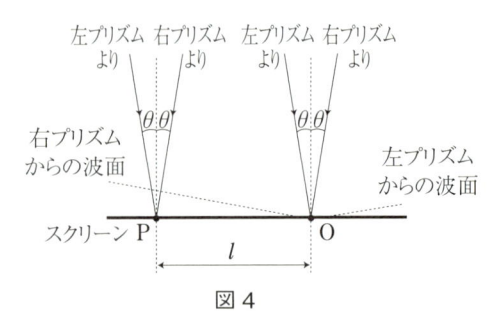

るものとする。
(1) 複プリズム内での光の波長 λ_P を，λ，n_P を用いて表せ。
(2) 複プリズムで光が曲げられる角度 θ を，α，n_P を用いて表せ。
(3) 図4のように，紙面上にあるスクリーン上の2点OとPを考える。点Oでは波が強め合っている。点Oから距離 l だけ離れた点Pにおいても波が強め合うとき，l を，λ，n_P，θ および任意の正の整数 k の中から必要なものを用いて表せ。
(4) 図2のように，屈折率 n の物質でできた一定の厚さ t の透明な膜を，レンズと右側のプリズムの間に平面波の波面に平行に置いた。このとき，干渉じまの間隔は変わらず，その位置が膜を入れる前に比べて δ だけずれた。膜は右側のプリズムを覆うほど十分に大きいとする。n が1より大きい場合，干渉じまのずれは，紙面に向かって左右いずれの向きに起こるかを答えよ。また，干渉じまの間隔を d としたとき，n を δ，t，λ，d を用いて表せ。ただし，$2t(n-1)<\lambda$ であるとする。

〔東北大〕

目的
　斜交平面波の干渉の作図とその考え方をマスターする。
　紙とペンを使って手順にしたがって実際に手を動かして作図できるようにしよう。
　対策の有無でとても大きな差ができる問題だ。

導入
　斜めに交わる平面波どうしの干渉。過去問集などでは「学習の有無で得点差が大きく異なる」等のコメントがかかれてあることの多い問題。
　攻略法は手で図をかくことだ。例として図5のように固定端とみなせる鏡に，波長 λ の光の平面波が入射角 θ で入ってくる場合〔早大〕を考えよう。山の波面を実線，谷の波面を破線とする。

第17講　斜交平面波の干渉

図6のように，反射角 θ で出ていく反射波を重ねて作図。このときに固定端反射なので壁に入った山(実線)の波面はそこで谷(破線)の波面として反射していくことに注意(自由端反射なら山は山，谷は谷のまま)。

図5

図6

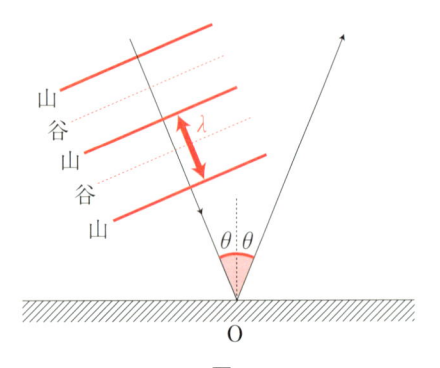

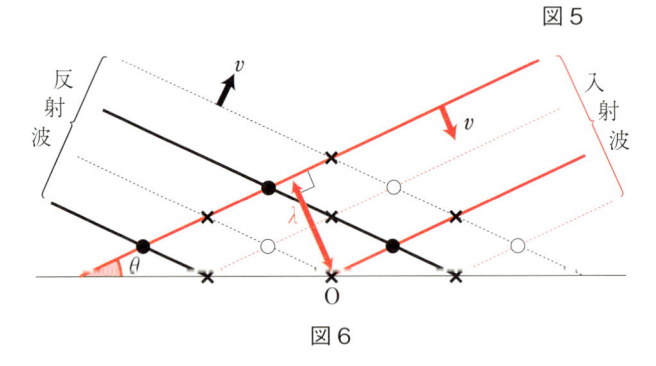

図6で次のように記号を約束する。
　●…山と山の交点(変位最高)
　○…谷と谷の交点(変位最低)
　×…山と谷の交点(変位0)

ここで1つの ● の動きに注目する。

図7のように，時刻 $t=0$ の ● と，$t=1$ 秒後の ● の位置を比べてみる。

図7

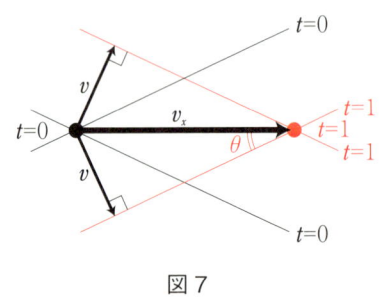

ポイントは，1つの波面は1秒間で**波面と直角となる方向**に距離 v だけ進んでいることだ。この図7より，**交点 ● は右側へ速さ v_x で進んでいることが分かる** ($v_x \sin\theta = v$)。

すべての ● ○ × が同様に右側へ進んでいるので， の記号で図示すると (まるで「まつ毛のついた目」のような記号だね)，図8のようになる。

図8

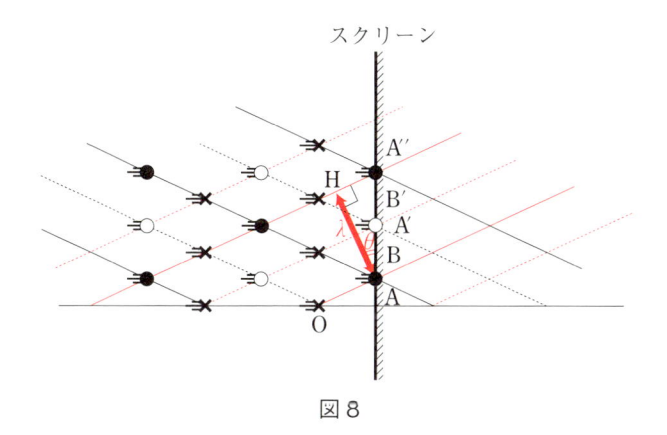

　図8で，右側に垂直にスクリーンを置く。すると，いつも ⇒● または ⇒○ がやってくるA，A′，A″は強め合い明るくなる（ ⇒○ も強め合いであることに注意）。一方，いつも ⇒✕ がやってくるB，B′は弱め合い暗くなる。強め合いの点A，A′の間隔は図8の三角形AHA″に注目して，

$$AA'' \cos\theta = \lambda$$

$$\therefore \quad 2 \times AA' \cos\theta = \lambda \quad (\because \quad AA'' = 2 \times AA' \, より)$$

$$\therefore \quad AA' = \frac{\lambda}{2\cos\theta}$$

となる。
　ここで決定的に大切なことは，図8のように**平面波どうしの間隔に波長λを，しっかり書き込むことだ。そして，このλとθを含む直角三角形AHA″に注目すること**だ。

　　全くの白紙に図8までの作図ができるようにするのですか？

　当然です。次の手順にしたがってかいていけば能率的だよ。

> **Point** 《斜交平面波の作図手順》
>
> 〔手順1〕 斜めに交わる2つの平面波の山(実線),谷(破線)の波面を作図。
>
> 〔手順2〕 角度 θ,波長 λ を必ず書き込む。
>
> 〔手順3〕 山+山に ●,谷+谷に ○,山+谷に × とプロット。
>
> 〔手順4〕 ⇒● ⇒○ ⇒× のように,動きをつける。
>
> 〔手順5〕 スクリーン上の強め合う位置どうしの間隔を,λ,θ を含む直角三角形に注目して求める。

―― 解 説 ――

(1) 屈折率の定義より,

$$\lambda_P = \frac{1}{n_P}\lambda \quad \text{答}$$

(2) 図aのように法線をしっかりかく。この法線とプリズムからの出射光のなす角は $\alpha+\theta$ となる。屈折の法則より,

$$n_P \sin\alpha = 1 \sin(\alpha+\theta)$$

ここで α,θ は微小角なので,微小角の近似(p.98)をして(問題文でも与えられている),

$$n_P \alpha \fallingdotseq 1(\alpha+\theta)$$

$$\therefore \quad \theta = (n_P - 1)\alpha \quad \text{答}$$

図a

(3) 《斜交平面波の作図手順》(p.210)にしたがって,図bのように作図する。
ここでポイントは時間とともに,すべての ● ○ × が**下方へ動く**ので ⬇●⬇○⬇× のように動きを表していることだ。

図b

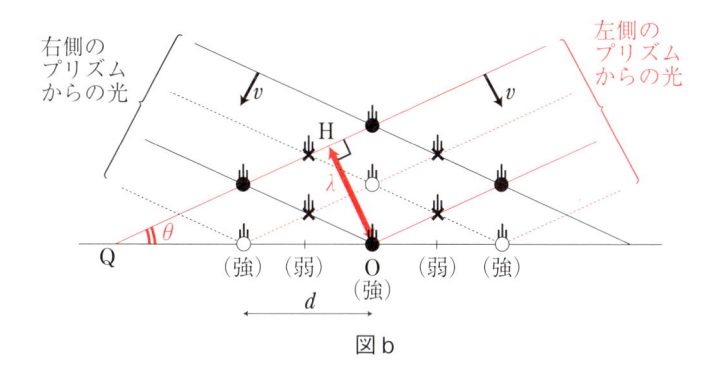

図bよりスクリーン上で強め合う(強)間隔dは直角三角形OQHに注目して，$OQ\sin\theta = OH$より，

$$2d\sin\theta = \lambda \qquad 2d\theta \fallingdotseq \lambda \quad (\theta は微小より)$$

$$\therefore \quad d = \frac{\lambda}{2\theta} \quad \cdots\cdots ①$$

ここで求めるものは，一般の強め合いの位置Pなので，$k=1, 2, 3, \cdots$として，

$$OP = l = k \times d = \underline{\underline{\frac{k\lambda}{2\theta}}} \quad 答$$

(4) 右側のプリズムに入る光の波面は，左側のプリズムに入る光より**膜による光学的距離の増加分$(n-1)t$だけ長い距離を走ってくるので，その分遅れて入ってくる。**

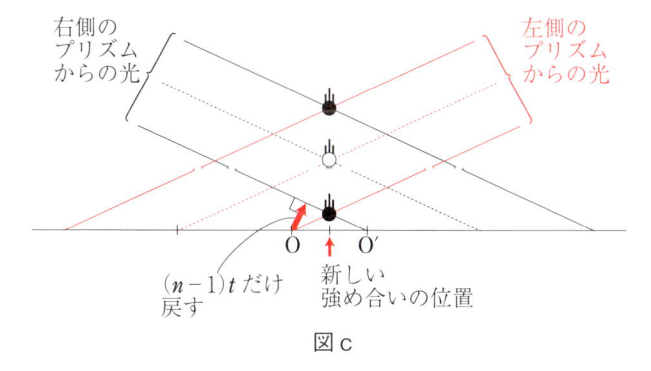

図c

よって，図cのように，その分だけ右側のプリズムの方へ戻した平面波を作図する。

すると，元の点Oにあった強め合いの点は図dのように，右へ(**答**) δ だけずれることになる。

そのずれは，図dの直角三角形 OH'O'に注目して，OO'$\sin\theta$ = OH' より，

$$2\delta \sin\theta = (n-1)t$$

$$2\delta\theta \fallingdotseq (n-1)t$$

$$2\delta \frac{\lambda}{2d} = (n-1)t \quad (\because \ ①)$$

$$\therefore \ n = 1 + \frac{\delta\lambda}{dt} \quad \text{**答**}$$

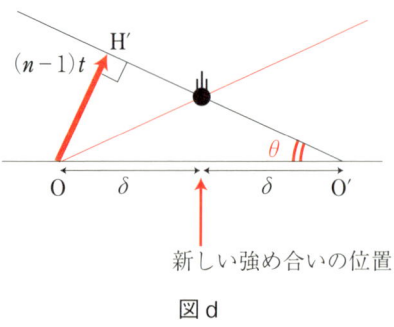

図d

新しい強め合いの位置

研究 プリズムの左半分のみをとり去ると，(強)の間隔 d はどうなるか。〔慶大〕

〔解説〕
図eのように作図できる。各 ● ○ × は，斜めに動いてくることがポイント。

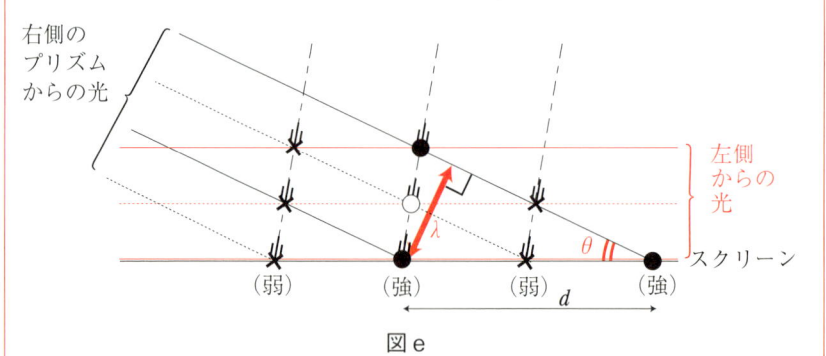

右側のプリズムからの光

左側からの光

スクリーン

(弱) (強) (弱) (強)

図e

図より，$d\sin\theta = \lambda$ $\quad \therefore \ d = \frac{\lambda}{\sin\theta} \fallingdotseq \frac{\lambda}{\theta}$ となる。

これは，本問の①式の2倍となっている。

まとめ

斜交平面波の作図手順

❶ 2つの平面波の山(実線),谷(破線)を作図し,波長 λ と角度 θ をかきこむ。

❷ 山+山に ●,谷+谷に ○,山+谷に × をプロット。

❸ ● ○ × の動く様子を 🌂 のように表す。

❹ スクリーン上の強め合う位置どうしの間隔 d を λ,θ を含む直角三角形に注目して求める。

例

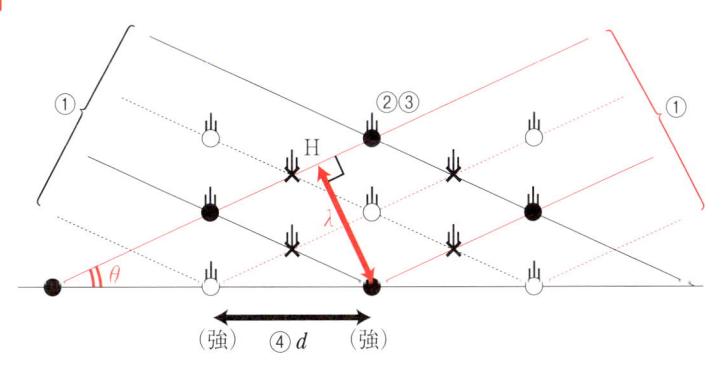

図より,
$$2d\sin\theta = \lambda \quad \therefore \quad d = \frac{\lambda}{2\sin\theta}$$

第18講 ガウスの法則と単振動

研究用例題18 ☑1回目 35分 □2回目 25分 □3回目 15分

次の問い〔Ⅰ〕，〔Ⅱ〕に答えよ。ただしクーロンの法則の比例定数をk_0として，正の単位電荷あたり$4\pi k_0$〔本〕の電気力線が湧き出るとする。

〔Ⅰ〕 図1のような断面をもつ装置がある。断面図に灰色の丸で示された4つの金属導体は，z軸方向に十分長く（z軸は紙面に垂直で紙面の裏から表向き），どのz座標においても図と同じ断面をもつ。太さの無視できる4つの金属導体は，原点Oから距離R離れている。これらの金属導体に，それぞれz軸方向の単位長さあたり$+Q$，$-Q$の電荷（Qは正）を，図のように帯電させた。この装置の中で，正電荷qをもった質量mの粒子の運動を考えよう。

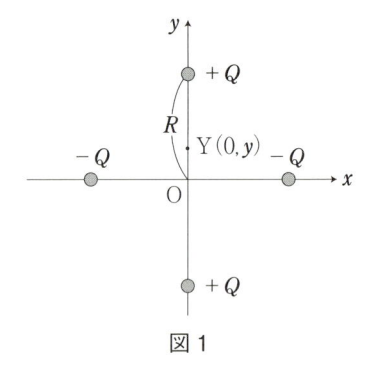

図1

(1) 1本の導体が距離r離れた位置につくる電界の強さE_rを求めよ。

(2) 4本の金属導体が，x，y座標$(0, y)$のy軸上の点Yにつくる電界の向きと大きさE_Yを求めよ。

(3) 粒子が原点近傍のy軸上をy軸に平行に運動する場合に，粒子の加速度のy成分をaとする。粒子のしたがう運動方程式を求めよ。

(4) 粒子の座標$(0, y)$は十分原点O$(0, 0)$に近く，yはRに比べて十分小さいとする。この近似を適用すると粒子の運動が単振動であることがわかる。その周期Tを求めよ。

(5) (4)のとき点Yで静かに放された粒子のとりうる最大の速さ v を求めよ。

〔Ⅱ〕 図2のように内部に正の電荷が一様な密度で分布している原子球と，そのなかで運動する電子からなる模型を考える。この模型で，原子球の中に電子が1個だけあり原子球の中心を通る単振動を行っている場合を考える。原子球は半径 R〔m〕を持ち常に静止しているものとし，原子球が全体としてもつ正電荷は電気素量 e〔C〕に等しいとし，また電子の質量を m，電荷は $-e$〔C〕として，以下の問いに答えよ。

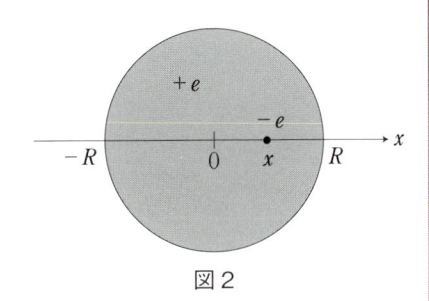

図2

(1) 図2のように原子球の中心を $x=0$ とし，電子の運動する直線上に x 軸をとったとき，ガウスの法則を用いて，座標 $x(<R)$ における電界の x 成分 E_x〔V/m〕を求めよ。

(2) 加速度の x 成分を a としたとき，座標 x における電子の運動方程式をかけ。

(3) 電子の振動周期 T〔s〕を求めよ。

(4) 原子球の外部から一様な大きさの電界 E〔V/m〕を x 軸方向の正の向きにかけると，電子の単振動の中心はどこに移るか。その x 座標を求めよ。ただし，電子は常に原子球内にあるものとする。

〔東京工大〕

目的

点電荷のつくる電界は，クーロンの法則で求めることができる。一方，大きさのある電荷がつくる電界を求めるにはどうしたらよいだろうか。各電荷がつくる電界をクーロンの法則で求め，ベクトル和をとる方法はめんどうだ。そこで，電気力線の本数に関する法則である，ガウスの法則を用いて求める。

難関大で頻出のガウスの法則を，点電荷，棒状電荷，球状電荷に適用する。すると，「電荷の空間分布の次元」と「電界の大きさが距離rの何乗で決まるか」について，重要な規則性が見つかる。

導入 電気力線とは，電界ベクトルをつないだ線で，＋の電荷（または無限遠）から湧き出し，－の電荷（または無限遠）へ吸いこまれる。途中で枝分かれしたり，途切れたりすることはない。そして，その本数や密度は，次の《**ガウスの法則の２大原則**》にしたがう。

Point 《ガウスの法則の２大原則》

右図のように，電気をとり囲むカプセル（閉曲面）Cを考える。閉曲面Cを電気のつくる電気力線がグサグサ貫いている。このとき，

原則1 総本数 N 本

原則2 1m^2 あたり E〔本〕

内部の全電気量 Q

閉曲面 C

原則1 閉曲面Cを貫く電気力線の**総本数N**は，**閉曲面Cの内部の電気量Q**に比例し，

$$N = 4\pi k \times Q = \frac{1}{\varepsilon_0} \times Q \,〔本〕$$

（k：クーロン定数，ε_0：真空の誘電率）

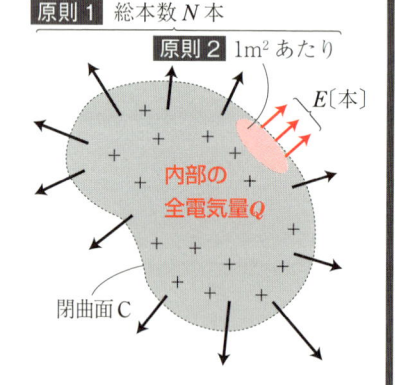

原則2 $\begin{pmatrix}\text{閉曲面Cの表面での}\\ \text{電界の大きさ}E\end{pmatrix} = \begin{pmatrix}1\text{m}^2\text{あたりを面に垂直に貫く}\\ \text{電気力線の本数（密度）}\end{pmatrix}$

ポイントは，**総本数**と**1m^2 あたりの本数**を区別することだ。

例 点電荷の場合

電界を求めたい点を通る球面Cを考えるのが，はじめの一歩。

図で半径rの**球面Cの内部の全電気量はQ〔C〕**。よって，《**ガウスの法則の2大原則**》より，

原則1 球面Cを貫く電気力線の**総本数N**は，

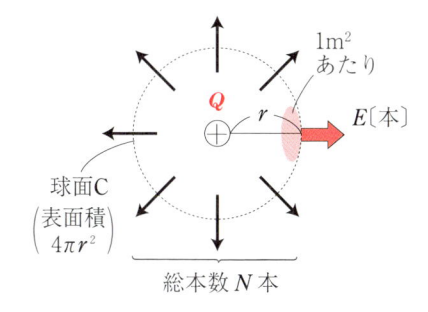

$$N = 4\pi k \times Q \text{〔本〕}$$

原則2 球面Cの表面積$S = 4\pi r^2$〔m²〕であり，全体を貫く総本数がN〔本〕であるので，**1m²あたりを貫く本数**（＝電界の大きさE）は，

$$E = \frac{N\text{〔本〕}}{S\text{〔m}^2\text{〕}}$$

$$= \frac{4\pi k Q}{4\pi r^2} = k\frac{Q}{r^2} \text{〔N/C〕}$$

> **イメージ** Eはr^2に反比例しているので，これは**クーロンの法則**と一致する。

解 説

〔I〕 棒状分布の場合

(1) まずは，1本の棒のまわりの電気力線の形状を見ていこう。

まず，$+z$方向から見ると，対称性より，**図a**のように放射状外向きに電気力線が走っている。次に，$-y$方向から見ると，**図b**のように電気力線は棒と垂直に湧き出している。なぜ垂直に湧き出すのかは，次の理由だ。

図bのように，$+1$Cの試験電荷を棒の横に置く。すると，この$+1$Cは，十分に長い棒の各部分から電気力を受ける。これらの電気力のベクトル和（これが合成電界E）をとると，対称性より，**棒と垂直**になる。

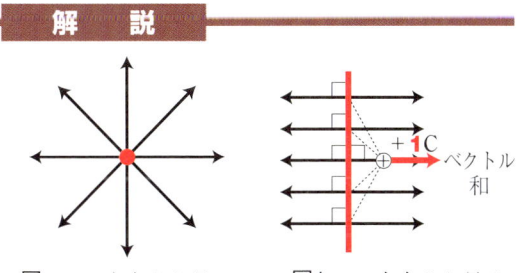

図a $+z$方向から見る 　　図b $-y$方向から見る

以上より，棒のまわりには「パイプ用のブラシ」のように棒から垂直に放射状となる向きに，電気力線が湧き出していることが分かる。

さて，これからいよいよガウスの法則を使っていこう。

図cのように，棒を中心軸とした**半径rの円筒C**で長さ1mの棒の部分をぐるりととり囲もう。**円筒C内部の全電気量はQ〔C〕である。**
ここで，**《ガウスの法則の２大原則》**より，

原則1　図cのように，円筒Cの側面を貫く電気力線の総本数Nは，

$$N = 4\pi k_0 \times Q \text{〔本〕} \quad \cdots\cdots ①$$

原則2　図cのように，**円筒Cの側面$2\pi r \times 1$〔m^2〕を貫く本数がN本**である。よって，1m^2あたりを貫く本数，つまり，電界の大きさE_rは，

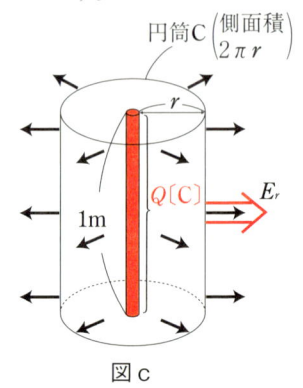

$$E_r = \frac{N\text{〔本〕}}{\text{側面積}2\pi r\text{〔}m^2\text{〕}}$$

$$= \frac{4\pi k_0 Q}{2\pi r} \quad (\because \ ①)$$

$$= \frac{2k_0 Q}{r} \quad \cdots\cdots ② \quad \text{答}$$

← 距離rの１乗に反比例

イメージ　電荷分布の次元と，電界の強さの距離依存性

　点電荷(点は０次元)のつくる電界の強さは，クーロンの法則により距離rの２乗に反比例した。
　本問で棒状電荷(棒は１次元)のつくる電界の強さは，距離rの１乗に反比例した。
　さらに一般に面状電荷(コンデンサーの極板など，面は２次元)のつくる電界は，一様で距離rによらない(つまりrの０乗に反比例)。

あっ！　これは何か規則性がありそうですね

その通り。一般に　$n = 0, 1, 2$として，

電荷分布がn次元の対称的な形状をしているとき，
そのつくる電界の強さは，距離rの$(2-n)$乗に反比例している

という規則性がある。

(2) まず，2本の正の棒電荷がつくる合成電界E_1，2本の負の棒電荷がつくる合成電界E_2をそれぞれ求めてみよう。

(i) E_1について

図dのように，上下の$+Q$が点Yに電界をつくる。これらの電界のベクトル和E_1は，図より，

$$E_1 = \frac{2k_0 Q}{R-y} - \frac{2k_0 Q}{R+y} \quad \begin{pmatrix} ②で r \to R-y \text{と}, \\ r \to R+y \text{としたもの} \end{pmatrix}$$

$$= \frac{4k_0 Qy}{R^2 - y^2} \quad \cdots\cdots ③$$

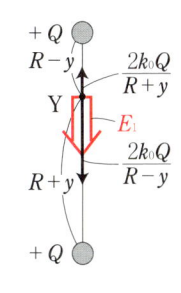

となり，向きは（$y>0$のとき），$-y$向きである。

図d

(ii) E_2について

図eのように，左右の$-Q$が点Yにつくる電界のベクトル和E_2は，

$$E_2 = \frac{2k_0 Q}{\sqrt{R^2 + y^2}} \times \sin\theta \times 2\text{倍}$$

$$= \frac{2k_0 Q}{\sqrt{R^2 + y^2}} \times \frac{y}{\sqrt{R^2 + y^2}} \times 2$$

$$= \frac{4k_0 Qy}{R^2 + y^2} \quad \cdots\cdots ④$$

図e

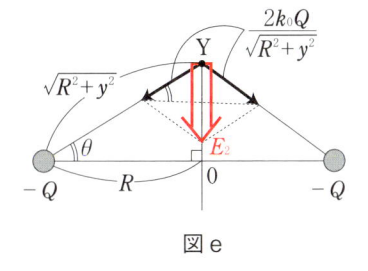

となり，向きは（$y>0$のとき），$-y$向きである。

以上の(i)(ii)より，4本の棒が点Yにつくる全合成電界の大きさE_Yは，

$$E_Y = |E_1 + E_2|$$

$$= \left| \frac{4k_0 Qy}{R^2 - y^2} + \frac{4k_0 Qy}{R^2 + y^2} \right| \quad (\because \text{③④})$$

$$= \frac{8k_0 Q R^2 |y|}{R^4 - y^4} \quad \cdots\cdots ⑤ \quad \text{答}$$

となる。

向きは，$y>0$のとき$-y$向き，逆に$y<0$のとき$+y$向き となる。 答

(3) 図fのように,粒子が受ける電気力は,$-y$向きに,大きさqE_Yとなる。その運動方程式は,

$$ma = -qE_Y$$
$$= -\frac{8k_0qQR^2}{R^4-y^4} \times y \quad \cdots\cdots ⑥ \quad (\because \quad ⑤)$$

(4) ⑥式で$R \gg y$より,y^4はR^4に比べて十分小さく無視できるとすると,

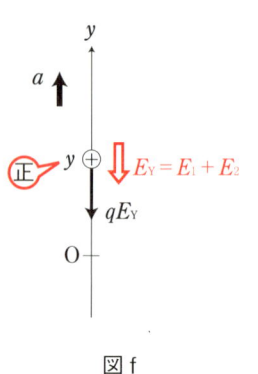

$$ma \fallingdotseq -\frac{8k_0qQR^2}{R^4} \times y$$
$$= -\boxed{\frac{8k_0qQ}{R^2}} \times y$$

これは,見かけ上のばね定数Kが,

$$K = \boxed{\frac{8k_0qQ}{R^2}} \quad \cdots\cdots ⑦$$

の単振動となる。その周期Tは,

$$T = 2\pi\sqrt{\frac{m}{K}} = \pi R\sqrt{\frac{m}{2k_0qQ}} \quad (\because \quad ⑦)$$

(5) 見かけ上のばね定数K,振幅yの水平ばね振り子なので,単振動のエネルギー保存則より,

$$\frac{1}{2}Ky^2 = \frac{1}{2}mv^2$$
$$v = y\sqrt{\frac{K}{m}} = \frac{2y}{R}\sqrt{\frac{2k_0qQ}{m}} \quad (\because \quad ⑦)$$

図f

〔Ⅱ〕 球状分布の場合

(1) まずは図gのように，半径Rの球の内部を「えぐりとる」ように，半径xの球面Cを考える。

図gで，半径xの**球面C内のみに存在できる全電気量Q**は，

$$Q = e \times \frac{\frac{4}{3}\pi x^3}{\frac{4}{3}\pi R^3} = \left(\frac{x}{R}\right)^3 e$$

体積比より

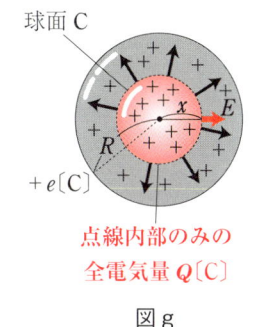

だけである。

《ガウスの法則の２大原則》より，

原則1 球面Cを貫く総本数Nは，

$$N = 4\pi k_0 \times Q = 4\pi k_0 \left(\frac{x}{R}\right)^3 e \quad \cdots\cdots ⑧$$

原則2 図gのように，**球面Cの表面積$4\pi x^2$を貫く総本数がN本**である。

よって，1m^{2}あたりを貫く本数，つまり電界の大きさE_xは，

$$E_x = \frac{N本貫く}{4\pi x^2 [\text{m}^2]で}$$

$$= \frac{4\pi k_0 \left(\frac{x}{R}\right)^3 e}{4\pi x^2}$$

$$= \frac{k_0 e}{R^3} x \quad \cdots\cdots ⑨$$

💡イメージ　　$x=0$で，$E_x = 0$
（中心では，電界ベクトルが打ち消し合うので）
$x \to$ 大ほど，$E_x \to$ 大きくなる
（中心からはなれるほど，電界ベクトルが生き残るので）

(2) 図hより，座標xでの電子の運動方程式は，

$$ma = -eE_x$$
$$= -\frac{k_0 e^2}{R^3} \times x \quad \cdots\cdots ⑩ \quad (\because \quad ⑨)$$

これは，見かけ上のばね定数 $K = \boxed{\dfrac{k_0 e^2}{R^3}}$ ……⑪

の水平ばね振り子と同じ運動方程式となる。

(3) よって，周期 T は，

$$T = 2\pi\sqrt{\frac{m}{K}} = \underline{\frac{2\pi R}{e}\sqrt{\frac{mR}{k_0}}} \quad (\because \quad ⑪)$$

(4) 一様な電界 E を加えると，電子は新たに $-x$ 向きに電気力 eE を受ける。よって，⑩式の運動方程式は，

$$ma = -\frac{k_0 e^2}{R^3} x - eE$$
$$= -\boxed{\frac{k_0 e^2}{R^3}}\left\{x - \left(-\boxed{\frac{R^3 E}{k_0 e}}\right)\right\}$$

したがって，これは見かけ上のばね定数 K（⑪式），振動中心

$$x = \boxed{-\frac{R^3 E}{k_0 e}}$$

の水平ばね振り子と同じ運動をする。

参考

重力トンネル 〔東大, 名大〕

クーロンの法則 $F = k_0 \dfrac{Qq}{r^2}$ と万有引力の法則 $F = G \dfrac{Mm}{r^2}$ は，それぞれの文字を，$k_0 \leftrightarrow G$, $Q \leftrightarrow M$, $q \leftrightarrow m$ とすると，**全く同じ形になる**。そこで図iのように，質量Mの地球の中心を通るトンネルを掘り，そこに質量mの小球を落としてみる。すると，座標xでの運動方程式の形は，⑩式で，$k_0 \to G$, $e^2 \to Mm$ として，

$$ma = -\boxed{\dfrac{GMm}{R^3}}\, x$$

これは見かけ上のばね定数Kが，

$$K = \boxed{\dfrac{GMm}{R^3}}$$

の水平ばね振り子となる。

図i

よって，その周期は，

$$T = 2\pi\sqrt{\dfrac{m}{K}} = 2\pi\sqrt{\dfrac{R^3}{GM}}$$

ここに，地球表面での万有引力 $G\dfrac{Mm}{R^2} = mg$ を代入して，

$$T = 2\pi\sqrt{\dfrac{R}{g}}$$

ここに，数値 $R = 6.4 \times 10^6$ m, $g = 9.8$ m/s^2 を代入すると，$T \fallingdotseq 5.1 \times 10^3$ s となる。つまり，日本から南米あたりの地球の反対側まで行って戻ってくるのに，約85分しかかからないことになる。

> 超特急の宅配便ができますね(笑)

まとめ

1 《ガウスの法則の２大原則》

対称的（点状，球状，平面状に）分布しているとする。
電気量 Q〔C〕を囲む閉曲面Cについて

原則1 閉曲面Cを貫く総本数 N〔本〕

$$N = 4\pi k_0 \times Q = \frac{1}{\varepsilon_0} \times Q \text{〔本〕}$$

（k_0：クーロン定数，ε_0：真空の誘電率）

原則2 閉曲面C表面での電界の強さ E〔N/C〕

$E =$（1m^2あたりを貫く電気力線の本数）

$= \dfrac{\text{総本数} N \text{〔本〕}}{\text{貫く全面積} S \text{〔m}^2\text{〕}}$

2 代表的な電荷分布と，そのつくる電界

電荷分布の次元	例	中心から距離 r での電界の大きさ E	r 依存性
0次元	点状電荷 (Q〔C〕)	$E = \dfrac{4\pi k_0 Q}{4\pi r^2} = k_0 Q \times \dfrac{1}{r^2}$	r^{-2} に比例
1次元	棒状電荷 (1mあたり Q〔C〕)	$E = \dfrac{4\pi k_0 Q}{2\pi r} = 2k_0 Q \times \dfrac{1}{r}$	r^{-1} に比例
2次元	面状電荷 (1m^2あたり Q〔C〕)	$E = \dfrac{4\pi k_0 Q}{2} = 2\pi k_0 Q$	r^0 に比例
3次元	球状電荷の内部 (半径 R に全 Q〔C〕)	$E = \dfrac{4\pi k_0 \left(\dfrac{r}{R}\right)^3 Q}{4\pi r^2} = k_0 \dfrac{Q}{R^3} \times r$	r^1 に比例

以上の例では，$n = 0, 1, 2, 3$ として，

> **n 次元対称分布の電荷から，距離 r だけ離れた位置につくられる電界の大きさは，r^{n-2} 乗に比例している**

という規則性が分かる。

コラム 地球の定員

エレベーターが来て、ドアが開いたら人がいっぱい。乗ったらブザーが鳴ってしまって、恥ずかしい思いをした。こんな経験をした人も少なくないのではなかろうか。

エレベーターに定員があるのは、もちろんエレベーターを安全に運行するためである。

ところで、地球にも定員が存在すると聞いたら驚くだろう。それは、食糧から見るエネルギー保存で計算可能である。

以下、それを計算してみよう。

> ヒトの主食である穀物のエネルギー源は、光合成を通した太陽光のエネルギーとする。
> a：地球表面 $1\,m^2$ に1日あたりに降る太陽エネルギー $= 1.5 \times 10^7$〔J/m^2・日〕
> b：耕地面積は地球の表面積の3％として $= 1.5 \times 10^{13}$〔m^2〕
> c：主要作物の平均光合成効率 $= 0.1$〔％〕
> d：ヒト1人が1日に必要とするエネルギー $= 2200$〔kcal/日・人〕
> $ = 9.2 \times 10^6$〔J/日・人〕
>
> 以上より、地球の定員は、
> $$\frac{a \times b \times c}{d} \fallingdotseq 2.4 \times 10^{10} = \textbf{240億人}$$
>
> となる。

現在の世界人口(約70億人)ならまだまだ平気と思っていると大変!! いまのペースで増大していくと、100年後には定員オーバーになる。この問題を解決するには、a, b, c を増加させるか、d を減少させる(？)しかない。

ちなみに、日本の耕地面積は世界全体の300分の1なので、定員は0.8億人となり、すでに定員オーバー!! つまり、日本は足りない分を輸入に依存するしかない。

エネルギー保存則からこんなことまで計算できるとは驚きである。

第19講 コンデンサーのn回, ∞回スイッチ操作

研究用例題19 ☒1回目 30分 □2回目 20分 □3回目 10分

　図のように，起電力Vの電池E，2枚の平行極板でできたコンデンサーK_1, K_2およびスイッチS_1, S_2で構成される回路がある。K_1, K_2の極板は同じ形状で面積がS，極板間隔はともにdである。コンデンサーK_1の2つの極板の中央には，極板と同じ形状で厚さが$\dfrac{d}{3}$の導体Dが横にはみ出さないように極板と平行に挿入されている。間隙は空気で満たされており，その誘電率をε_0とする。ただし，電界はコンデンサーの外には漏れていないものとする。

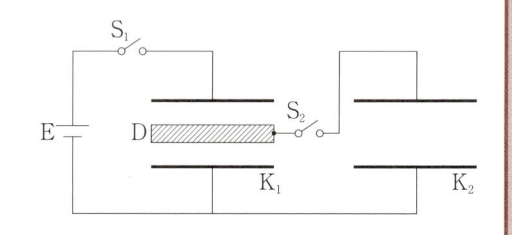

(1) コンデンサーK_2の電気容量Cをε_0, d, Sで表しなさい。

　はじめに，コンデンサーK_1, K_2の両極板，導体Dをすべて帯電していない状態にしたのち，以下の操作を行う。

<u>操作A</u>：スイッチS_2を開いたのち，十分に長い時間スイッチS_1を閉じておく。

<u>操作B</u>：スイッチS_1を開いたのち，十分に長い時間スイッチS_2を閉じておく。

(2) 操作Aののち，コンデンサーK_1の上部極板および導体Dの下面に現れる電荷の電気量を求め，それぞれC, Vを用いて表しなさい。

(3) 続いて操作Bを行う。このとき，コンデンサーK_2の極板間の電位差を求め，Vを用いて表しなさい。

(4) (3)において導体Dは帯電する。その電気量を求め，C, Vを用いて表しなさい。

(5) このように,「操作Aに続けて操作B」という一連の操作をくり返し行う。
　(a) 一連の操作をn回行ったのちのコンデンサーK_2の極板間の電位差をV_nとする。このときの導体Dが帯びている電気量を求め,C,V_nを用いて表しなさい。
　(b) さらに$(n+1)$回目の操作に入り,操作Aを行った。このとき,導体Dの下面に現れた電荷の電気量を求め,C,V,V_nを用いて表しなさい。
　(c) V_nとV_{n+1}の間の関係式を求めなさい。
(6) 十分な回数$(n=\infty)$操作をくり返していくと,K_2の電位差はある値に収束する。その値V_∞を求め,Vを用いて表しなさい。

〔慶大〕

目的 コンデンサー回路でくり返しスイッチ操作を行うタイプの完全攻略。n回,さらに無限回の操作後の電圧を自由自在に求められることが目標。

導入 コンデンサー回路は,次の手順でいつも解ける。

Point 《コンデンサー回路の解法3ステップ》

STEP1 コンデンサーの容量 $C=\dfrac{\varepsilon S}{d}$ を求め,電位差Vを仮定する。

STEP2 閉回路1周にわたる電圧降下の和=0の式を立てる。

STEP3 孤立した金属部分の全電気量保存の式をつくる。

大切なのは，**STEP1** の電位差の仮定だ。電荷が流れる様子を川の流れのようにリアルにイメージしよう。そのイメージが，**STEP3** の孤立した部分を見つけるのに役立つ。

―― 解　説 ――

(1)　K_2 の形状を見て，$C = \dfrac{\varepsilon_0 S}{d}$　……①　答

(2)　1回目の操作A　《コンデンサー回路の解法3ステップ》で解く。

STEP1　図aのように，K_1 の3枚板コンデンサーは，Dの上面と下面を独立させて，**上下2つのコンデンサーに分割**する。

それぞれのコンデンサーの容量 C_1 は，

$$C_1 = \dfrac{\varepsilon_0 S}{\dfrac{d}{3}} = 3C \quad (\because \ ①)$$

電池Eが，図aのように電気をくみ上げたとイメージして，電位差を V_1，V_2 と仮定する。

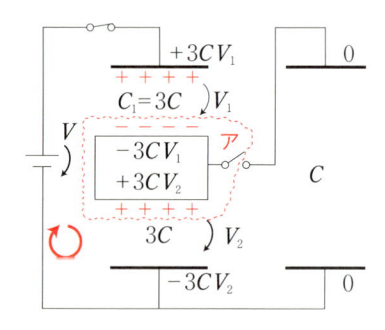

電位の高い側の極板には $+3CV_1$，低い側の極板には $-3CV_2$ の電気量が蓄えられたと考えられる。

図a

STEP2　↺の閉回路に注目して，電圧降下の和 = 0 の式は，

↺ : $+V_1 + V_2 - V = 0$　……②

STEP3　ア で囲まれた「島」の全電気量保存より，

ア : $\underbrace{-3CV_1 + 3CV_2}_{\text{いまの全電気量}} = \underbrace{0 + 0}_{\text{はじめの全電気量}}$　……③

②③式を連立して，

$$V_1 = V_2 = \dfrac{1}{2}V \quad \text{……④}$$

よって，

$$K_1 の上部：3CV_1 = \underset{\text{答}}{\underline{\frac{3}{2}CV}} \quad (\because ④)$$

$$D の下面：3CV_2 = \underset{\text{答}}{\underline{\frac{3}{2}CV}} \quad (\because ④)$$

(3) <u>1回目の操作B</u>

STEP1 図bのようにS_1を開いてS_2を閉じると，K_1の上面には図aと同じ電気量$3CV_1$がとり残される。

よって，Dの上面の$-3CV_1$も動けず残る。

Dの下面の電荷の一部がK_2の上面に流れたとイメージする。図bで，K_1の下のコンデンサーとK_2のコンデンサーは並列なので，共通の電位差V_3を仮定できる。

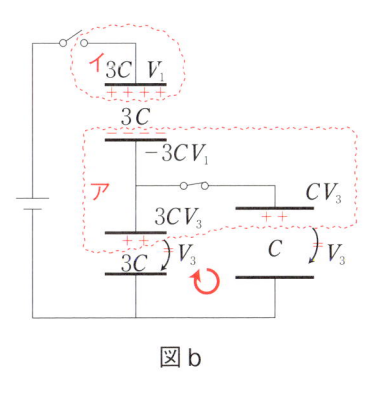

STEP2 ↻ : $+V_3-V_3=0$ （すでに成立）

STEP3 図の ア で囲まれた「局」の全電気量保存より，

$$\boxed{ア}：\underset{\text{図b}}{\underline{-3CV_1+3CV_3+CV_3}} = \underset{\text{図a}}{\underline{-3CV_1+3CV_2+0}} \quad \cdots\cdots ★$$

$$\therefore \quad V_3 = \frac{3}{4}V_2 = \underset{\text{答}}{\underline{\frac{3}{8}V}} \quad \cdots\cdots ⑤ \quad (\because ④)$$

別解

★の式は，

$$\underbrace{\boxed{ア}:-3CV_1+3CV_3+CV_3}_{\text{図b}} = \underbrace{0}_{\text{はじめの全電気量}}$$

$$\therefore\ V_3 = \frac{3}{4}V_1 = \frac{3}{8}V$$

としてもよい。なぜなら，$\boxed{ア}$の部分について，この**全体としては，いまだかつて外部から電荷が侵入したことがない**からだ。これからもずっと$\boxed{ア}$全体の全電気量は0であり続ける。

(4) 図bより，Dの全電気量は，

$$-3CV_1 + 3CV_3 = -\frac{3}{2}CV + \frac{9}{8}CV\quad (\because\ ④⑤)$$

$$= -\frac{3}{8}CV \quad\text{答}$$

(5) (a) n回スイッチ操作の命は，V_nの約束（何をV_nと定めるか）だ。本問では何をV_nと約束しているかい？

> えーと… n回目の操作Bを行ったのちのK_2の電位差をV_nとする約束です

しっかり**約束を忘れないように**ね。

図cは，n回目の操作Bだ。

STEP1 図のように，V_4を仮定。共通のV_nを作図する。

STEP2 すでに成立。

STEP3 $\boxed{}$に注目して電気量保存の式を立てよう。

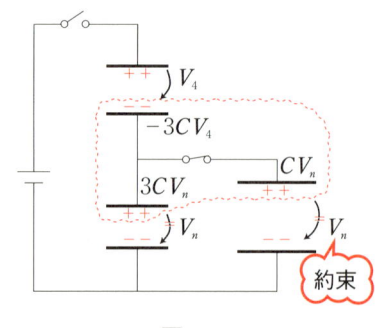

図c

> n 回目の操作 A が分かっていないじゃないですか。どうやって保存の式をかくのですか？

いい質問だね。たしかに 1 つ前の n 回目の操作 A の状態が分かっていない。しかし，□全体の全電気量としては……

> 全体としては，あ！そうか全電気量は 0 です。(3) の 別解 でやりました

そこに気づくことが命！
そこで，

$$\square : \underbrace{-3CV_4 + 3CV_n + CV_n}_{\text{図c}} = \underbrace{0}_{\text{はじめの全電気量}}$$

$$\therefore\ V_4 = \frac{4}{3}V_n\ \cdots\cdots ⑥$$

よって，D の全電気量は，

$$-3CV_4 + 3CV_n = -CV_n\ (\because\ ⑥)\ \underline{\underline{答}}$$

(b) $n+1$ 回目の操作 A

STEP1 図 d のように，K_2 の上面に $+CV_n$ の電荷がとり残される。V_5, V_6 を図 d のように仮定する。

STEP2 ↻ : $+V_5 + V_6 - V = 0$

STEP3 ア : $\underbrace{-3CV_5 + 3CV_6}_{\text{図d}}$

$\qquad\qquad = \underbrace{-3CV_4 + 3CV_n}_{\text{図c}}$

$\qquad\qquad = -CV_n\ (\because\ ⑥)$

図 d

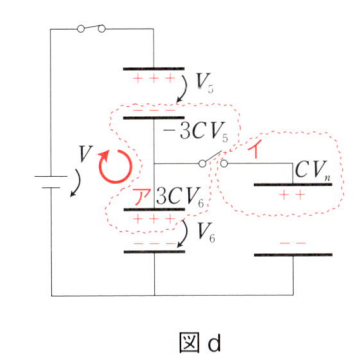

以上の連立方程式より，

$$V_5 = \frac{3V + V_n}{6}\ \cdots\cdots ⑦ \qquad V_6 = \frac{3V - V_n}{6}\ \cdots\cdots ⑧$$

よって，Dの下面の電気量は，

$$3CV_6 = \frac{C(3V-V_n)}{2} \quad (\because \text{⑧})$$

(c) n 回操作の問題で大切なのは，**V_n の約束**だけど，V_{n+1} って何？

> ハイ！ $n+1$ 回目の操作 B ののちの K_2 の電位差です

OK！ 本問では V_{n+1} を求めたいので，$n+1$ 回目の操作 B に入る必要があるんだ。

STEP1　図 e のように，K_1 の上面には $+3CV_5$ の電荷がとり残されている。

K_2 と K_1 の下のコンデンサーには，共通の V_{n+1} を約束どおり書く。

STEP2　すでにみたされている。

STEP3　 ア の全電気量保存で，

$$\underbrace{-3CV_5 + 3CV_{n+1} + CV_{n+1}}_{\text{図 e}} = \underbrace{0}_{\text{はじめ}}$$

図 e

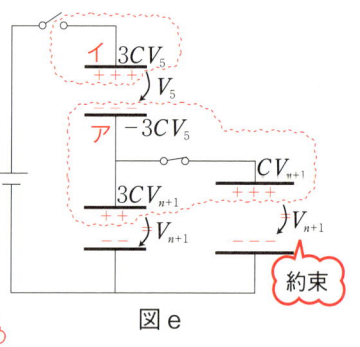

$$\therefore\ V_{n+1} = \frac{3}{4}V_5$$

$$= \frac{V_n + 3V}{8} \quad \cdots\cdots ⑨ \quad (\because \text{⑦})$$

> **イメージ**　$n=0$ のとき $V_0=0$ として，$V_1 = \frac{3}{8}V$ で，⑤式と一致している。

研究 前頁のV_nとV_{n+1}の関係を，二項間漸化式として解いてみよう。
⑨式で，$V_{n+1} = V_n = \alpha$とおいて，

$$\alpha = \frac{1}{8}\alpha + \frac{3}{8}V \quad \therefore \quad \alpha = \frac{3}{7}V$$

よって，⑨式より，

$$V_{n+1} - \frac{3}{7}V = \frac{1}{8}\left(V_n - \frac{3}{7}V\right)$$

$$V_n - \frac{3}{7}V = \left(\frac{1}{8}\right)^1 \left(V_{n-1} - \frac{3}{7}V\right)$$

$$= \left(\frac{1}{8}\right)^2 \left(V_{n-2} - \frac{3}{7}V\right)$$

$$\vdots$$

$$= \left(\frac{1}{8}\right)^n \left(V_0 - \frac{3}{7}V\right)$$

$$= \left(\frac{1}{8}\right)^n \left(-\frac{3}{7}V\right) \quad (\because \ V_0 = 0)$$

$$\therefore \quad V_n = \frac{3}{7}V\left\{1 - \left(\frac{1}{8}\right)^n\right\} \quad \cdots\cdots ⑩$$

(6) ヒェー ∞回スイッチ操作なんてどうやって解くんですか？

実は，n回操作よりも∞回スイッチ操作の方がカンタンなんだ。ポイントは，

∞回操作後 ➡ もうそれ以上スイッチを切り換えても，何の変化も生じない

よって，∞回目操作Aと操作Bの状態を並べてかくと，図fになる。

ポイントは，すべてのコンデンサーの電位差が，AとBで全く変わっていないことだ。

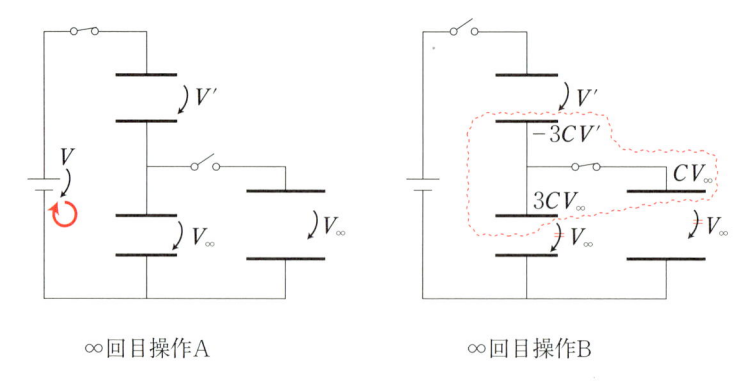

∞回目操作A　　　　　　∞回目操作B

図f

まず Aの ○ : $V' + V_\infty - V = 0$

次に Bの □ : $\underbrace{-3CV' + 3CV_\infty + CV_\infty}_{B} = \underbrace{0}_{はじめ}$

以上の2式を解くと，

$$V' = \frac{4}{7}V, \quad V_\infty = \frac{3}{7}V \quad \text{答}$$

もうこれ以上スイッチを切り換えても，何の変化も起こらないね。

別解

(5)(c)で得られた漸化式を用いても，同じ**答**が出てくる。
⑨式の漸化式で，$V_{n+1} = V_n = V_\infty$（n回目も$n+1$回目も差なし）として，

$$V_\infty = \frac{V_\infty + 3V}{8} \qquad \therefore \quad V_\infty = \frac{3}{7}V \quad \text{答}$$

また，さらに別のやり方としては，漸化式を解いて得られた一般項

$$V_n = \frac{3}{7}V\left\{1 - \left(\frac{1}{8}\right)^n\right\}$$

(⑩式)を用いて，$n \to \infty$ とすると，

$$\lim_{n\to\infty} V_n = \frac{3}{7}V\left\{1-\left(\frac{1}{8}\right)^\infty\right\} = \underline{\frac{3}{7}V}\ 答$$

としてもよい。

> なぁんだ，**別解**の方が楽に**答**が出るじゃないですか！

一見そう思えるね。でも **別解** は一度(5)の漸化式を求める問題をやり終えないと使えないね。だから，直接に V_∞ を求めてしまえる，はじめのやり方が確実だし速いんだ。

研究 もう一つ別の例で，∞回操作の解法を確認してみよう。

右の図gで，S_1とS_2を同時にA，同時にB，同時にA，同時にB，…，と入れることをくり返すと最終的にC_2の電圧はいくらに近づくか。

〔東京工大〕

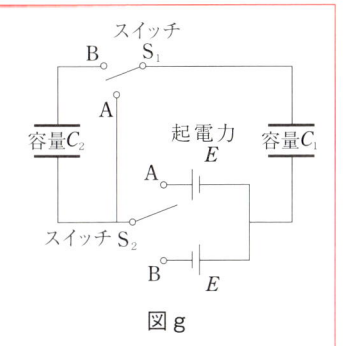

図g

〔解説〕

図hで，∞回目のAに入れたときと，Bに入れたときの**電圧に差がないとして**，C_1の電圧をV_1，C_2の電圧をV_2とおく。

Aに入れたときの電位の式より，↻：$+V_1 - E = 0$

Bに入れたときの電位の式より，↻：$+V_1 + E - V_2 = 0$

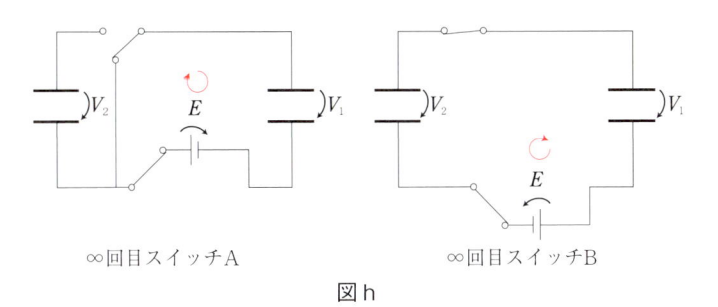

以上2式より，$V_2 = \underline{2E}$ 答

∞回目スイッチA　　∞回目スイッチB

図h

まとめ

1 《コンデンサーの回路の解法3ステップ》

STEP1 容量Cを求め，電位差Vを仮定する

STEP2 閉回路1周の電圧降下の和＝0の式をつくる

STEP3 孤立部分の全電気量保存の式をつくる

（とくに，外部から電気が全く侵入したことのない部分の全電気量は，常に0となるので注目したい。）

2 V_nとV_{n+1}の関係（漸化式）の求め方

❶ n回目の操作B後の電位差をV_nと約束する。

❷ n回目の操作Bから，$n+1$回目の操作Aと操作Bに入り《コンデンサーの回路の解法3ステップ》を行う。

その中に現れてくるV_nとV_{n+1}との間の関係を求める。

3 V_∞の求め方の能率的な方法

∞回目の操作Aと∞回目の操作Bとで各コンデンサーに全く同じ電位差を仮定する。

そして《コンデンサー回路の解法3ステップ》を行う。

これで，もはや何回操作があっても解くことができます

コラム アマチュアのレベル

　サッカー大国ブラジルでは，町中の広場がサッカー場になっている。草サッカーチームにも，Jリーグで通用する選手がいるといわれている。アマチュアのすそ野の広さが，そのまま頂点のブラジル代表の強さに結びついているのだ。

　ところで，日本でアマチュアのレベルが世界的に見て飛び抜けているのは，やはり鉄道であろう。ミニチュア模型のファンから，乗り鉄，撮り鉄と，老若男女問わず熱狂的なマニアの層は厚い。廃線になる列車のラストランのときには，まるでスーパーアイドルの引退コンサートのような光景が見られる。この情熱がプロのレベルを押し上げている。例えば，すべての列車が秒単位で決められた発車時刻を実際にキープしながら運行されているし，300km/hを超える新幹線を過密ダイヤで世界一安全に走らせている。こんな国は他に例がないであろう。

　さて，アメリカ合衆国は宇宙開発大国であるが，やはりそこには熱狂的なロケットマニア「ロケッティア」（日本でいう「鉄ちゃん」といったところだろう）の存在が大きい。彼らが趣味で飛ばすロケットは，アマチュアだからといってなめてはいけない。なんと高さ6m!! 質量300kg!! もの自作ロケットを，高度100km以上!! の宇宙まで飛ばし，そこから大気圏突入!! まで果たしてしまうというから驚きだ。全米で開催されるロケット大会は，自作ロケットを車に積んで喜々として集まるロケッティアの熱気でムンムンになるという。そこでは，パロディー部門として，ボーリングの玉や公衆トイレにロケットエンジンをつけて飛ばす!?という，もはやわれわれには理解不能な部門もある。さすが，ロケット大国はマニアックである。

　ひるがえって，私の仕事での夢は，日本の物理のアマチュアレベルを上げ，ファン層を増やすこと。つまり，受験物理において日本中の学生に「物理はこんなにわかりやすく，そして何より面白いんだ」と勇気と自信を与え，「よし，大学でも物理を使う何かの分野に進もう」という大志を抱いてもらうことである。このことが，やがて日本の物理の頂点，つまり大学の研究室の層とレベルを押し上げていくことにつながると信じているからである。

第20講 コンデンサーの極板間引力と気体

研究用例題20 ☑1回目 40分 ☐2回目 30分 ☐3回目 20分

　図1に示すように単原子分子の理想気体n〔mol〕が面積S〔m^2〕のピストンを備えた円筒容器に密封されている。ピストンAと円筒容器の底部Bは導体で，その筒部は絶縁体でできていて，AとBはそれぞれ平行平板コンデンサーの両極板になっている。ピストンAはBと平行を保ったまま滑らかに移動できるが，その範囲は筒部内壁に付けられたとめ具M，M′によって，Bから測ってl_0〔m〕と$\dfrac{l_0}{2}$の間に限られている。l_0は極板の半径に比べて十分小さい。コンデンサーが帯電すると両極板は静電気力でたがいに引き合うが，その力の大きさは，このコンデンサーでは，

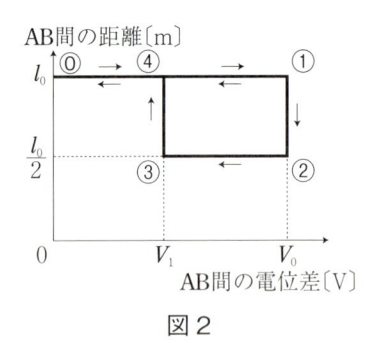

$$\frac{1}{2} \times （極板上の電気量） \times （極板間の電界の強さ）$$

で与えられる。またA，Bは熱をよく伝える。

　はじめ，AB間の電位差は0で，ピストンAはBからl_0の位置にあり，容器内の気体の温度は外界と同じT_0〔K〕である。この状態は図2の状態⓪に対応している。

　ピストンAには極板Bからの静電気力と容器内の気体の圧力のみがはたらくとし，以下の問いに答えよ。

　なお気体定数をR〔J・mol^{-1}・K^{-1}〕とし，容器内の気体の誘電率は

常に真空の誘電率ε_0〔F・m^{-1}〕に等しいとみなしてよい。
(1) 外界の温度をT_0に保ったまま，AB間の電位差を大きくしていく。その電位差がV_0〔V〕になったとき，Aにはたらく静電気力が気体による圧力とつり合った。この状態が図2の状態①に対応する。V_0を求めよ。
(2) 状態①で，コンデンサーに蓄えられた静電エネルギーU_eは，気体の内部エネルギーU_gの何倍になっているか。
(3) 状態①で，外界の温度をT_0に保ったまま，AB間の電位差をV_0より少しでも大きくするとAは$\dfrac{l_0}{2}$の位置に移動し，図2の状態②になってしまう。その理由を説明せよ。
(4) 外界の温度をT_0に保ったまま，状態②から出発してAB間の電位差をゆっくり小さくしていくと，はじめの道すじと異なる道すじ②→③→④を経て状態⓪にもどった。図2のV_1とV_0の比$\dfrac{V_1}{V_0}$を求めよ。
(5) 状態②で電源を切り離したのち，外界の温度をT_0から$4T_0$までゆっくり上げていった。AB間の距離l〔m〕は外界の温度T〔K〕とともにどのように変化するか，グラフをかき説明せよ。
(6) (5)の間に容器内の気体に投入された熱量の総和Q_{in}をn，R，T_0で表せ。

〔東大〕

目的

難関大でコンデンサーとくれば，「極板間引力」を出してくるのが定番。この「極板間引力」を用いて，ばねを伸ばしたり，気体を圧縮させたりする融合問題を経験しておく必要がある。
その前に，極板間引力の公式$F = \dfrac{1}{2}QE$を導けるようにしておきたい。

導入

1 コンデンサーで問われるものは，基本的に次の4つだ。

❶ 容量

$$C = \varepsilon \times \frac{S}{d}$$

❷ 電気量

$$Q = CV$$

❸ （合成）電界

$$E = \frac{V}{d}$$

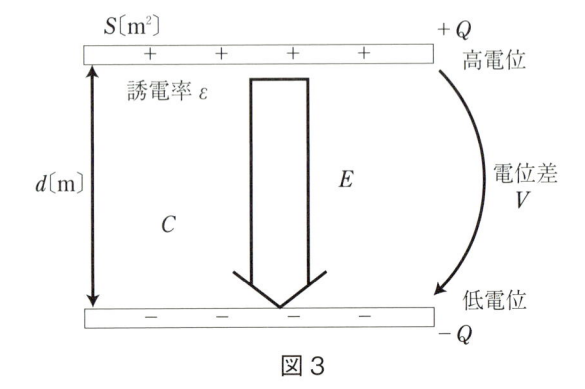

❹ 静電エネルギー

$$U = \frac{1}{2}CV^2$$

図3：$S[\mathrm{m}^2]$，誘電率 ε，$d[\mathrm{m}]$，C，E，$+Q$ 高電位，電位差 V，低電位 $-Q$

これらの式のうち，仲間はずれが1つあるけど，それは何？

> えーと，❶の容量です。容量だけは形のみで決まってしまいます

そうだね。容量Cは，極板間隔dに反比例することが大切だ。間隔が広がってしまうと，電気を蓄える能力が弱くなってしまうからね。
では，**残り3つの❷❸❹に共通して入っている文字は何**？

> あ！ 電位差Vです。Vさえ分かれば❷❸❹は求まります

その通り。だから，**Vさえ分かればコンデンサーは楽勝**だ。

Point ❶ コンデンサーの4大公式❶❷❸❹を求める手順

まず 形状から ❶コンデンサーの容量 C を求める。

あとは $\boxed{V}$ さえ分かれば，❷電気量 $Q = C\boxed{V}$　❸(合成)電界 $E = \dfrac{\boxed{V}}{d}$

❹静電エネルギー $U = \dfrac{1}{2}C\boxed{V}^2$ も求まる。

2 次に，コンデンサーの極板間引力 F を求めよう。

ポイントは，❶で見たコンデンサーの電界公式の $E = \dfrac{V}{d}$ の電界 E は，上の $+Q$ と下の $-Q$ の両方の電荷が，ともにつくり上げた合成電界であるということ。

つまり，図4のように，上の $+Q$ のみがつくる電界の分が $\dfrac{1}{2}E$ で，下の **$-Q$のみ**がつくる **電界の分が $\dfrac{1}{2}E$ だけ** となる。

それらのベクトル和をとると，極板の外側では合成電界は0。

内側では共に下向きどうしで強め合うので，合成電界の大きさは，

$$\frac{1}{2}E + \frac{1}{2}E = E$$

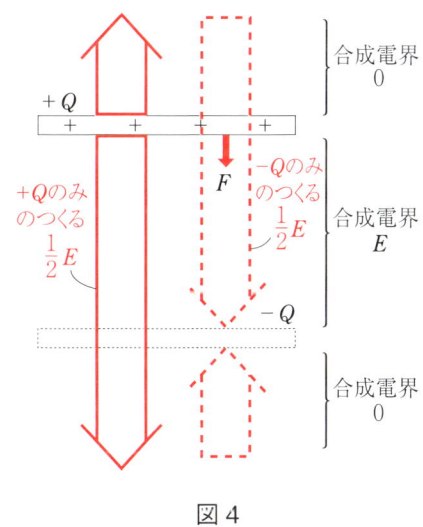

図4

となっていることが分かる。

図4より，$+Q$ の電荷が相手の $-Q$ のみの電荷から受ける引力 F は，

$$F = Q \times \underbrace{\left(\frac{1}{2}\right)E}_{\text{相手の}-Q\text{のみがつくる電界}} = \left(\frac{1}{2}\right)QE$$

第20講 コンデンサーの極板間引力と気体

この式の中の $\frac{1}{2}$ の意味は，「$+Q$ は自分自身のつくる電界からは力を受けず，相手の $-Q$ がつくる電界 $\frac{1}{2}E$ から**のみ**力を受ける」ということ。

ちなみに，Q と E は，$Q=CV$，$E=\dfrac{V}{d}$ で求まることは **1** ですでに見た。

3 ここで再確認だけど，気体を見たら……，

> ハイ！ P, V, n, T を仮定して図示します。あとは，$PV=nRT$ の式とピストンの力のつり合いの式で，未知数を求めます。p.145で見ました

OK!

そして，次にやるべきことは力のつり合いの式だ。本問ではコンデンサーの極板がピストンになっているから，極板間引力と気体の圧力とで，力のつり合いの式を立てるんだね。

Point 2 《ピストン型コンデンサーの解法3ステップ》

STEP 1 コンデンサーの形状から，容量 $C=\dfrac{\varepsilon S}{d}$ を求める。

STEP 2 気体の状態方程式，$PV=nRT$ を立てる。

STEP 3 コンデンサーの電位差 V を求め，
極板間引力 $F=\dfrac{1}{2}QE=\dfrac{1}{2}CV\times\dfrac{V}{d}$ を含むピストンの力のつり合いの式を立てる。

解説

(1) 図aのように状態①を図示する。
《ピストン型コンデンサーの解法3ステップ》(p.242) より,

STEP1

容量 $C_0 = \dfrac{\varepsilon_0 S}{l_0}$ ……①

STEP2 圧力を P_0 として,
状態方程式は,

$P_0 l_0 S = nRT_0$ ……②

STEP3 電位差を V_0 と仮定。
コンデンサーの極板間引力 F_0 は,

$$F_0 = \dfrac{1}{2} \times \underbrace{C_0 V_0}_{\text{電気量}} \times \underbrace{\dfrac{V_0}{l_0}}_{\text{電界}}$$

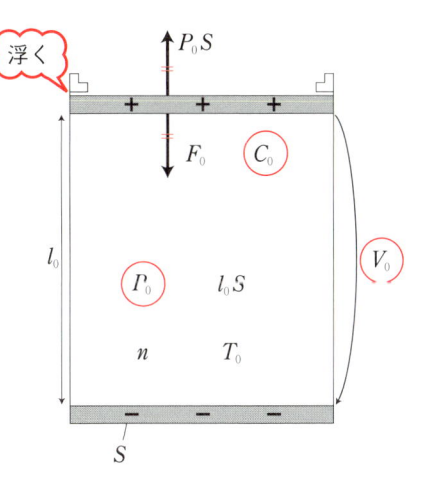

図a：○は未知数

よって，ピストンの力のつり合いの式は，

$$P_0 S = F_0 = \dfrac{1}{2} C_0 V_0 \times \dfrac{V_0}{l_0} \quad \cdots\cdots ③$$

②式に①③式を代入して，P_0, C_0 を消去すると，

$$\dfrac{1}{2} \dfrac{\varepsilon_0 S}{l_0} V_0 \times \dfrac{V_0}{l_0} l_0 = nRT_0$$

$$\therefore \quad V_0 = \sqrt{\dfrac{2nl_0 RT_0}{\varepsilon_0 S}} \quad \cdots\cdots ④ \text{【答】}$$

(2) 静電エネルギー

$$U_e = \frac{1}{2}C_0 V_0^2 = \frac{1}{2}\frac{\varepsilon_0 S}{l_0}V_0^2 = nRT_0 \quad (\because \;\; ①④)$$

これは，単原子分子気体の内部エネルギー $U_g = \frac{3}{2}RnT_0$ の

$\underline{\frac{2}{3}倍}$ 答 となっている。

(3) 「理由を説明せよ」とあるが，要は状態①〜②の間では**常に極板間引力の方が，気体の圧力で反発する力よりも強くなることを示せばよい**だけ。

図bのように状態①〜②の間で極板間隔が一般に x の瞬間に注目する。p.242の《解法3ステップ》で，

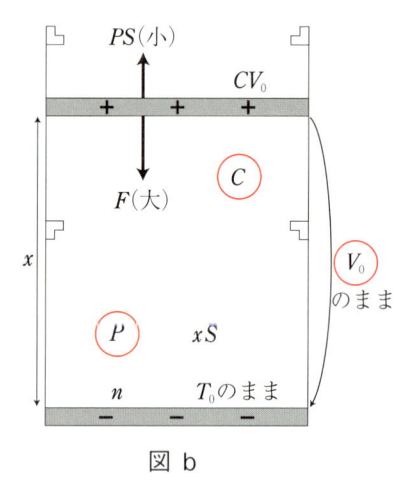

STEP1

容量 $C = \frac{\varepsilon_0 S}{x}$ ……⑤

図 b

STEP2 圧力を P として，状態方程式は，

$PxS = nRT_0$ ……⑥

STEP3 電位差は最下限の V_0（④式）のままとしよう。
コンデンサーの極板間引力 F は，

$$F = \frac{1}{2}C V_0 \times \frac{V_0}{x}$$

よって，下向きを正としたピストンにはたらく力の合力は，

$$F - PS = \frac{1}{2}C V_0 \times \frac{V_0}{x} - PS$$

$$= \frac{\varepsilon_0 S}{2x^2}V_0^2 - \frac{nRT_0}{x} \quad (\because \;\; ⑤⑥)$$

$$= \frac{nRT_0}{x}\left(\frac{l_0}{x} - 1\right) \quad (\because \ ④)$$

ここで，図bより $l_0 > x$ となるので，この合力は常に正。
つまり，<u>ピストンは下がり続ける。</u>答

💡**イメージ**　ここで，なぜ，極板間引力の方が圧力の反発力より強くなるのかをグラフで示してみよう。

STEP3 の合力の式の～～より，

$$\text{極板間引力} F = \frac{\varepsilon_0 S V_0^2}{2x^2} \quad \Longleftrightarrow \quad \frac{1}{x^2}$$
比例

$$\text{圧力の反発力} PS = \frac{nRT_0}{x} \quad \Longleftrightarrow \quad \frac{1}{x}$$
比例

とくに，$x = l_0$ のとき，(1)から $F = PS$ とつり合っていた。

ここで図cのように，状態①から状態②の間の力の大きさを，極板間隔 x の関数としてグラフ化してみよう。

まず，状態① $x = l_0$ では，引力と圧力の力はつり合って等しかった。そこから，x が小さくなると引力 F は，**x の -2 次式で急激に大きくなる**のに対し，圧力の力 PS の方は，**x の -1 次式である反比例のグラフとなり，ゆるやかに大きくなる**。

よって，常に引力 $F >$ 反発力 PS となる。つまり，ピストンは下へ動きつづける。

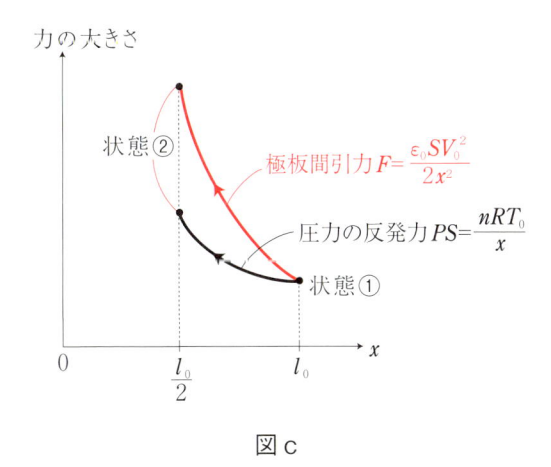

図 c

(4) V_1 を求めたいのだから，状態③で**ストッパーからピストンが浮き始める直前**について考えればよい。

p.242 の《解法 3 ステップ》で，

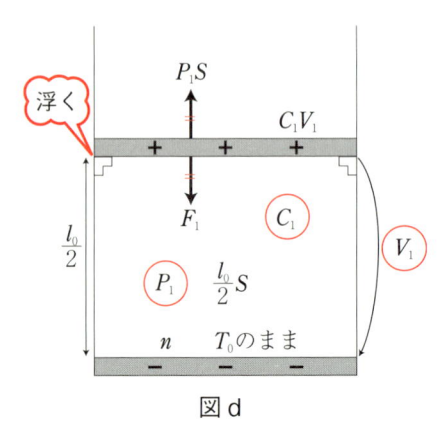

STEP 1

容量 $C_1 = \dfrac{\varepsilon_0 S}{\dfrac{l_0}{2}}$ ……⑦

STEP 2 圧力を P_1 として，状態方程式は，

$$P_1 \dfrac{l_0}{2} S = nRT_0 \quad \text{……⑧}$$

図 d

STEP 3 電位差を V_1 と仮定。

コンデンサーの極板間引力 F_1 を含む力のつり合いの式は，

$$P_1 S = F_1 = \dfrac{1}{2} C_1 V_1 \times \dfrac{V_1}{\dfrac{l_0}{2}}$$

$$= \dfrac{1}{2} \dfrac{\varepsilon_0 S}{\dfrac{l_0}{2}} V_1 \times \dfrac{V_1}{\dfrac{l_0}{2}} \quad \text{……⑨} \quad (\because \text{⑦})$$

⑧式に⑨式を代入して，

$$\dfrac{1}{2} \dfrac{\varepsilon_0 S}{\dfrac{l_0}{2}} V_1 \times \dfrac{V_1}{\dfrac{l_0}{2}} \times \dfrac{l_0}{2} = nRT_0$$

$$\therefore \quad V_1 = \sqrt{\dfrac{n l_0 R T_0}{\varepsilon_0 S}} \quad \text{……⑩}$$

⑩式の V_1 と④式の V_0 を比べて，

$$\dfrac{V_1}{V_0} = \dfrac{1}{\sqrt{2}} \quad \text{答}$$

> **イメージ**　ちなみに状態③の後，電圧をV_1より少しでも小さくすると，Aはl_0の位置にサッと移動し，状態④になってしまう。
> 　このことは(力の大きさ)-(極板間隔x)のグラフから容易に分かる。
>
> 力の大きさ
>
> 力はつり合っていた
> 状態③　圧力の反発力 $\Leftrightarrow_{比例} \dfrac{1}{x}$
> 極板間引力 $\Leftrightarrow_{比例} \dfrac{1}{x^2}$
> 状態④
>
> $0 \quad \dfrac{l_0}{2} \quad l_0 \quad x$
>
> 図e
>
> 　図eのように，圧力が上向きに押す力の方が，引力が下向きに引っぱる力よりも，常に強くなってしまうからだ。

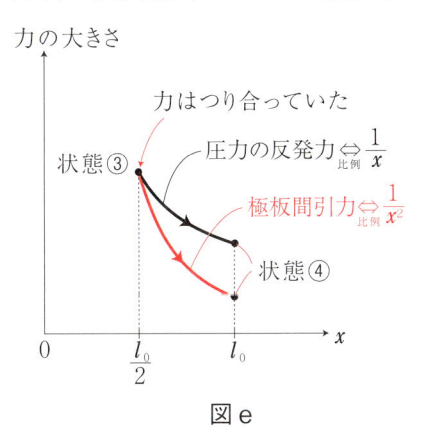

(5)　状態②で，電源を切り，気体の温度をゆっくりとあたためていくと，**まず** ㋐はじめの状態②，**やがて** ㋑電極板ピストンが浮き始め，**そして** ㋒電極板ピストンが上のとめ具に接触する。

　これらを図fに図示する。

　圧力は未知なので，順にP_2, P_3, P_4と仮定する。㋑と㋒の温度は不明なので，T_1, T_2と仮定する。また，㋐と㋑の電位差は同じ形のコンデンサーなのでV_0，しかし㋒は電極板ピストンが上がりきって，コンデンサーの形が違うのでV_2と仮定する。

図 f

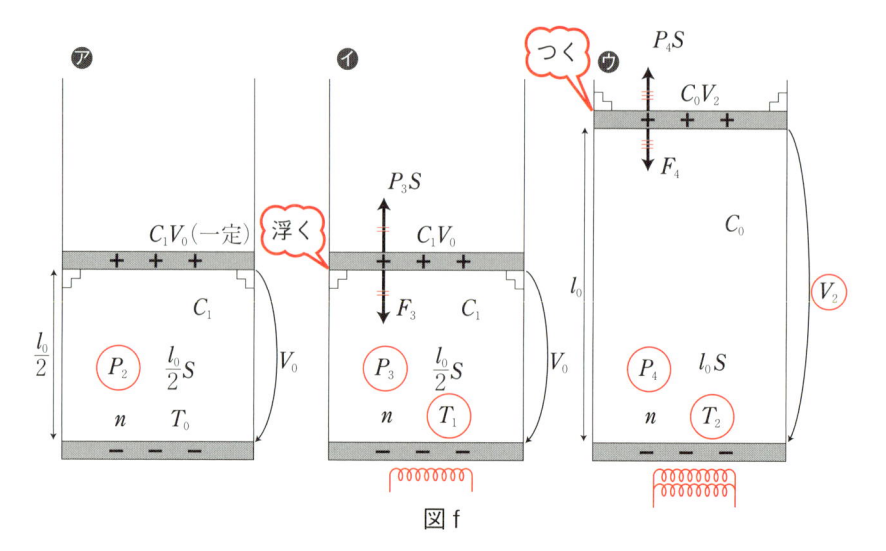

p.242 の《解法 3 ステップ》で,

STEP1 各コンデンサーの容量は，アとイは⑦式と同じC_1，ウは①式と同じC_0となる。

STEP2 各気体の状態方程式は，

ア $P_2 \dfrac{l_0}{2} S = nRT_0$ ……⑪

イ $P_3 \dfrac{l_0}{2} S = nR T_1$ ……⑫

ウ $P_4 l_0 S = nR T_2$ ……⑬

STEP3 ウの電圧V_2は，イとウの間の上の極板の電荷保存の式より，

$$\underbrace{C_0 V_2}_{ウ} = \underbrace{C_1 V_0}_{イ}$$

∴ $V_2 = \dfrac{C_1}{C_0} V_0 = 2V_0$ ……⑭ （∵ ①⑦）

極板間引力を含むピストンのつり合いの式より(アはとめ具に押しつけられているので，式は立てられない)，

イ $\circled{P_3}S = F_3 = \dfrac{1}{2}C_1V_0 \times \dfrac{V_0}{\dfrac{l_0}{2}}$

$\qquad\qquad = \dfrac{1}{2}\dfrac{\varepsilon_0 S}{\dfrac{l_0}{2}}V_0 \times \dfrac{V_0}{\dfrac{l_0}{2}} \quad (\because \;\; ⑦)$

$\qquad\qquad = \dfrac{4nRT_0}{l_0} \quad (\because \;\; ④) \quad \cdots\cdots ⑮$

ウ $\circled{P_4}S = F_4 = \dfrac{1}{2}C_0V_2 \times \dfrac{V_2}{l_0}$

$\qquad\qquad = \dfrac{1}{2}\dfrac{\varepsilon_0 S}{l_0}2V_0 \times \dfrac{2V_0}{l_0} \quad (\because \;\; ①⑭)$

$\qquad\qquad = \dfrac{4nRT_0}{l_0} \quad (\because \;\; ④) \quad \cdots\cdots ⑯$

⑮式と⑯式を比べると，**イ** → **ウ** の変化は何変化かな？

> ⑮＝⑯ということは……，定圧変化です。でもどうして定圧かなぁ。さっきまで引力はxの−2次式で変化していたのでは？

　それはカンタンな理由だ。今回は**電気量 Q が一定**だね。だから，**ガウスの法則**（p.216）より，湧き出る電気力線の総本数が一定となる。
　よって，**電気力線密度**，つまり**電界 E** も一定の大きさなんだ。
　このように，**Q も E も一定だから，極板間引力 $F = \dfrac{1}{2}QE$ も一定**となる。
　そういうわけで，**定圧**だ。**スイッチを切ったら定圧**になることを以上のようにまとめてほしい。
　この⑮⑯式の P_3，P_4 をそれぞれ⑫⑬式に代入して，

　　$T_1 = 2T_0$

　　$T_2 = 4T_0$ ← これは**最終到達温度**と一致している

となる。これで，すべての未知数が求まった。
　以上により，AB間の距離 l と温度 T との関係を表すグラフは，図gのようになる。

とくに**イ**と**ウ**の間は定圧変化なので，
状態方程式 $\underbrace{P}_{一定}\underbrace{V=nR\,T}_{比例}$ より，**体積 V は温度 T に比例して増えるので**，
直線のグラフとなる。

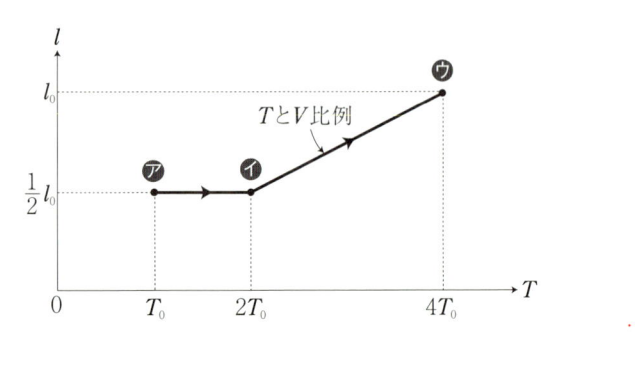

図g

(6) **ア イ ウ**の(圧力P)-(体積V)グラフをかくと，図hのようになる。

熱力学第1法則より，

$$Q_{in} = \Delta U + W_{out}$$

$$= \frac{3}{2}Rn(4T_0 - T_0) + P_3 \times \frac{l_0 S}{2}$$

$$= \frac{13}{2}nRT_0 \quad (\because \quad ⑮)$$

図h

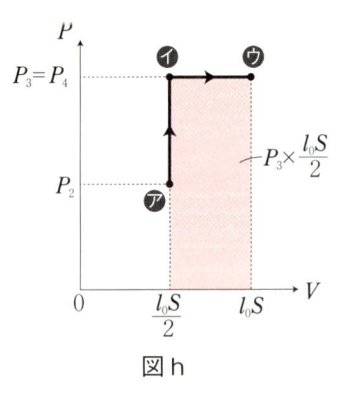

まとめ

1 コンデンサーの4大公式

まず $C = \dfrac{\varepsilon S}{d}$ （形のみで決まる）

あとは V さえ分かれば勝ち！

$$Q = CV, \quad E = \dfrac{V}{d}, \quad U = \dfrac{1}{2}CV^2$$

2 コンデンサーの極板間引力 F

$$F = Q \times \underbrace{\dfrac{1}{2} E}_{\text{相手の電荷のみがつくる電界}}$$

3 《ピストン型コンデンサーの解法3ステップ》

STEP 1 形状から，容量 $C = \dfrac{\varepsilon S}{d}$ を求める。

STEP 2 P, V, n, T を仮定し，状態方程式 $PV = nRT$ を立てる。

STEP 3 V を電位の式と電荷保存則で求めれば，極板間引力 $F = \dfrac{1}{2}QE = \dfrac{1}{2}CV \times \dfrac{V}{d}$ を含む，ピストンのつり合いの式を立てることができる。

あとは式を連立して，仮定した未知数を求めるだけ。

第21講 コンデンサーに挿入された物体の運動

研究用例題21　☒1回目 40分　□2回目 30分　□3回目 20分

　図のように，真空中に電極板が水平に固定されたコンデンサーがある。電極板の長さは L [m]，幅 W [m]，電極板の間隔は D [m]であり，長さや幅は間隔に比べ端の効果を無視できる程度に大きい。左端を壁に固定された絶縁体の軽いばねにコンデンサーと同形で厚さが $\frac{D}{2}$ [m]，質量 M [kg]の帯電していない金属板を接続して上下の電極より等しい位置に平行に挿入する。ばね定数は k [N/m]であり，金属板は左右の方向にのみ自由に動ける。さらに，コンデンサーにスイッチSと起電力 E [V]の電池を上図のように接続する。次の文の　ア　～　ソ　に，あてはまる式を記せ。ただし，真空の誘電率を ε_0 [F/m]とし，電池の内部抵抗や電線の抵抗は小さいとする。また，$|\alpha| \ll 1$ のとき，

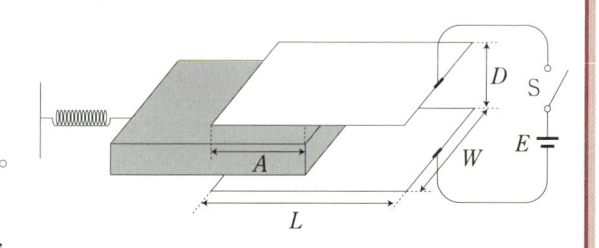

$$(1+\alpha)^n \fallingdotseq 1 + n\alpha$$

の近似式を用いよ。

(1)　スイッチSを閉じ，金属板をコンデンサーの左端から距離 A [m]だけ入った力のつり合いの位置で静止させる。コンデンサーの静電容量は，金属板の入っていない部分と入っている部分の合成容量である。金属板の入っていない部分の静電容量は，$\dfrac{\varepsilon_0 W(L-A)}{D}$ [F]，入っている部分の静電容量は　ア　[F]となる。したがってコンデンサーの静電容量は　イ　[F]となる。

正極板には　ウ　〔C〕の電荷が蓄えられ，コンデンサーに蓄えられた静電エネルギー(電気的エネルギー)は　エ　〔J〕となる。

(2) さらに(1)の状態から，スイッチSを開き，x〔m〕$(0<x+A<L)$ だけ右方向へ金属板をゆっくり移動すると，$x>0$ のときは静電容量は増加し，静電エネルギーは　オ　〔J〕となり減少する。この状態でコンデンサーの電極板が金属板に及ぼす力を求めるため，さらにゆっくりと Δx〔m〕だけ微小変位させ，静電エネルギーの変化を求める。右向き方向の力を正にとると，この力 $F_1(x)$ は，近似式を使って　カ　〔N〕となる。

次にスイッチSを閉じたまま，つり合いの位置から右へ x だけゆっくり金属板を移動する場合にコンデンサーの電極板から金属板にはたらく力を考える。コンデンサーの正極には，金属板の移動による静電容量の変化 $C_d(x)$〔F〕にともない，電荷 $Q_d(x)$〔C〕が電池から移動する。この電荷移動は電位差 E のコンデンサーの負極から正極へ電荷を運ぶ仕事を電池が行ったとみなすことができ，その仕事は $Q_d(x)E = C_d(x)E^2$ となる。したがって，静電エネルギーの増加量と電池の仕事の差が金属板に外部からなされた仕事となり，これは $C_d(x)$ と E のみの関数として，　キ　〔J〕とかける。この結果を用いると，コンデンサーの電極板が金属板に及ぼす力 $F_2(x)$ は　ク　〔N〕となり，$F_1(x)$ と同方向でしかも x によらないことがわかる。

(3) スイッチSを閉じたまま，金属板を(1)のつり合いの位置からわずかにずらし静かにはなすことによって微小振動させる。(2)の計算結果より x に依存する力はばねによる力だけなので，振動数は　ケ　〔Hz〕となる。

次に(1)の静止状態から，スイッチSを開き，同様に微小振動させる。まず，x を微小量として近似式を使い，$F_1(x)$ を x に依存しない力と x に比例する力に分ける。x に依存しない力は　コ　〔N〕となり，x に比例する力は　サ　〔N〕となる。したがって，金属板の力のつり合いの位置は電極板の左端から　シ　〔m〕入った位置であり，ばねによる力との合力を考えると，振動数は　ス　〔Hz〕となる。

(4) 再びスイッチSを閉じたまま，(1)の静止状態にある金属板から静かにばねをとりはずす。すると，金属板はコンデンサーの中で往復運動を始める。その運動の様子を，最大速度に達する時刻 t_1〔s〕と最大速度の大きさ v_1〔m/s〕を具体的に求めて，v-t グラフ（v：右向き正の速度〔m/s〕，t：運動を始めてからの時間〔s〕）にかけ セ 。

また，このとき，電池に流れる電流の最大値は ソ 〔A〕となる。

〔東北大〕

目的

　コンデンサーに挿入された金属板や誘電体などの物体は，必ず引力を受ける。その力の大きさを直接求めるのは難しい。

　そこで，「引力とつり合う外力を加えつつ，微小距離だけ物体を挿入する」という状況を設定しよう。このとき，物体を挿入する前中後での仕事とエネルギーの関係の式を立てる。

　この式の中に現れる外力の大きさを求めれば，それとつり合う引力の大きさを求めることができる。引力が分かれば，その力を受ける物体の運動も分析できる。

　以上のシナリオを実行するためには，次の３つがポイントとなる。

❶　中途半端に物体が挿入されたコンデンサーの容量が求められること

❷　回路の仕事とエネルギーとの関係の式が立てられること

❸　「微小量のn次式」を近似を用いて「微小量の１次式」へもっていけること（p.148）
　ただし，その近似を用いるまでの下準備は大切！

　　例　xを微小量として，

$$(A+x)^n = A^n\left(\mathbf{1}+\left(\frac{x}{A}\right)\right)^n$$
$$\fallingdotseq A^n\left(\mathbf{1}+n\left(\frac{x}{A}\right)\right)$$

A^nでくくって，$\mathbf{1}+\dfrac{\text{小さい数}}{\text{大きい数}}$ の形に強引にもっていく

第21講　コンデンサーに挿入された物体の運動

導入 下図のように，コンデンサーを含む直流回路で

❶ 電池が $W_{電池}=(-極から+極へ汲み上げた電気量 \Delta Q) \times (起電力 E)$ だけの仕事をする。
❷ 外力が $W_{外力}$ だけの仕事をする。
❸ 抵抗から**ジュール熱 J** が発生する。

が起こった結果，

❹ コンデンサーの静電エネルギーが $U_{前}$ から $U_{後}$ へと変化した。

とする。

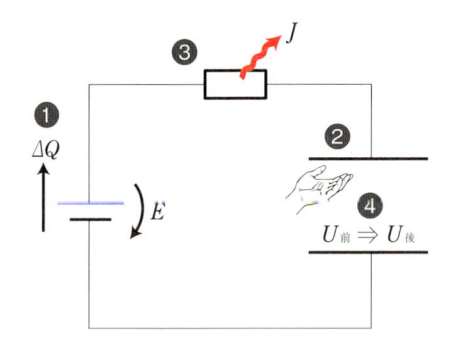

すると，これらの間には，いつも次の式が成立する。

Point ❶　《回路のエネルギー収支の式》

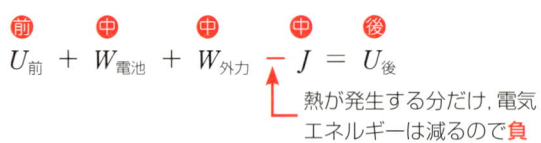

$$\overset{前}{U_{前}} + \overset{中}{W_{電池}} + \overset{中}{W_{外力}} - \overset{中}{J} = \overset{後}{U_{後}}$$

熱が発生する分だけ，電気エネルギーは減るので**負**

この式は，直接求めることのできない $W_{外力}$ や J を問われたときに用いると有効。

また，この式の中のコンデンサーの静電エネルギー U の形についていつも気を配りたいことがある。それが次の**究極の2択**だ。

> **Point 2** コンデンサーのエネルギーの形の究極の2択

$$U = \frac{1}{2}QV = \frac{1}{2}CV^2 \quad \leftarrow V が既知のとき(V 一定のときも)$$

$$= \frac{1}{2}\frac{Q^2}{C} \quad \leftarrow Q が既知のとき(Q 一定のときも)$$

この使い分けをするのとしないのでは，解答能率に大きな差がつくので，常に心に留めよう。

解　説

(1) 　ア　図aのように，コンデンサーを**分解**して，C_1，C_2，C_3という3つのコンデンサーに分けるのがコツ。

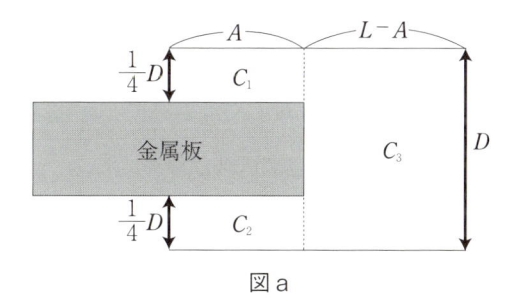

図a

まず，C_1とC_2は間隔$\frac{1}{4}D$，面積AWのコンデンサーなので，その容量は，

$$C_1 = C_2 = \frac{\varepsilon_0 AW}{\frac{1}{4}D} = \frac{4\varepsilon_0 AW}{D} \quad \cdots\cdots ①$$

とおける。

同様に，C_3は間隔D，面積$(L-A)W$のコンデンサーなので，

$$C_3 = \frac{\varepsilon_0(L-A)W}{D} \quad \cdots\cdots ②$$

となる。

次に，左側の C_1，C_2 の合成容量 $C_{左}$ を考える。C_1 と C_2 は，互いに**直列**なので，それらの合成容量は**逆数の和の逆数**となり，

$$C_{左} = \frac{1}{\frac{1}{C_1}+\frac{1}{C_2}} = \underline{\frac{2\varepsilon_0 WA}{D}} \quad \cdots\cdots ③ \quad (\because \quad ①)$$

となる。

イ 全体の合成容量を挿入距離 A の関数として $C(A)$ とおくと，$C(A)$ は $C_{左}$ と C_3 の**並列**合成容量なので，和をとって，

$$C(A) = C_{左} + C_3 = \underline{\frac{\varepsilon_0 W(A+L)}{D}} \quad \cdots\cdots ④ \quad (\because \quad ②③)$$

> 💡イメージ 金属板をより深く入れれば入れるほど(A→大)，容量 $C(A)$ も大きくなっていくことが分かる。また，$C(0) = \dfrac{\varepsilon_0 WL}{D}$ で，これはコンデンサーの中が空のときの容量と合致する。こうしたチェックをしておくと，ミスは撃退できる。なんといっても，**容量でミスをしたら「全滅」**だからね。

ウ 図bのようにスイッチを閉じているので，コンデンサーの電圧は常に E となる。

図b

コンデンサーの電気量 Q_1 は，

$$Q_1 = C(A)E = \underline{\frac{\varepsilon_0 W(A+L)E}{D}} \quad \cdots\cdots ⑤ \quad (\because \quad ④)$$

エ コンデンサーの静電エネルギーの式を用いるときは，$U = \frac{1}{2}CV^2$ と $U = \frac{1}{2}\frac{Q^2}{C}$ のどちらを用いるべきかという2択をせねばならない。本問の場合は，電圧 $V = E$ が既知なので，$U = \frac{1}{2}CV^2$ の形の方を選択して，

$$U = \frac{1}{2}C(A)E^2 = \frac{\varepsilon_0 W(A+L)E^2}{2D} \quad (\because \text{ ④})$$

となる。この2択を常に意識してほしい。

(2) **オ** 図cのようにスイッチを開いたので，コンデンサーの容量は，$C(A+x)$ へと変化しても，電気量は **ウ** の Q_1 のまま一定となる。

$$\begin{array}{c} +Q_1 \text{ (一定)} \\ C(A+x) \\ -Q_1 \end{array}$$

図c

今度は，電気量 $Q = Q_1$ が既知なので，$U = \frac{1}{2}\frac{Q^2}{C}$ の形の方を選んで，

$$U(x) = \frac{1}{2}\frac{Q_1^2}{C(A+x)}$$

（x の関数）

$$= \frac{\varepsilon_0 W(A+L)^2 E^2}{2D(A+x+L)} \quad \cdots\cdots ⑥ \quad (\because \text{ ④⑤})$$

カ ここで，コンデンサーに挿入された金属板や誘電体が，**必ず引力を受ける運命にある**ことを，イメージで理解しよう。

イメージ **挿入された物体は必ず吸いこまれる運命**

　図dのように，コンデンサー内に入った物体の上部には負の，下部には正の電荷が現れる。それらの電荷が，より奥(右側)にある極板の電荷に引力で引きずり込まれる力を受ける。よって，(金属板だろうと誘電体だろうと，電池がつながっていようといまいと)挿入されたモノは必ず吸いこまれる運命にある。

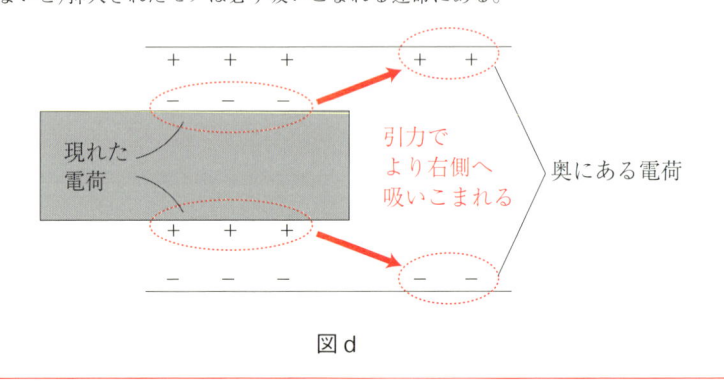

図d

　本問では，この引力に逆らって，外力を加えつつ，ゆっくりと挿入しなければならない。図eのように，外力は左向きに支えつつ，引力$F_1(x)$よりもわずかに弱い力(ほぼ$F_1(x)$と同じ)にしておく。すると，金属板はゆっくりと右側へ動いていく。

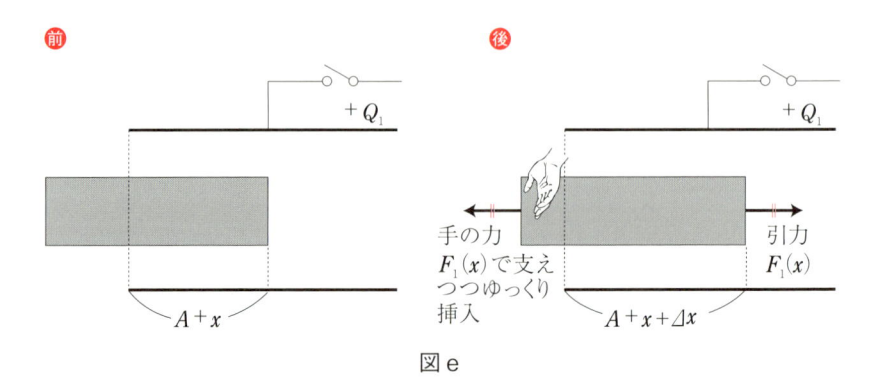

図e

　この変化を《**回路のエネルギー収支の式**》(p.256)として表そう。本問も前問　**オ**　と同様に，スイッチを切っており，**電気量Q_1は一定**。よって，　**オ**　の結果の⑥式の$U(x)$を用いる。また，外力は負の仕事をしていることに注意する。

$$\overbrace{U(x)}^{\text{前 コンデンサー}} + \overbrace{0}^{\text{中 電池}} + \overbrace{(-F_1(x)\Delta x)}^{\text{中 外力}} - \overbrace{0}^{\text{中 ジュール熱}} = \overbrace{U(x+\Delta x)}^{\text{後 コンデンサー}}$$

この式により,

$$F_1(x) = \frac{1}{\Delta x}\{U(x) - U(x+\Delta x)\}$$

$$= \frac{1}{\Delta x} \times \frac{\varepsilon_0 W(A+L)^2 E^2}{2D}\underbrace{\left(\frac{1}{A+x+L} - \frac{1}{A+x+\Delta x+L}\right)}_{G(x)\text{とする}} \quad \cdots\cdots ⑦$$

$$(\because ⑥)$$

$G(x)$は, Δxの「-1次式」となっている。$G(x)$を微小量Δxの「1次式」に直さないと, $F_1(x)$の式からΔxが消えてくれない。つまり, $F_1(x)$が求まらない。

そこで,《微小量の1次式への近似式》$(1+\alpha)^n \fallingdotseq 1+n\alpha$を用いよう。

そのための下準備として, $1+$(微小量α)の形を強引につくろう。$G(x)$を微小量Δx以外の量$A+x+L$でくくる(「微小量以外の量でくくる」のが鉄則)。

$$G(x) = \frac{1}{A+x+L}\left(1 - \frac{1}{\boxed{1+\dfrac{\Delta x}{A+x+L}}}\right)$$

微小量αとおく

$$= \frac{1}{A+x+L}\{1 - (1+\alpha)^{-1}\}$$

近似式で$n=-1$として

$$\fallingdotseq \frac{1}{A+x+L}\{\cancel{1} - (\cancel{1}+(-1)\alpha)\}$$

$$= \frac{1}{A+x+L} \times \frac{\Delta x}{A+x+L} \quad \cdots\cdots ⑧ \quad (\alpha\text{を戻した})$$

⑦式に⑧式を代入して,

$$F_1(x) = \frac{\varepsilon_0 W(A+L)^2 E^2}{2D\cancel{\Delta x}} \times \frac{\cancel{\Delta x}}{(A+x+L)^2}$$

$$= \frac{\varepsilon_0 W(A+L)^2 E^2}{2D(A+x+L)^2} \quad \cdots\cdots ⑨ \quad \text{答}$$

※$x \to$大ほど, $F_1(x) \to$小となる

第21講 コンデンサーに挿入された物体の運動

キ もう一度 **イ** の結果を思い出す。挿入距離がAのときのコンデンサーの容量$C(A)$は，

$$C(A) = \frac{\varepsilon_0 W(A+L)}{D} \quad \cdots\cdots ⑩$$

であった。ここで，問題文により，

$$C(A+x) = \frac{\varepsilon_0 W(A+x+L)}{D} = C(A) + C_d(x) \quad \cdots\cdots ⑪$$

とおく。

　今回も（いつも）金属板は，コンデンサーに吸いこまれる力を受ける。その力の大きさを，F_2とおく。図fのように，その引力よりもわずかに弱い力（ほぼF_2）の外力で支えつつ，金属板をゆっくりと右へxだけ移動させる。

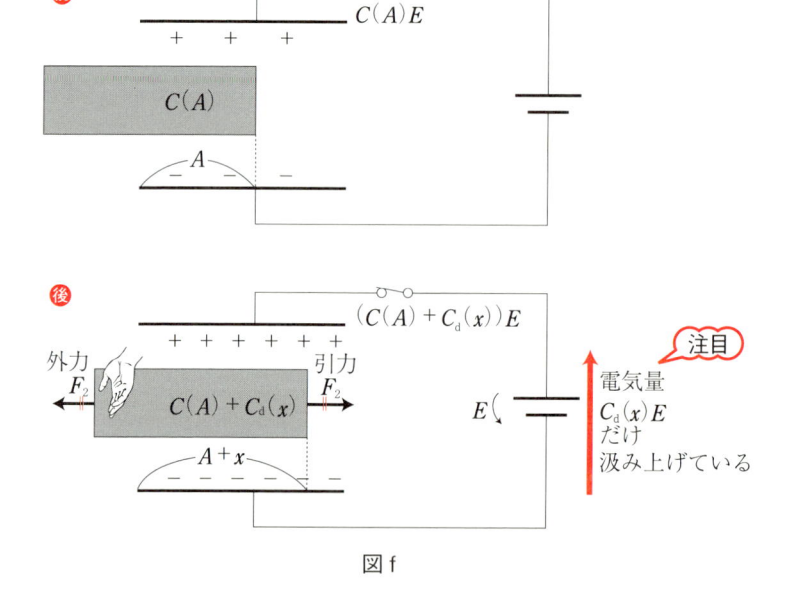

図 f

　今回は電池につなぎっぱなしなので，**コンデンサーの電圧は$V=E$で一定。よって，静電エネルギーの形は$U=\dfrac{1}{2}CV^2$を選択する。**

　ここで注目してほしいのは，**コンデンサーの電気量が$C(A)E$から**

$(C(A)+C_\mathrm{d}(x))E$ へ増していること。よって，途中で電池が $C_\mathrm{d}(x)E$ だけの電気量を－極側から＋極側へもち上げていることが分かる。

以上より，《回路のエネルギー収支の式》は，電池の仕事を忘れないで，

　　　　　　　　⊕前　　　　⊕電池　　　　　　⊕外力　⊕ジュール熱　　後
$$\frac{1}{2}C(A)E^2 + \underbrace{C_\mathrm{d}(x)E}_{\text{もち上げた電気量}} \times \underbrace{E}_{\text{起電力}} + (-F_2 x) - 0 = \frac{1}{2}(C(A)+C_\mathrm{d}(x))E^2$$

この式を，外力のした仕事について解くと，

$$-F_2 x = -\frac{1}{2}C_\mathrm{d}(x)E^2 \quad \text{答}$$

ク　上式より，

$$F_2 = \frac{E^2}{2x}C_\mathrm{d}(x)$$
$$= \frac{E^2}{2x} \times \frac{\varepsilon_0 W x}{D} \quad (\because \text{⑩⑪より})$$
$$= \frac{\varepsilon_0 W E^2}{2D} \quad \cdots\cdots ⑫ \text{答}$$

※これは，x によらない**一定の力**となっている。

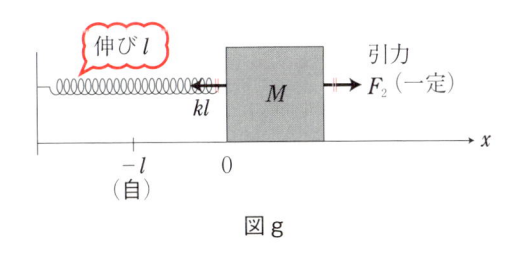

(3)　**ケ**　図gのように，(1)の力のつり合い位置で，ばねの伸びを l と仮定しよう。いまスイッチSを閉じているので，引力として⑫式の F_2(一定)がはたらく。

この力のつり合いの式は，

$$kl = F_2 \quad \cdots\cdots ⑬$$

では図hのように，この力のつり合い位置を $x=0$ とした座標をとり，一般の座標 $x(>0)$ での

図g

図h

運動方程式を立ててみよう。

$$Ma = -k(l+x) + F_2$$
$$= -k(x-0) \quad (\because \quad ⑬)$$

この式により，振動中心 $x=0$，周期 $T=2\pi\sqrt{\dfrac{M}{k}}$ の単振動と分かる。そして，その振動数 f は，

$$f = \frac{1}{T} = \frac{1}{2\pi}\sqrt{\frac{k}{M}} \quad 答$$

となっている。

　コ　・　サ　　今回はスイッチSを開いているので，引力は⑨式で導いた，

$$F_1(x) = \frac{\varepsilon_0 W(A+L)^2 E^2}{2D(A+x+L)^2} \quad \cdots\cdots ⑭$$

となる。これは x の「何次式」？

> x の「-2次式」です。ゲゲ！　こんな力を受ける運動なんて，とても複雑すぎて分析できません

　そうだね。そこで**微小量 x の「1次式」**に直して，単振動をする力の形にもっていこう。いつもの《**微小量の1次式へ直す近似**》を用いよう。

　そのための下準備として，**1＋（微小量 α）**の形に強引にもっていこう。⑭式で分母を微小量 x 以外の量 $(A+L)^2$ でくくる（**微小量以外の量でくくるのが鉄則**）。

$$F_1(x) = \frac{\varepsilon_0 W(A+L)^2 E^2}{2D(A+L)^2} \times \frac{1}{\left(\mathbf{1} + \boxed{\dfrac{x}{A+L}}\right)^2}$$

（微小量 α とおく）

$$= \frac{\varepsilon_0 WE^2}{2D}(\mathbf{1}+\alpha)^{-2}$$

（近似式で $n=-2$ として）

$$\fallingdotseq \frac{\varepsilon_0 WE^2}{2D}\{\mathbf{1}+(-2)\alpha\}$$

$$= \frac{\varepsilon_0 WE^2}{2D} - \frac{\varepsilon_0 WE^2 \alpha}{D}$$

$$= \underbrace{\frac{\varepsilon_0 WE^2}{2D}}_{(コ)} + \underbrace{\left\{\frac{\varepsilon_0 WE^2 x}{-D(A+L)}\right\}}_{(サ)} \quad \cdots\cdots ⑮ \quad (αを戻した)$$

これで，x の1次式という単純な形の力に直せた。

シ 図 i のように，$x=0$ の位置で力のつり合いの式，および，そこから微小変位 x だけずれた位置での運動方程式を立ててみよう。

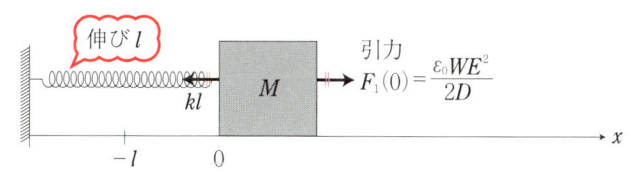

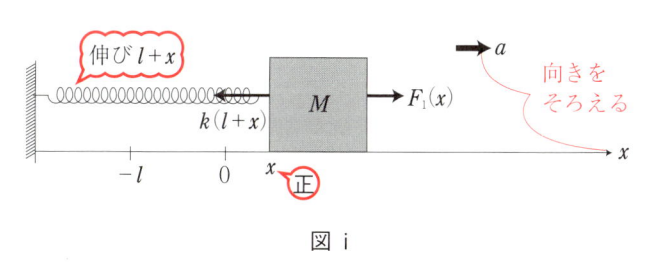

図 i

まず，力のつり合いの式は，

$$kl = F_1(0) = \frac{\varepsilon_0 WE^2}{2D} \quad \cdots\cdots ⑯$$

次に，位置 x での運動方程式は，

$$Ma = -k(l+x) + F_1(x)$$

$$\fallingdotseq -k(l+x) + \frac{\varepsilon_0 WE^2}{2D} - \frac{\varepsilon_0 WE^2 x}{D(A+L)} \quad (\because ⑮)$$

$$= -k\,\fbox{x} - \frac{\varepsilon_0 WE^2 \,\fbox{x}}{D(A+L)} \quad (\because ⑯)$$

$$= -\boxed{\left\{k + \frac{\varepsilon_0 WE^2}{D(A+L)}\right\}}\,(x) \quad (\fbox{x}で，くくるのがコツ)$$

$\Downarrow$

見かけのばね定数 K $\cdots\cdots ⑰$ とおく。

よって，これは，$x=0$，つまり，極板の左端からA(答)だけ入った位置を振動中心とする単振動となる。

ス また，その振動数$\left(=\dfrac{1}{周期}\right)$は，

$$f=\dfrac{1}{2\pi}\sqrt{\dfrac{K}{M}}$$

$$=\dfrac{1}{2\pi}\sqrt{\dfrac{k}{M}+\dfrac{\varepsilon_0 WE^2}{MD(A+L)}} \quad (\because \text{⑰})\text{(答)}$$

となる。

(4) **セ** **ケ** では，ばねのつり合い位置からの微小振動であったね。もし，ばねがないとして，$x=0$の位置から静かに手放したら，どんな運動になるかい？

> 一定の力F_2だから，そう！　等加速度運動です

OK！では，手放した時刻を$t=0$として，金属板の速度のv–tグラフをかいてみよう。加速度aは運動方程式より，

$$Ma=F_2$$

$$a=\dfrac{F_2}{M}$$

よって，$t=t$での速度$v=\dfrac{F_2}{M}t$，座標$x=\dfrac{1}{2}\dfrac{F_2}{M}t^2$となる。

ただし，図jのように，$t=t_1$で$x=L-A$に達すると，金属板全体がコンデンサー中に入ってしまう。その後は，金属板の右側がはみ出るようになる。
すると，**対称性より，左向きの引力F_2を受けるようになる。**よって，$t=t_1$から$t=2t_1$までは，加速度$a=-\dfrac{F_2}{M}$となる。

$t=0$

→速度 0
引力 F_2 →

$t=t_1$

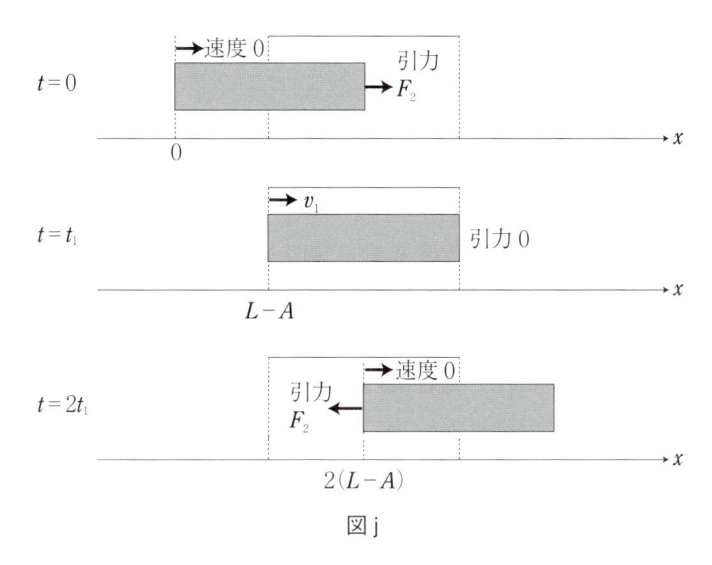

→v_1
引力 0
$L-A$

$t=2t_1$

→速度 0
←引力 F_2
$2(L-A)$

図 j

$t=2t_1$ で一瞬静止した後は，折り返し，逆向きの運動をする。
以上より，求める $v-t$ グラフは，図 k のようになる。

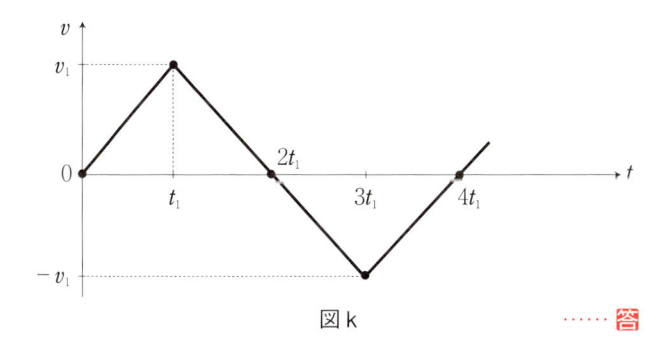

図 k ……答

ただし，$L-A=\dfrac{1}{2}\dfrac{F_2}{M}t_1^2$ より，

$$t_1=\sqrt{\dfrac{2M(L-A)}{F_2}}$$
$$=\dfrac{2}{E}\sqrt{\dfrac{DM(L-A)}{\varepsilon_0 W}} \quad \cdots\cdots ⑱ \quad (\because \quad ⑫)$$

また，$v_1=\dfrac{F_2}{M}t_1=E\sqrt{\dfrac{\varepsilon_0 W(L-A)}{DM}} \quad \cdots\cdots ⑲ \quad (\because \quad ⑫⑱)$

ソ 座標 x のときのコンデンサーの電気量 $Q(x)$ は,

$$Q(x) = C(A+x)E$$

$$= \frac{\varepsilon_0 W(A+x+L)E}{D} \quad \cdots\cdots ⑳ \quad (\because ④)$$

このとき, コンデンサーの上の極板に流入する電流 $\dot{I}$ は,

$$\boxed{\begin{array}{l} \dot{I} = (1秒あたりの \dot{Q}(x) の増加分) \\ = (Q(x)-t \text{ グラフの傾き}) \\ = \dfrac{dQ(x)}{dt} \end{array}}$$

← コンデンサーに流出入する電流のときはこの考え方で！(p.8)

となるので, ここに⑳式を代入すると,

$$I = \frac{\varepsilon_0 WE}{D} \times \frac{d(A+x+L)}{dt}$$ ← 係数は外へ出るので

$$= \frac{\varepsilon_0 WE}{D} \times \frac{dx}{dt}$$ ← 定数を微分すると0

$$= \frac{\varepsilon_0 WE}{D} \times v$$ ← $\dfrac{dx}{dt} = x-t$ グラフの傾き $=$ 速度 v (p.8)

ここに速度の最大値 $v = v_1$ (⑲式)を代入して, 電流 I の最大値 $I_{\max}$ は,

$$I_{\max} = \frac{\varepsilon_0 WE}{D} \times v_1$$

$$= \frac{\varepsilon_0 WE^2}{D} \sqrt{\frac{\varepsilon_0 W(L-A)}{DM}} \quad (\because ⑲) \quad \boxed{答}$$

まとめ

1 物体を挿入したコンデンサーの容量の求め方

まず 各部分ごとの独立したコンデンサーに分解する

次に 各部分ごとの容量を求める

そして 全体の合成容量を求める

2 《回路のエネルギー収支の式》

$$U_{前} + W_{電池} + W_{外力} - J = U_{後}$$

とくに

$$\begin{bmatrix} W_{電池} = (くみ上げた電気量 \Delta Q) \times (起電力 E) \\ W_{外力} = \overrightarrow{(外力 F)} \cdot \overrightarrow{(移動距離 \Delta x)} \\ \phantom{W_{外力} =}\quad\underbrace{}_{内積} \\ J = (発生したジュール熱) \\ U = \frac{1}{2}CV^2 \leftarrow V が既知(や一定)のとき \\ = \frac{1}{2}\frac{Q^2}{C} \leftarrow Q が既知(や一定)のとき \end{bmatrix}$$

究極の2択

この関係式は,直接求まらない $W_{外力}$ や J を求めるのに用いる。

第22講 2つのダイオードを含む回路

研究用例題22 ☑1回目 25分 ☐2回目 15分 ☐3回目 10分

2個の半導体ダイオードD_1とD_2(回路記号 ─▶|─)を用いて図1に示すような回路を作った。電池の起電力E_0は5V，抵抗の値Rは500Ωである。また，半導体ダイオードD_1とD_2は，どちらも，順方向に電圧V_D(これを順方向電圧という)をかけると，図2に示すような順方向電流I_Dが流れ，順方向電圧$V_D \leqq 0.35$Vのとき，順方向電流$I_D = 0$mAである。ここで，順方向電流の向きは図3に示す通りである。必要ならば，図2を用いて，以下の問いに答えよ。

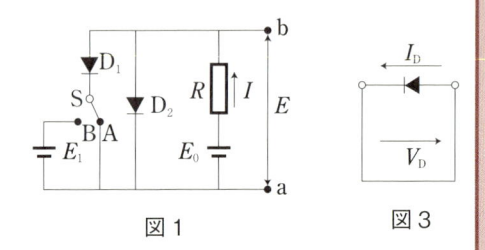

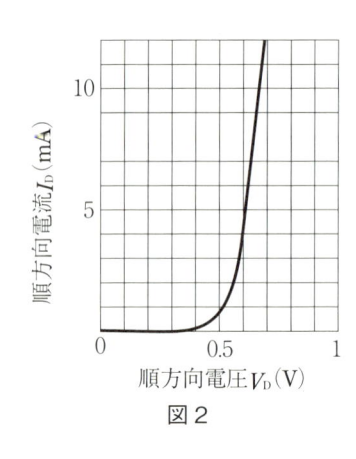

図1

図3

図2

(1) この回路で，はじめスイッチSは図1のようになっていた。このとき，端子aとbの間の電圧Eと，抵抗に流れる電流Iとを求めよ。ただし，電圧Eは，端子aを基準にして測り，電流Iは，図1に示す向きに流れるとき正とする。

(2) 次にスイッチSをB側へ切り替えた。半導体ダイオードD_1およびD_2に流れる順方向電流をそれぞれI_{D_1}およびI_{D_2}とすると，これらの順方向電流は電池の起電力E_1によって変化する。

(a) $I_{D_1} \geqq 0$mA(図2)であることを用いて，半導体ダイオードD_2にかかる順方向電圧V_{D_2}の最大値および半導体ダイオードD_2

に流れる順方向電流 I_{D_2} の最大値を求めよ。また，とくに V_{D_2}，I_{D_2} が最大値となるときの I_{D_1} の値も求めよ。
(b) (i) $E_1=3V$, (ii) $E_1=0.1V$ それぞれのとき，半導体ダイオード D_1 に電流が流れるか，流れないか。また，その理由を述べよ。

〔大阪府大〕

目的

回路の中にダイオードが入ってくるだけで突然難しく感じる人が多い。それは2つの理由からだろう。

1つ目は，ダイオードには「OFF」と「ON」の2つの場合分けが必要であるから。

2つ目は，ダイオードの電流 I と電圧 V は，曲線関係としてグラフで与えられていることが多く，このグラフを利用した解法が必要となるから。

本問では，ダイオードに関する問題の解法をマスターしよう。

さらに，難関大が好むダイオードを2つも含む問題を扱う。

2つのダイオードが同じ立場にあるときは，対称性を使って解ける。

一方，異なる立場にあるときは，対称性が使えないので，ある不等式が必要になる。そして，その不等式をグラフにするには，数学の領域の考え方が必要になる。

対称性が使える，使えない，という両方の場合を解けるようになれば，ダイオードは恐るるに足らずとなる。

導入

1 ダイオードについての究極の2択

ダイオードを流れる電流をI，かかる電圧をVとする。IとVは，一般に，次の図のような関係をみたす。
このグラフは，次の2つの場合に分けることができる。

(i)「**OFF**」 ➡ $V \leq V_0$ のときは，
$I=0$で電流は流れない。

(ii)「**ON**」 ➡ $V > V_0$ のときは，
電流Iは流れる。

とくに，(ii)「**ON**」のときは，図のように電流I，電圧Vが素直に比例せず，特性曲線にしたがう。よって，次の《**非オーム抵抗の解法3ステップ**》で解く必要がある。

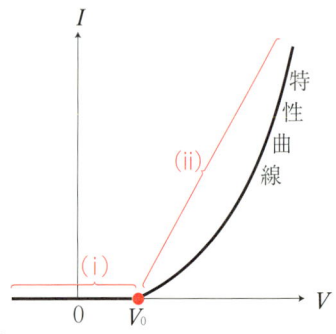

Point 《非オーム抵抗の解法3ステップ》

STEP1 何よりも先に，非オーム抵抗に流れる電流I，かかる電圧Vを仮定する。
（未知数はI，Vと2つ仮定する。よって，解くには2つの式が必要。）

STEP2 回路1周について「電圧降下の和」=0の式で，IとVの関係式……①を求める。
（1つ目の式は求まった。2つ目の式は特性曲線の式。だが，式の具体的な形は不明。そこで次のようにグラフの交点を利用して連立方程式を解くしかないのだ。）

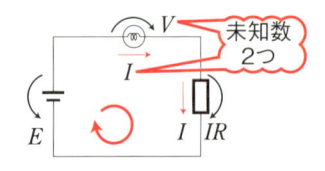

STEP1 （図：未知数2つ V，I）

STEP2
$\circlearrowleft : +V + IR - E = 0$

$\therefore I = \dfrac{E}{R} - \dfrac{1}{R}V \quad \cdots\cdots ①$

STEP3 ①式をI-Vグラフ上にグラフ化し，特性曲線との交点(V_0, I_0)を求める。このI_0，V_0が未知数の答えとなる。

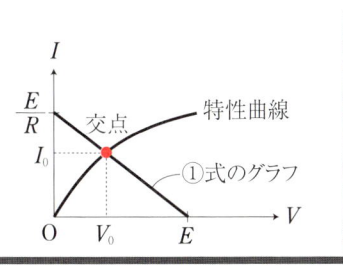

2 ダイオードの解法の流れ

以上を総合すると，ダイオードの解法の流れは次のようにまとまる。

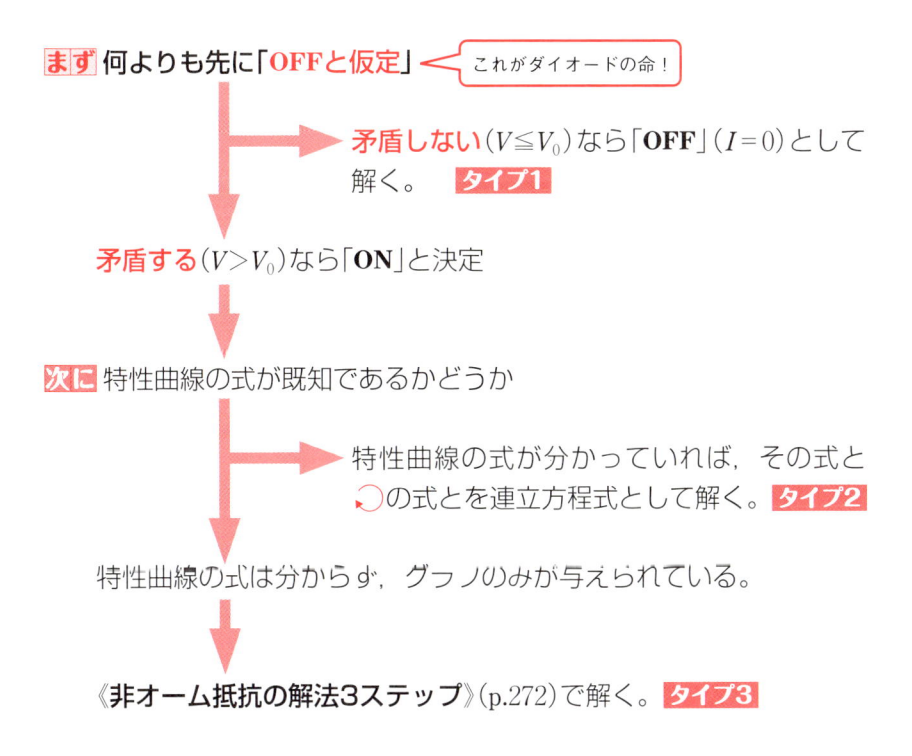

まず 何よりも先に「**OFFと仮定**」 ← これがダイオードの命！

→ **矛盾しない**$(V \leq V_0)$なら「**OFF**」$(I=0)$として解く。 **タイプ1**

矛盾する$(V > V_0)$なら「**ON**」と決定

次に 特性曲線の式が既知であるかどうか

→ 特性曲線の式が分かっていれば，その式と○の式とを連立方程式として解く。 **タイプ2**

特性曲線の式は分からず，グラフのみが与えられている。

《非オーム抵抗の解法3ステップ》(p.272)で解く。 **タイプ3**

結局，**全部で3つのタイプ**の解法しかない。

解　説

(1) ダイオードを見たらまずやることは何？

　　ハイ,「OFFと仮定」して矛盾するかを見ます

　そうだ。図aのように, **2つのダイオードは同じ立場にいる**から, 両方とも「**OFF仮定**」する。すると, 抵抗には全く電流が流れないから, 電池の5Vがすべてダイオードにかかってしまう。これは$V>0.35$V より,「**OFF仮定**」と矛盾する。

　以上より, **両方とも「ON」**となる。すると, どうやって解くかい？

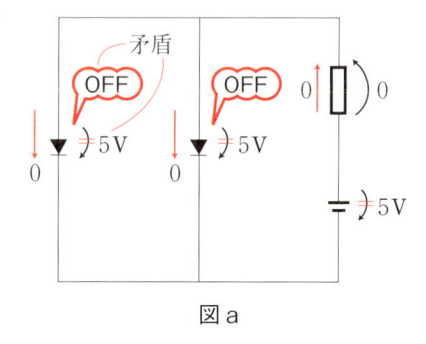

図a

　　「ON」なら《非オーム抵抗の解法3ステップ》(p.272)で解きます

　OK!　やってみよう。

STEP1　図bのように, 2つのダイオードは同じ立場にあるので, 共通の電流I_D, 電圧V_Dを仮定する。

STEP2　⟲の閉回路に注目して,

　　⟲：$500\times 2I_D+V_D-5=0$

　　∴　$I_D=\dfrac{5}{1000}-\dfrac{V_D}{1000}$〔A〕

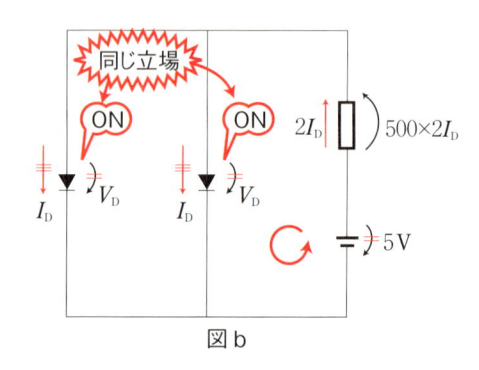

図b

　ここで, 与えられたグラフの縦軸の単位が,〔mA〕であることに注意して,

　　$I_D=5-V_D$〔mA〕　……①

STEP 3 図cのように，①式をグラフにして特性曲線との交点をとると，

$$I_D = 4.4 \text{[mA]}$$
$$V_D = 0.6 \text{[V]}$$

となる。

よって，求める電圧と電流は，

$$E = V_D = 0.6 \text{[V]} \quad \text{答}$$
$$I = 2I_D = 8.8 \text{[mA]} \quad \text{答}$$

となる。

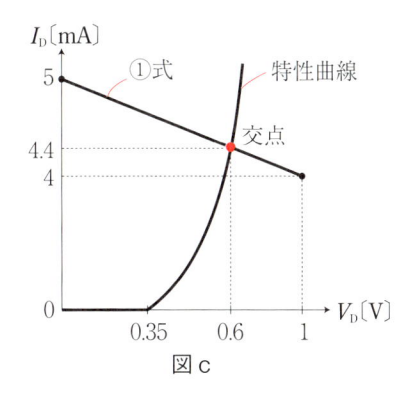

(2)(a) 今度は，D_1とD_2は同じ立場，異なる立場？

> D_1の方はE_1がつくので，異なる立場になってしまいます

そうだ。すると，**もはやD_1とD_2には同じ電流，電圧は仮定できなくなる**ね。その点が今回のポイントになる。

《非オーム抵抗の解法3ステップ》(p.272)より，

STEP 1 図dのように，

D_1には，I_{D_1}，V_{D_1}

D_2には，I_{D_2}，V_{D_2}と異なる電流，電圧を仮定。

STEP 2 ↻の閉回路に注目して，

$$\circlearrowright : 500(I_{D_1} + I_{D_2}) + V_{D_2} - 5 = 0$$

$$\therefore I_{D_2} = \frac{5}{500} - \frac{V_{D_2}}{500} - I_{D_1} \text{[A]}$$

$$\therefore I_{D_2} = 10 - 2V_{D_2} - 1000I_{D_1} \text{[mA]} \quad \cdots\cdots ②$$

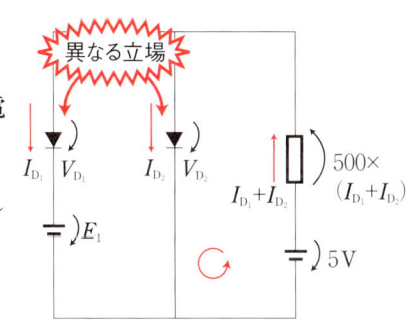

この式はグラフ化できる？

> あれ！ I_{D_2}とV_{D_2}の中にI_{D_1}が混じっているので，グラフ化できません

そうなんだ。これが異なる立場のダイオードがあるタイプの，一番やっかいな点なんだ。

> では，もう解けないのですか？

いいや，ここで**与えられたヒントを使おう**。

$I_{D_1} \geqq 0$ mAとあるので，②式の右辺の$-1000I_{D_1} \leqq 0$となるよね。そこで，

$$I_{D_2} = 10 - 2V_{D_2} \boldsymbol{- 1000 I_{D_1}} \text{[mA]}$$

$$I_{D_2} \leqq 10 - 2V_{D_2} \text{[mA]} \quad \cdots\cdots ③$$

と不等式を用いてかき直せる。これで，**I_{D_2}とV_{D_2}のみ**の式が得られた。

> でも，③式は不等式になってしまいました。どうやってグラフをかくのですか

不等式のグラフってかいたことはあるよね。そう，**領域**だよ！

図eのように，③式のグラフを領域としてかこう。すると，その境界線と特性曲線との交点は，$(0.65, 8.7)$となるので，I_{D_2}，V_{D_2}のとりうる値の範囲は，

$$I_{D_2} \leqq 8.7 \text{[mA]} \quad \boxed{答}$$

$$V_{D_2} \leqq 0.65 \text{[V]} \quad \boxed{答}$$

等号のときは，②式より，

$$I_{D_1} = 0 \text{[mA]} \quad \boxed{答}$$

となるときである。

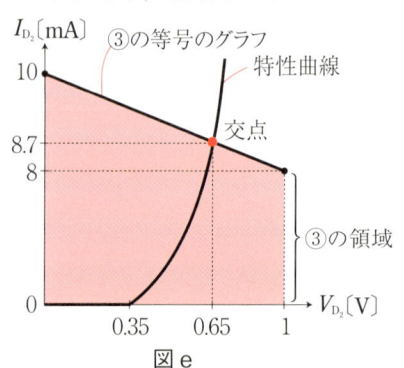

図e

(b) (1)で見たように，両方とも「OFF」ということはありえない。

よって，少なくとも片方は「ON」となるが，それは，電池の起電力E_1にじゃまされないD_2の方である。つまり，**D_2は必ず「ON」**である。

(i) $E_1 = 3V$のとき

図fのように，**まずD_1を「OFF仮定」**する。すると，$I_{D_1} = 0$だけど……，

> $I_{D_1} = 0$ということは……，
> あ！ (a)の結果より，$V_{D_2} = 0.65V$となります！ p.276で見ました

図f 「まずOFF仮定」「ここは必ずON」 $I_{D_1}=0A$ I_{D_2} V_{D_2}

そうだったね。

すると，図gの↺に注目して，

$$↺: V_{D_1} + 3 - 0.65 = 0 \quad \cdots\cdots ④$$

$$\therefore \quad V_{D_1} = -2.35 〔V〕$$

これは，$V_{D_1} \leq 0.35V$をみたしているので，「**OFF仮定**」は正しかった。

よって，流れない。**答**

図g $I_{D_1}=0A$ I_{D_2} V_{D_1} よって，$V_{D_2}=0.65V$ $E_1=3V$

(ii) $E_1 = 0.1V$のとき

④式で$3 \to 0.1〔V〕$と変更して，

$$V_{D_1} + 0.1 - 0.65 = 0$$

$$\therefore \quad V_{D_1} = 0.55 〔V〕$$

これは，$V_{D_1} \leq 0.35V$をみたしていないので，「**OFF仮定**」に**矛盾**する。よって，今度は流れる。**答**

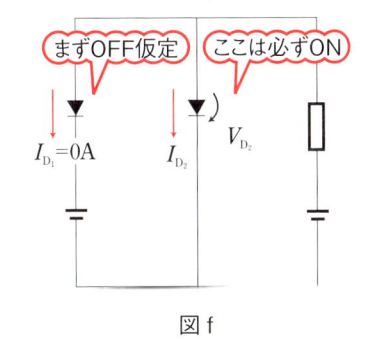

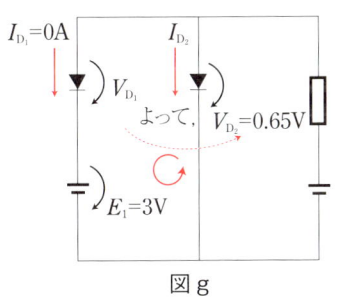

まとめ

1 ダイオードの究極の2択

まず「OFF仮定」 ➡ OKなら「OFF」
⬇
矛盾したら「ON」で次の《**非オーム抵抗の解法3ステップ**》に入る。

2 《**非オーム抵抗の解法3ステップ**》

STEP1 非オーム抵抗にIとVを仮定（2つの未知数）

STEP2 ↻でIとVの関係式を求める ……★

STEP3 ★の式をI-Vグラフ上に図示して，特性曲線との交点(V_0, I_0)を求める。このV_0，I_0が2つの未知数の答えとなる。

3 2つのダイオード

(i) 同じ立場にあるとき
➡ 対称性より，同じ電流I，電圧Vを仮定する。

(ii) 異なる立場にあるとき
➡ 各々で異なる電流I_1，I_2，電圧V_1，V_2を与える。
そして，$I_1 \geqq 0$を利用して，I_2，V_2のみの不等式にもちこむ。その不等式を領域として図示して，I_2，V_2の最大値を求めることができる。

コラム　ムーアの法則

　電化製品の性能は日進月歩で進化している。その進化を支えているのが，その心臓部＝LSI（大規模集積回路）の演算スピードの向上である。

　唐突だが，この分野には「ムーアの法則」なるものがある。それは，大雑把に表すと「LSIにおけるトランジスタの集積密度は，2年で4倍になる」というものだ。ここで，密度が4倍になるということは，単純に考えて，縦横ともにサイズが半分になる必要がある。これを実現させるためには，回路に張りめぐらされている線どうしの間隔（線幅）も半分になる必要がある。つまり，ムーアの法則は「2年で線幅は$\frac{1}{2}$倍になる」ということだ。

　実際，最高集積度のLSIにおける線幅は，2003年に200 nm（ナノメートル：10^{-9}m），2005年に100 nmとなり，2007年には50 nmに達した（この2007年に，われわれは神の手に達したともいえる。なぜならば，この50 nmはウィルスの大きさに該当するからだ）。

　じつは，ムーアの法則がこのまま成立していったとすると，2025年にはエレクトロニクスの時代が終わりを迎える。それは，この年に線幅が0.1nmに達するからだ。この0.1nmというのは，なんと原子1個のサイズであり，原子1個以下の線幅は不可能である。

　では，それまで進化の一途をたどってきた電化製品は，100年後，200年後になっても，それ以上はスペックが向上しないのであろうか。じつは，そんなことはないのである。実験室レベルではあるが，次世代の光コンピューターなるものが開発されている。この光コンピューターは，回路の中に電子を動かして計算するのではなく，光の量子効果を利用して計算する。その性能は，現行最強のコンピューターでは数万年かかる「暗号問題」（因数分解の一種）を，ほんの数分で解けることが示されたほど高い。

　人間の向上心・探究心は計り知れない。いったい，100年後の人類は，どのような電化（光）製品を楽しんでいるのだろうか。タイムマシーンに乗って，100年後の「アキハバラ」に行ってみたいものだ。

第23講 「ローレンツ力電池」とコンデンサー，コイル

研究用例題23 ☑1回目 40分 ☐2回目 30分 ☐3回目 20分

　図に示すように，導体でできた2本の曲げられたレールの上に，質量mの導体棒が水平に乗っている。2本のレールの間には，鉛直方向上向き（z軸正方向）に一様な磁束密度Bの磁場がかけられており，レールの左端の端子aおよび端子bにおいて電気容量CのコンデンサーC，抵抗値Rの抵抗RとスイッチSからなる回路に接続されている。重力加速度の大きさはgとし，レールと棒の太さはレールの間隔に比べて十分に小さいものとする。また，抵抗R以外の電気抵抗，棒とレールの間の摩擦および棒の運動に対する空気抵抗，棒やレールを流れる電流により生じる磁場はすべて無視できるものとする。棒の向きは常にx軸と平行であり，その運動方向は常にx軸と直交する。棒が2本のレールから離れることはない。棒を流れる電流はx軸正方向を正とし，また棒が水平面上にあるときの棒の速度および加速度はy軸正方向を正として解答せよ。

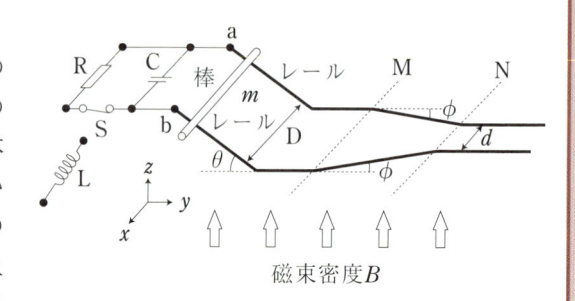

〔I〕　はじめに，棒はレールに沿って水平面から角度θをなす斜面上にあった。この区間では，2本のレールは互いに平行で棒の向きと直交しており，その間隔はDである。スイッチSを閉じた状態で棒を静かに放すと，棒はレールに沿って滑り落ち始めたが，しばらくするとその速さは一定値に近づいた。このとき棒が等速運動をしているものとして以下の問いに答えよ。

(1) 棒を流れる電流を求めよ。
(2) 棒の速さを求めよ。
(3) 時間Tの間に抵抗Rで消費されるジュール熱と棒の位置エネルギーの減少分が等しくなることを示せ。

〔Ⅱ〕 次に,棒が斜面上にあるときにスイッチSを開いた。やがて棒はレールに沿って水平面に到達し,その後も運動を続けた。水平面上において,x軸に平行な線Mと線Nとの間を除いて2本のレールはy軸に平行であり,その間隔は線Mの左側ではD,線Nの右側ではdである($D>d$)。線Mと線Nとの間では,2本のレールはy軸方向から角度ϕだけ互いに反対に傾いている。y軸方向に単位長さだけ進んだときのレールの間隔の変化の大きさとして$\alpha=2\tan\phi$を用いてよい。以下の問いに答えよ。
(1) 棒が水平面に到達してから線Mに至るまで棒の速度は一定であった。この速度をuとする。このときコンデンサーCに蓄えられている電荷の大きさを求めよ。
(2) 仮に,棒に外から力を加えて線Mと線Nとの間でも棒の速度をuに保ったとする。この場合に棒を流れる電流を求めよ。また,この電流により生じる棒にはたらく力の向きを答えよ。
(3) 実際には棒に外から力を加えなかったので,線Mを通過すると電流により生じる力によって棒の速度はuから徐々に変化した。棒が線Nを通過した直後の速度を求めよ。

〔Ⅲ〕 棒が線Nを通過した後でスイッチSを再び閉じると,棒は徐々に減速した。棒の速度がvであったときの棒の加速度を求めよ。

〔Ⅳ〕 〔Ⅲ〕においてスイッチSを閉じる前に,抵抗Rを自己インダクタンスLのコイルに取り替えた場合について考える。棒が線Nを通過した後でコイルにつながれたスイッチSを閉じたところ,やがて棒の速度の符号は反転した。スイッチSを閉じてから棒の速度がゼロになるまでの時間を求めよ。

〔東大〕

磁束線を切りながら進む導体棒に発生する起電力（「ローレンツ力電池」）という超頻出の題材の応用版。次の7つのポイントを、1つひとつ押さえていこう。

❶ 電磁誘導に関する問題の解法の手順は、必ず 起 → 電 → 力 (p.283)とすること。

❷ 電磁誘導では、「回路系」と「力学系」の2タイプのエネルギー収支の式が成立すること。そして、それらの式に含まれる「ローレンツ力電池の電力」と「電磁力の仕事率」の和は、必ず0になること(p.286)。

❸ 「ハの字型レール」で発生する起電力を、正しく求めることができること(p.289)。

❹ 回路にコンデンサが含まれるときに、コンデンサーに流出入する電流を、定義に基づいて「微分」を用いて求めることができること(p.290)。

❺ 前後のエネルギー保存の式の中に、コンデンサーの静電エネルギーを忘れずに含めること(p.292)。

❻ 回路にコイルが含まれるときに、コイルに流れる電流 I を、

$$L\frac{\Delta I}{\Delta t} = Bl\frac{\Delta x}{\Delta t} \quad \therefore \quad \Delta I = \frac{Bl}{L}\Delta x$$

の形から求めることができること(p.296)。

❼ 一般に、「ローレンツ力電池」＋「コイル」の設定では、棒は単振動することを証明し、その周期 T を求めることができること(p.297)。

導入 電磁誘導に関する問題の解法には，この順番でいつも解けるというおきまりのパターンがある。

《電磁誘導の解法3ステップ》

STEP1 発生する誘導 起 電力 V を求める。

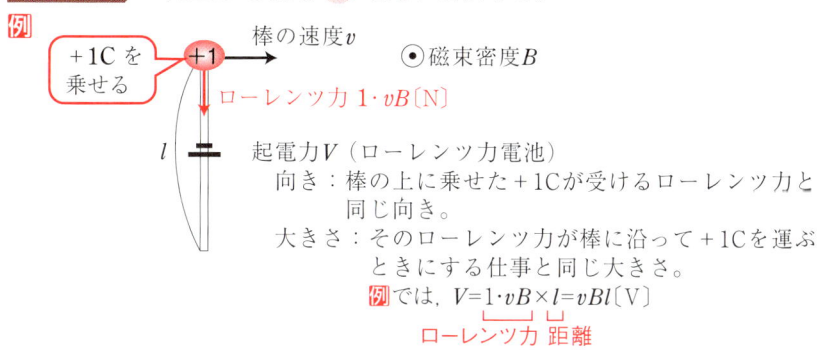

例

+1C を乗せる → +1 → 棒の速度 v ⊙磁束密度 B

ローレンツ力 $1 \cdot vB$ [N]

l 起電力 V（ローレンツ力電池）
向き：棒の上に乗せた+1Cが受けるローレンツ力と同じ向き。
大きさ：そのローレンツ力が棒に沿って+1Cを運ぶときにする仕事と同じ大きさ。

例では，$V = \underbrace{1 \cdot vB}_{\text{ローレンツ力}} \times \underbrace{l}_{\text{距離}} = vBl$ [V]

STEP2 閉回路1周の電圧降下の和=0の式を用いて，回路に流れる 電 流 I を求める。

STEP3 その電流 I が流れる棒が磁界から受ける電磁 力 F を求める。

例

⊙B

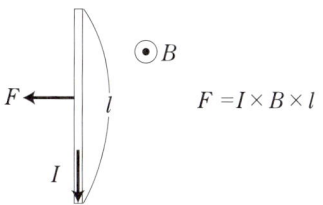

$F \leftarrow$ | l $F = I \times B \times l$

$I \downarrow$

あとは，棒の加速度 a で場合分けする。

　　　$a = 0$ ➡ 力のつり合いの式

　　　$a \neq 0$ ➡ 運動方程式

以上の流れを，起 → 電 → 力 と「起電力」に引っかけて頭に入れておこう。

解 説

〔Ⅰ〕《電磁誘導の解法3ステップ》で，起 電 力 の順に解こう。

(1) 起　まず，棒が一定の速さvで斜面をすべり下りているとして，棒に発生する起電力の向きは，棒の上に乗せた+1Cのローレンツ力の向きから，+x向きとなる。また，その大きさVは，図aで速度$\vec{v}$を分解して，$\vec{B}$と垂直成分の$v\cos\theta$だけを考えて，

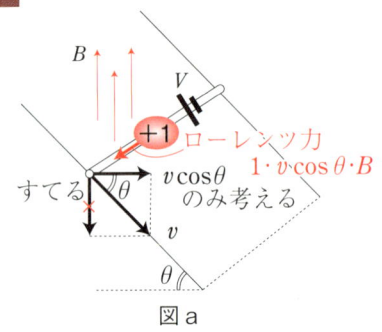

$$V = \underbrace{1 \cdot v\cos\theta\, B}_{\text{ローレンツ力}} \times \underbrace{D}_{\text{距離}} = vBD\cos\theta \text{ [V]}$$

となる。

電　棒の速さは一定値に落ちついている。よって，コンデンサーの電圧も一定で，コンデンサーには電流は流れ込まない。よって，図bより，電位の関係式は，

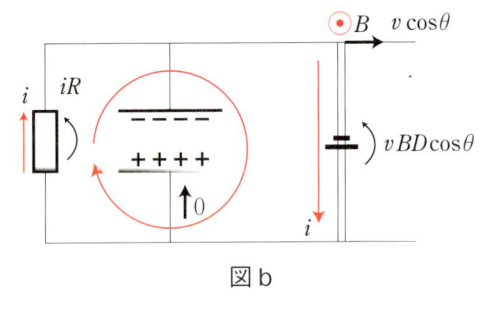

$$\circlearrowleft : iR - vBD\cos\theta = 0 \quad \cdots\cdots ①$$

となる。

力　図cのように，+x方向から見た棒に働く電磁力の大きさはiBDで，向きは$-y$向きとなっている。いま，棒は一定速度なので，斜面と平行方向の力のつり合いの式より，

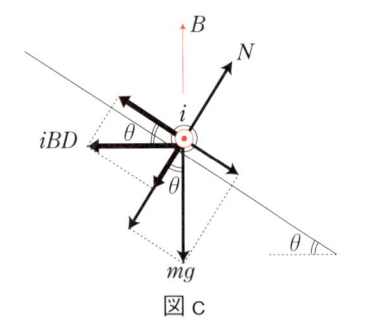

$$iBD\cos\theta = mg\sin\theta \quad \cdots\cdots ②$$

この式より，

$$i = \frac{mg}{BD}\tan\theta \quad \cdots\cdots ③$$

となる。

(2) また,③式を①式に代入して,

$$\frac{mgR}{BD}\tan\theta - vBD\cos\theta = 0$$

$$\therefore \quad v = \frac{mgR\sin\theta}{(BD\cos\theta)^2} \quad \text{答}$$

となる。

(3)

📖 **テクニック**

ローレンツ力電池＋抵抗Rの問題で,棒が一定速度の場合で,回路のエネルギー収支について問われたときに,広く使えるテクニックがある。

それは,

電 の(電位の式)×(電流)
➡ 1秒あたりの回路のエネルギー収支の式が出る。
（電圧×電流＝電力であるので）

力 の(力のつり合いの式)×(速度)
➡ 1秒あたりの力学的エネルギー収支の式が出る。
（力×速度＝仕事率であるので）

ここで,①式の両辺×電流 i より,

$$\underbrace{i^2 R}_{\substack{\text{抵抗Rでの}\\\text{消費電力}}} = \underbrace{ivBD\cos\theta}_{\substack{\text{ローレンツ力電池が1秒}\\\text{にする電気的な仕事}}} \quad \cdots\cdots ④$$

さらに,②式の両辺×速度 v より,

$$\underbrace{iBDv\cos\theta}_{\substack{\text{電磁力が1秒にする}\\\text{負の仕事の大きさ}}} = \underbrace{mgv\sin\theta}_{\substack{\text{重力が1秒にする}\\\text{正の仕事の大きさ}}} \quad \cdots\cdots ⑤$$

$$\|$$

重力による位置エネルギーの1秒あたりの減少分
（1秒あたり,棒は $v\sin\theta$ だけ高さが下がっている）

④式と⑤式を比べてほしい。何か気づくことはあるかな？

あ！　④式の右辺と⑤式の左辺は，全く等しくなっています

イメージ　要は，「重力が電磁力に逆らってする力学的な仕事」が，「ローレンツ力電池の起電力が回路に投入する電気的な仕事」の源となっているんだね。つまり，力学的エネルギーから電気エネルギーへの変換，これが電磁誘導で発電するということなんだ。

そこで，④式の左辺と⑤式の右辺も等しくなり，

$i^2 R = mgv \sin\theta$

両辺にTをかけて，

$\underbrace{i^2 R \times T}_{T秒間で消費されるジュール熱} = \underbrace{mgv \sin\theta \times T}_{T秒間に失う位置エネルギー}$　**答**

ところで，④式の右辺と⑤式の左辺が一致していたのは，ただのラッキーで，偶然だったのであろうか。

いいえ，そこには電磁誘導の本質ともいうべき，エネルギー変換のシナリオがあったのだ。次の**研究**を見ていただきたい。

発電機とモーターの違いとは？
㋐発電機とは力学的エネルギー ➡ 電気的エネルギー（本問の(3)の場合）
㋑モーターとは電気的エネルギー ➡ 力学的エネルギーの変換をする装置になっている
これを確認してみよう。

㋐**発電機**：外力Fによって棒が速さvで引かれ，起電力vBlが発生している。そのため電流Iが流れ，電磁力IBlを受けている（図d）。

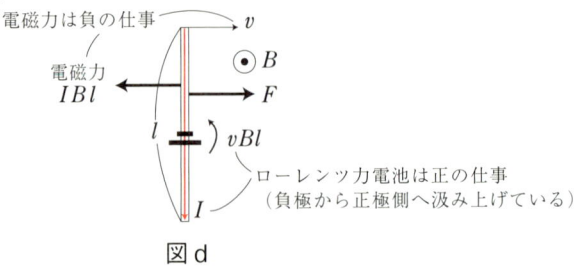

電磁力は負の仕事
電磁力 IBl　　　v
　　　　　　　　　　⊙ B
　　　　　　　　　　F
l　vBl
ローレンツ力電池は正の仕事
（負極から正極側へ汲み上げている）
I

図d

(イ)**モーター**：乾電池によって棒に電流 I が流され，その電流が受ける電磁力 IBl によって棒が速さ v で動き，起電力 vBl が発生している（図e）。

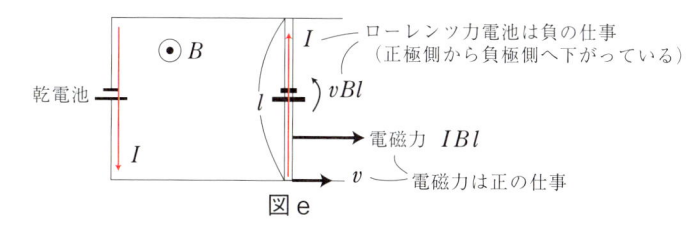

```
            ⊙ B    │I
                   │       ローレンツ力電池は負の仕事
                   │       （正極側から負極側へ下がっている）
  乾電池 ─┤├─  l  ─┤├─ vBl
                   │
                   │       → 電磁力 IBl
                   │I      → v
                          電磁力は正の仕事
                  図e
```

各場合の1秒あたりのエネルギー収支を表にしてみよう（符号に注目）。

	ローレンツ力電池 vBl の仕事率	電磁力 IBl の仕事率	合計
(ア)発電機	$+I \times vBl$	$-IBl \times v$	0
(イ)モーター	$-I \times vBl$	$+IBl \times v$	0

つまり，1秒あたりで見ると，

(ア)発電機では　力学的エネルギーは $IBl \times v$ だけ減少し
　　その分　電気的エネルギーは $I \times vBl$ だけ増加している
(イ)モーターでは　電気的エネルギーは $I \times vBl$ だけ減少し
　　その分　力学的エネルギーが $IBl \times v$ だけ増加している

以上のことが確認できた。

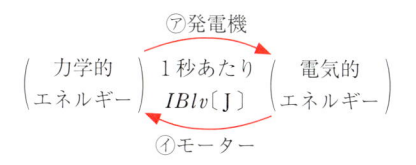

$$\begin{pmatrix} 力学的 \\ エネルギー \end{pmatrix} \xrightarrow[\text{(イ)モーター}]{\text{(ア)発電機}} \begin{pmatrix} 1秒あたり \\ IBlv\,[\mathrm{J}] \end{pmatrix} \begin{pmatrix} 電気的 \\ エネルギー \end{pmatrix}$$

　本問で，④式の右辺と⑤式の左辺が全く一致していたのは，(ア)の発電機のエネルギー変換の現れだったのだ。

Point 電磁誘導のエネルギー変換のルール

❶ 「ローレンツ力電池のする仕事」と，「電磁力のする仕事」の和は必ず0（片方は正なら，もう片方は必ず負となる）

❷ よって，全体としてのエネルギー保存の式の中に「ローレンツ力電池の仕事」と「電磁力の仕事」は現れてこない（打ち消し合って消える運命）（例えば(3)の答の形を見よ）。

〔Ⅱ〕 (1) 《電磁誘導の解法3ステップ》起 電 力 (p.283)で解き続けよう。

起　図fより，ローレンツ力電池の起電力は，

$$\underbrace{1 \cdot uB}_{\text{ローレンツ力}} \times \underbrace{D}_{\text{距離}} = uBD$$

電　図fより，ローレンツ力電池と並列につながったコンデンサーの電圧

$$V = uBD$$

よって，蓄えられている電荷の大きさQは，

$$Q = CV = CBDu \ \text{答}$$

となる。

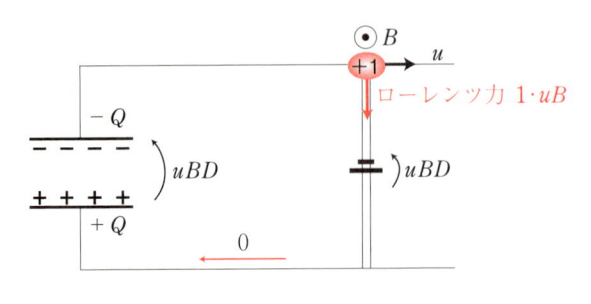

図f

(2) 図gのように，x軸を定める。いま，棒がx軸上を一定速度uで動いているときに，レールの間の部分の棒の長さ$D(x)$は，xの関数として，

$$D(x) = D - 2x\tan\phi \quad \cdots\cdots ⑥$$

となる。

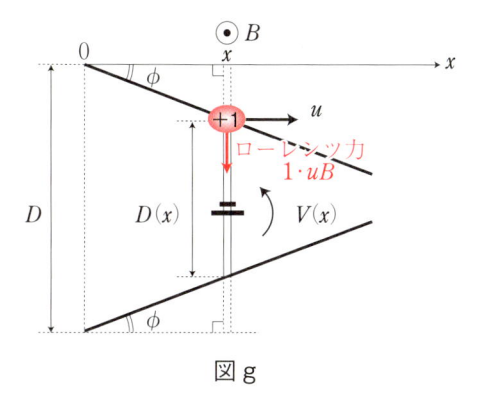

図g

よって，この瞬間のローレンツ力電池の起電力の大きさ$V(x)$は，

$$V(x) = \underbrace{1 \cdot uB}_{\text{ローレンツ力}} \times \underbrace{D(x)}_{\substack{\text{今の瞬間の}\\\text{レール間の長さ}}}$$

$$= uB(D - 2x\tan\phi) \quad \cdots\cdots ⑦ \quad (\because \quad ⑥)$$

となる。

この起電力$V(x)$は，瞬間の起電力だから，時間とともに変化していくよ。時間とともに$x \to$ 大となるので，⑦式より，$V(x)$は小さくなっていく。それにともなってコンデンサーの電気量Qも，

$$Q = CV(x)$$

$$= CuB(D - 2x\tan\phi) \quad \cdots\cdots ⑧ \quad (\because \quad ⑦)$$

というように，xとともに小さくなってしまう。

このようにして，だんだんとコンデンサーは放電してしまうんだ。つまり，コンデンサーから電流Iが流出してしまうことになるね。

次に，この電流Iを求めてみよう。

電　さて，次はこのコンデンサーから流出する電流Iを求めたいのだけれど，コンデンサーから流出入する電流ときたら，p.8で見た次の📖を使おう。

📖 コンデンサーの電気量 Q と電流 I の関係

$\begin{pmatrix} \text{コンデンサーから} \\ \text{流出する電流} I \end{pmatrix}$

$= \begin{pmatrix} 1\text{秒あたりの電気量} \\ \text{の減少分} \end{pmatrix}$

$= -(Q-t\text{グラフの傾き})$

$= -\dfrac{dQ}{dt}$

例 1秒に3Cずつ減るので、流出する電流 I は、

$$I = -\dfrac{dQ}{dt} = -(-3) = 3 \text{[A]}$$

> t で微分
> ∥
> 横軸 t のグラフの傾きをとる

本問では、この 📖 の、

$$I = -\dfrac{dQ}{dt}$$

に、⑧式の、

$$Q = CuB(D - 2x\tan\phi)$$

を代入して、

$$I = -CuB \times \dfrac{d(D - 2x\tan\phi)}{dt}$$

$$= CuB2\tan\phi \times \dfrac{dx}{dt} \quad \longleftarrow \text{定数の微分は0、および係数は外へ出るので}$$

$$= CuB2\tan\phi \times u \quad \longleftarrow \dfrac{dx}{dt} = (x-t\text{グラフ})\text{の傾き} = \text{速さ} u$$

$$= CB\alpha u^2 \quad \longleftarrow \text{与式} 2\tan\phi = \alpha \text{ より}$$

となる。答えは $+x$ 向きを正として、$\underline{-CB\alpha u^2}$ **答**

研究 瞬間の起電力の他の例

本問(2)の「ハの字型レール」のような，瞬間の起電力の例を見てみよう。

例1 磁界のある領域に，対角線の方向から速さvで入っていく正方形コイル(図h)

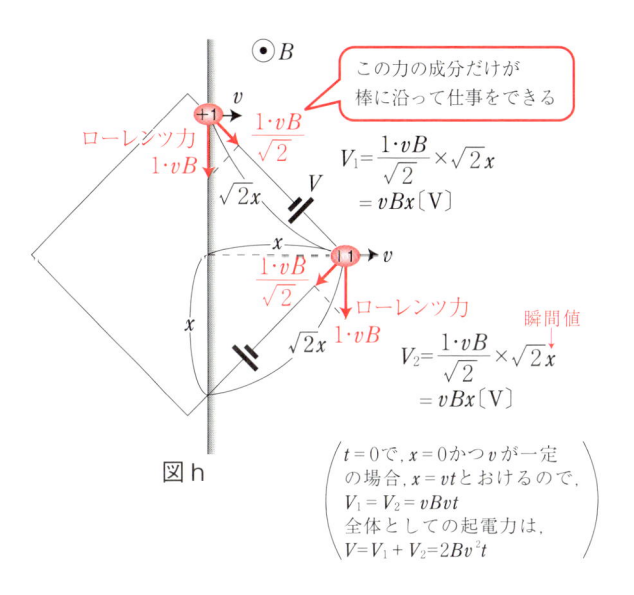

$V_1 = \dfrac{1 \cdot vB}{\sqrt{2}} \times \sqrt{2}\,x = vBx \,\text{[V]}$

$V_2 = \dfrac{1 \cdot vB}{\sqrt{2}} \times \sqrt{2}\,x = vBx \,\text{[V]}$

この力の成分だけが棒に沿って仕事をできる

図h

$\begin{pmatrix} t=0\text{で，}x=0\text{かつ}v\text{が一定} \\ \text{の場合，}x=vt\text{とおけるので，} \\ V_1 = V_2 = vBvt \\ \text{全体としての起電力は，} \\ V = V_1 + V_2 = 2Bv^2 t \end{pmatrix}$

例2 直線電流Iのつくる磁界中を速さvで動く導体棒(図i)

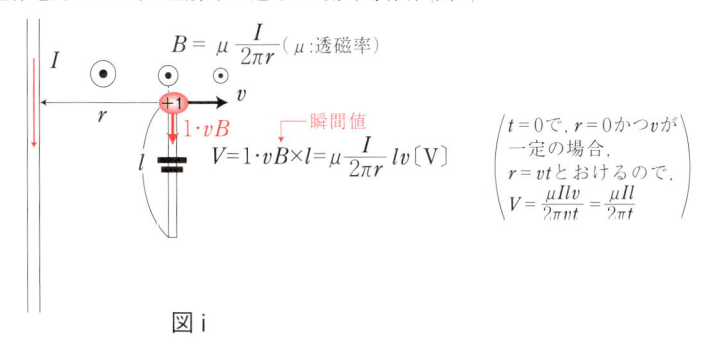

$B = \mu \dfrac{I}{2\pi r}$ (μ:透磁率)

瞬間値

$V = 1 \cdot vB \times l = \mu \dfrac{I}{2\pi r} lv \,\text{[V]}$

図i

$\begin{pmatrix} t=0\text{で，}r=0\text{かつ}v\text{が} \\ \text{一定の場合，} \\ r=vt\text{とおけるので，} \\ V = \dfrac{\mu I l v}{2\pi v t} = \dfrac{\mu I l}{2\pi t} \end{pmatrix}$

力 (2)の結果よりコンデンサーからは電流が流出してしまうので、電流 I は図 j のように流れる。よって、棒が受ける電磁力の向きは $+y$ 向きとなる。……**答**

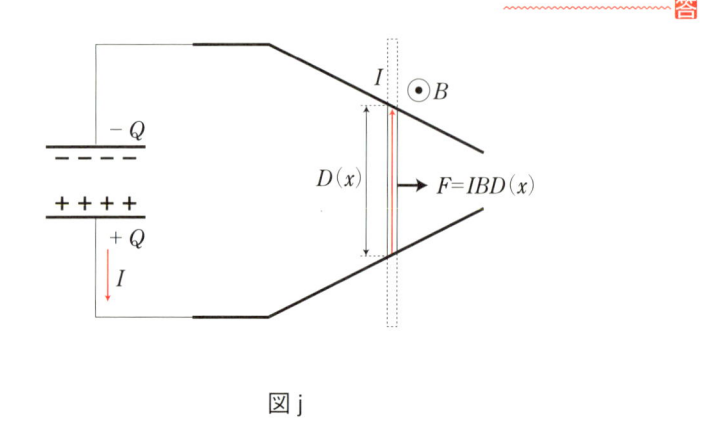

図 j

(3) 棒が M から N に達する間に、発生しているジュール熱はあるかな？

> いいえ、コンデンサーだけですので熱の発生はありません

では、図 k の**前**と**後**の間で、全エネルギー保存の式を立ててごらん。

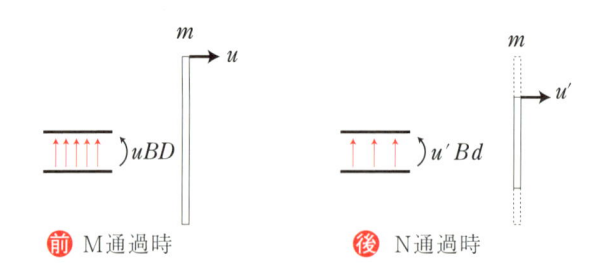

前 M 通過時　　**後** N 通過時

図 k

> 重力の位置エネルギーはないから、$\frac{1}{2}mu^2 = \frac{1}{2}mu'^2$ です

ブブー。　それじゃ $u' = u$ で速度は変化しないでしょ。何かのエネルギーを忘れてるよ。それは目には見えないエネルギーだから注意してね。

> あ！ コンデンサーのエネルギーも含めます！

気づいたね。すると,

$$\frac{1}{2}mu^2 + \frac{1}{2}C(uBD)^2 = \frac{1}{2}mu'^2 + \frac{1}{2}C(u'Bd)^2$$

$$\therefore u' = \sqrt{\frac{m + C(BD)^2}{m + C(Bd)^2}}\, u \quad \text{答}$$

となるね。

　目に見えないけれど，**電界・磁界も立派なエネルギーに満ち満ちた空間**だからね。忘レナイようにしよう。

〔Ⅲ〕　毎度毎度の**《電磁誘導の解法3ステップ》**(p.283)だ。

起　図1より起電力の大きさ vBd〔V〕

電　図1の抵抗を流れる電流を i とすると，

$$\circlearrowright : iR - vBd = 0$$

$$\therefore i = \frac{vBd}{R} \quad \cdots\cdots ⑨$$

　一方，コンデンサーの電気量は $q = CvBd$ で，これは棒の減速とともに小さくなっていくので，電流 I が流出していく。I は p.290 の📖テクニックより，コンデンサーの電気量 q の減少率と等しく，

$$I = -\frac{dq}{dt}$$

$$= -CBd \times \frac{dv}{dt} \quad (q = CBdv \text{ より})$$

ここで，$\dfrac{dv}{dt}$ は棒の加速度 a と等しいので，

$$I = -CBda \quad \cdots\cdots ⑩$$

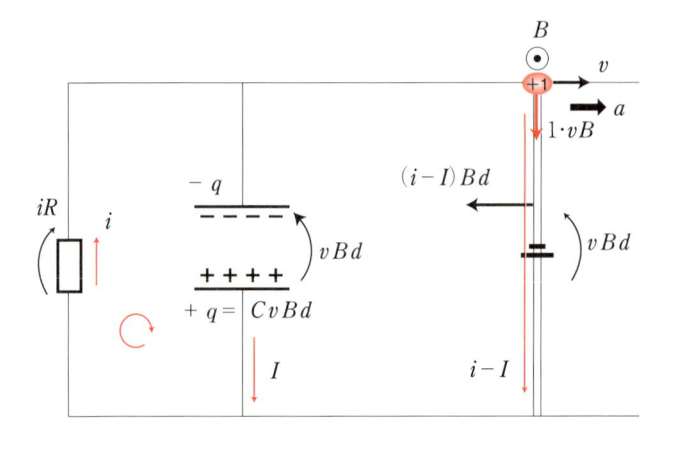

図1

力 図1より，棒には $+x$ 向きに大きさ $i-I$ の電流が流れる。これによって棒には電磁力が $-y$ 向きに $(i-I)Bd$ の大きさではたらくので，その運動方程式は，

$$ma = -(i-I)Bd$$

ここに⑨式と⑩式を代入して，

$$m\,\textcircled{a} = -\left(\frac{vBd}{R} + CBd\,\textcircled{a}\right)Bd$$

$$\therefore\quad \{m + C(Bd)^2\}\,\textcircled{a} = -\frac{(Bd)^2 v}{R}$$

$$\therefore\quad \textcircled{a} = \frac{-(Bd)^2 v}{\{m + C(Bd)^2\}R} \quad \cdots\cdots ⑪$$

●ポイント●
$\textcircled{a}$ について強引にまとめること

💡イメージ　⑪式より，v-tグラフを，スイッチSを閉じてからの時間tを横軸にしてかいてみよう。

⑪式より，a (v-tグラフの傾き)は常に負である。よって，速度vは減速していく。さらに$v\to 0$に近づくと，⑪式より，$|a|\to 0$となる。よって，v-tグラフの傾きの大きさは0に近づいていく。つまり，グラフは図mのように，横軸tにだんだんと漸近していく。
(なお，このグラフの式がtの指数関数になることを巻末の付録で説明してあるので，見ていただきたい。)

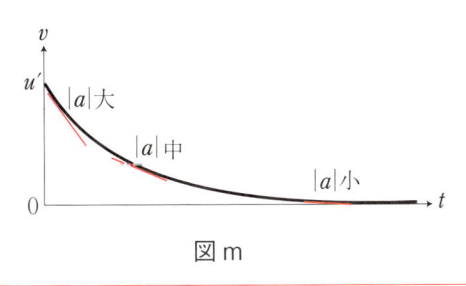

図m

〔Ⅳ〕 いつも手順は 起 電 力 の順

起　図nより，起電力の大きさ vBd

電　図nより，コンデンサーから流出する電流Iは，コンデンサーの電気量qの減少率に等しく，

$$I = -\frac{dq}{dt}$$
$$= -CBd \times \frac{dv}{dt} \quad (q = CBd \times v \text{より})$$
$$= -CBd \times a \quad \cdots\cdots ⑫ \quad \left(\frac{dv}{dt} = a \text{より}\right)$$

おきまりの式変形
(p.293と同じ)

一方，コイルに流れる電流をiとすると，電位の関係式は，

$$\circlearrowleft : L\frac{di}{dt} - vBd = 0 \quad \cdots\cdots ⑬$$

となる。

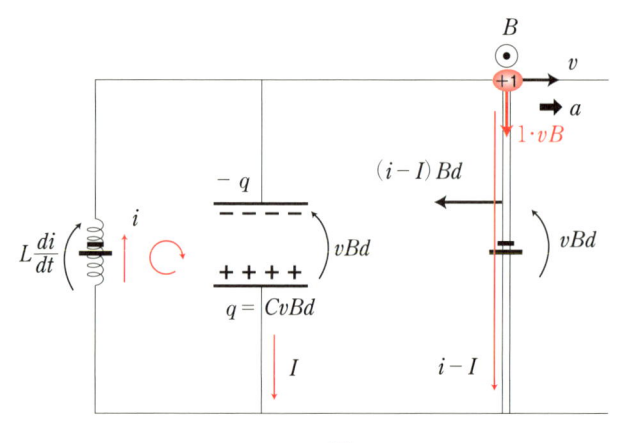

図n

ここで，コイルとローレンツ力電池が接続されたときに，一般に使える式変形についてまとめておこう。

⑬式より，

$$L\frac{di}{dt} = vBd$$

ここで大切なのは，$v = \frac{dx}{dt}$ とすることで，

$$L\frac{di}{dt} = Bd\frac{dx}{dt}$$

入試物理の範囲では，一般的に $\frac{dx}{dt} = \frac{\Delta x}{\Delta t}$ のように，分数としておき換えていいので，

$$L\frac{\Delta i}{\Delta t} = Bd\frac{\Delta x}{\Delta t}$$

両辺に Δt をかけて，

$$L\Delta i = Bd\Delta x$$

ここで，デルタ記号の定義 $\Delta ★ = (後の★) - (前の★)$ より，
本問では，スイッチSを入れたときを $x=0$ で $i=0$ として，図nで $x=x$ で $i=i$ となったので，
$\Delta x = x - 0$, $\Delta i = i - 0$ より，

$$L(i-0) = Bd(x-0)$$

$$\therefore\quad i = \frac{Bd}{L}x \quad \cdots\cdots ⑭$$

となっている。以上の式変形は，ローレンツ力電池とコイルがからむ場合には毎回必要となる。

力　図nで，棒の運動方程式は，

$$ma = -(i-I)Bd$$

⑫，⑭式を代入して，

$$m\,ⓐ = -\left(\frac{Bdx}{L} + CBd\,ⓐ\right)Bd$$

$$\therefore\quad \{m + C(Bd)^2\}\,ⓐ = -\frac{(Bd)^2}{L} \times x \quad \cdots\cdots ⑮$$

●ポイント●
ⓐについて強引にまとめること

となる。この式は，何の運動を表すか分かるかい？

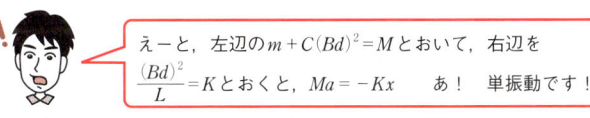

えーと，左辺の $m + C(Bd)^2 = M$ とおいて，右辺を $\frac{(Bd)^2}{L} = K$ とおくと，$Ma = -Kx$　あ！　単振動です！

そうだ。すると，振動中心は $x=0$，周期 T は，

$$T = 2\pi\sqrt{\frac{M}{K}}$$

となるね。
ここで，いま求めたい時間 t_1 は，図oより，$x=0$ でスイッチを入れてから，右端の折り返し点で折り返すまでの時間であるから，

図o

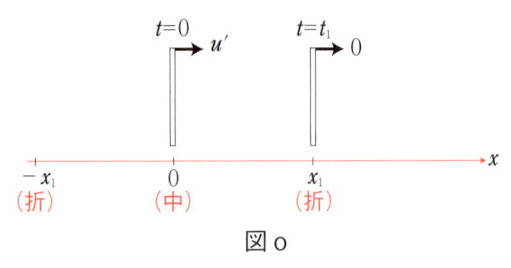

$$t_1 = \frac{1}{4} \times (\text{周期} T)$$

$$= \frac{1}{4} \cdot 2\pi \sqrt{\frac{M}{K}}$$

$$= \frac{\pi}{2} \sqrt{\frac{\{m + C(Bd)^2\}L}{(Bd)^2}} \quad \text{答}$$

⑮式より,
$M = m + C(Bd)^2$
$K = \dfrac{(Bd)^2}{L}$
を代入

となる。

> **イメージ** 一般に,(ローレンツ力電池)+(コイルL)の組み合わせでは,棒は単振動をすることは有名である。

まとめ

《電磁誘導の解法3ステップ》

起 回路に発生する起電力を求める。
- 「ローレンツ力電池」$V = \underbrace{1 \cdot vB}_{\text{ローレンツ力}} \times \underbrace{l}_{\text{距離}} \, [\text{V}]$

電 ↻回路の電位の式を立て，棒に流れる電流を求める。
- **とくに** コンデンサーの電流 I は，

  $I = \pm \dfrac{dQ}{dt}$ のように Q を t で微分して求める。

  そして，その式の中で，$\dfrac{dv}{dt} = a$ としておき換える。

- **とくに** コイルの電流 i のときは，

  $L \dfrac{di}{dt} = vBd = Bd \dfrac{dx}{dt}$

  となるが，これを変形して，

  $L \Delta i = Bd \Delta x$

  の形にもっていく。$\Delta \star = (後の \star) - (前の \star)$ で求めればよい。

力 棒にはたらく電磁力を求め，棒のつり合いの式，または運動方程式を立てる。

さらに エネルギー収支について問われたら，

電 の(電位の式)×(電流)
　➡ 1秒あたりの回路のエネルギー収支の式が出る。

力 の(力のつり合いの式)×(速度)
　➡ 1秒あたりの力学的エネルギー収支の式が出る。

第24講 回転コイルと交流回路

研究用例題24 ☑1回目 40分 ☐2回目 30分 ☐3回目 20分

　図1のように，1巻きの長方形コイルabcd（以下可動コイルとよぶ）を磁束密度$\vec{B}$〔Wb/m²〕の一様な磁界（紙面に平行右向き）中で強制的に毎秒n回転の一定の速度で回転させる。可動コイル辺の長さは，ab＝cd＝h_1〔m〕，bc＝ad＝h_2〔m〕で，回転軸ADは面abcdと同面上にあり，辺cdと平行で磁界と直交している。可動コイルの両端は，端子T_1（コイルのd側），T_2（a側）およびスイッチSwを通してR〔Ω〕の抵抗，C〔F〕のコンデンサー，またはR〔Ω〕の抵抗とC〔F〕のコンデンサーとL〔H〕の自己インダクタンスをもつコイルの直列回路に接続できるようになっている。可動コイルは，面abcdが時刻$t=0$のとき磁界の方向と一致するように置かれ（図2で$\theta=0$），手前（A側）から見て時計回りに回転している。可動コイルの抵抗と自己インダクタンスおよび可動コイルabcd以外の部分を貫く磁束はいずれも無視できる。

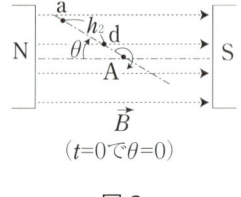

図1

図2 （$t=0$で$\theta=0$）

(1) 時刻t〔s〕に可動コイルを貫いている磁束Φ〔Wb〕を求めよ。ただし$t=0$直後での磁束を正の磁束と約束する。

(2) （i）ファラデー・レンツの法則による方法
　　 （ii）磁束線を横切って進む導体棒に発生する起電力による方法
　　　（i），（ii）のそれぞれの方法で端子T_1-T_2間の時刻t〔s〕におけ

る電圧 e〔V〕を求めよ。ただし，端子 T_1 の電位が T_2 より高いときの電圧を正とする。

(3) スイッチを1に入れたときの抵抗 R で消費される時刻 t〔s〕における瞬時電力 P_r〔W〕および，2に入れて十分に長い時間を経過した後の C で消費される時刻 t〔s〕における瞬時電力 P_c〔W〕を求めよ。

(4) P_r, P_c の時間平均値 $\overline{P_r}$, $\overline{P_c}$ はそれぞれいくらになるか。

(5) スイッチを1に入れたときの時刻 t〔s〕における可動コイル辺 ab, cd にはたらく電磁力 $\vec{F_{ab}}$, $\vec{F_{cd}}$〔N〕の大きさ F_{ab}, F_{cd} および，これらの力による軸ADのまわりの力のモーメントの和 M（A側から見て反時計回りを正とする）を求めよ。

(6) (5)のとき，可動コイルの回転に必要な時刻 t〔s〕における外力の仕事率 P_m〔W〕を求めよ。ただし，可動コイルの質量および回転にともなう摩擦は無視できるものとする。

(7) スイッチを3に入れて十分な時間が経過した後に，回路を流れる電流の実効値 I_e および，R, L, C からなる回路のインピーダンス Z を求めよ。また，Z を最小にするときの n を求めよ。

〔九大〕

目的

目標は2つ。

❶ 磁界の中で回転するコイルに発生する起電力を，2とおりの方法（ファラデー・レンツ，「ローレンツ力電池」）で，自由自在に求められるようにする。とくに，3次元空間内での出来事を正面と側面の2方向から見て，立体的にとらえられるようにすること。

❷ 交流の問題は，直列か並列かの2タイプしかない。それらを《**交流回路の解法3ステップ**》（p.310）で，自由自在に解けるようにする。とくに，コイルLでは$v=L\dfrac{di}{dt}$の式，コンデンサーCでは$i=\dfrac{dq}{dt}=C\dfrac{dv}{dt}$の式を使って，電圧$v$(↔)電流$i$の変換を$\sin(\omega t)$，$\cos(\omega t)$の微分を利用して行えるようにすること。

導入　前講では，磁束線を切って進む棒に発生する，起電力「**ローレンツ力電池**」について見てきた（p.283）。今回は，ある閉回路（コイル）を貫く磁束線の本数（磁束Φ）が，時間変化するときに発生する起電力を，**ファラデー・レンツの法則**を用いて求めてみよう。

❶ **レンツの法則**

発生する起電力の向きは，磁束Φの変化を妨げようとする向きとなる。

❷ **ファラデーの法則**

発生する起電力の大きさVは，

$V=$（1秒あたりのΦの変化の大きさ）
　$=$（$\Phi-t$グラフの傾きの大きさ）
　$=\left|\dfrac{d\Phi}{dt}\right|$

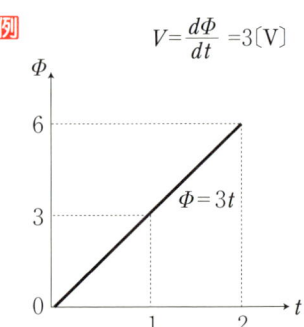

例　$V=\dfrac{d\Phi}{dt}=3$〔V〕

$\Phi=3t$

ポイントは，❶と❷を別々に行うこと。つまり，❶で起電力の向きは向きでしっかり確定し，❷で起電力の大きさを必ず正の値になるように出すこと。

解　説

(1) 時刻 $t\left(<\dfrac{\pi}{2\omega}\right)$ において，コイルを磁石の **S極側から見る**。すると，図aのように，コイル面abcdは**見かけ上**，縦 $h_2\sin(\omega t)$，横 h_1 の長方形の形に見える。この長方形の見かけ上の面積 $S_\perp$ は，

$$S_\perp = h_1 h_2 \sin(\omega t) \quad \cdots\cdots ①$$

（ただし，角速度 $\omega = 2\pi n \quad \cdots\cdots ②$）

となる。

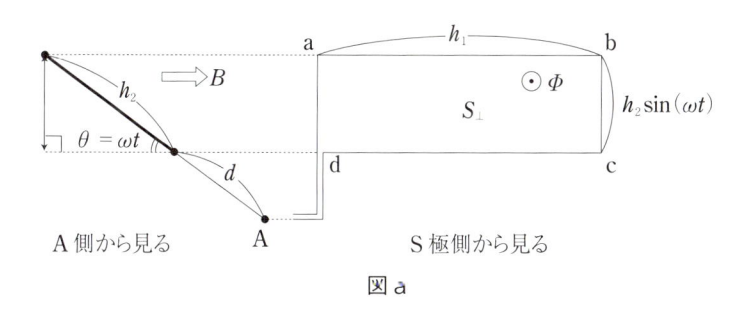

図a

よって，時刻 t にコイルを貫いている磁束 Φ は，

$$\Phi = BS_\perp = Bh_1 h_2 \sin(\omega t) \quad (\because\ ①)$$

$$= \underline{Bh_1 h_2 \sin(2\pi nt)} \quad \cdots\cdots ③ \quad (\because\ ②) \quad \boxed{答}$$

(2) これから，《電磁誘導の解法3ステップ》(p.283)で **起 電 力** の順に解いていく。

起　(i) **ファラデー・レンツの法則による方法**

図aで，コイルを貫く磁束 Φ は時間とともに増えつつあるから，図bのようにその変化を妨

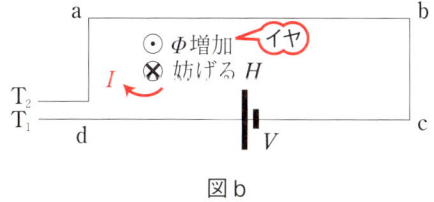

げようとする向きに起電力Vが生じる。

その起電力の大きさVは，

$$V = \left|\frac{d\Phi}{dt}\right|$$
$$= 2\pi n B h_1 h_2 \cos(2\pi nt)$$

③をtで微分する。
$\sin(\omega t)$の微分は，$\omega\cos(\omega t)$
$\cos(\omega t)$の微分は，$-\omega\sin(\omega t)$
は使えるようにしておこう。

よって，問題文の図1より，aはT_2，dはT_1につながれているので，T_2に対するT_1の電位eは，

$$e = +V = 2\pi n B h_1 h_2 \cos(2\pi nt) \quad \cdots\cdots ④ \quad \text{答}$$

(ii) **ローレンツ力電池による方法**

図cのように，手前（A側）から見ると，辺abの（速さ）＝（半径）×（角速度）は$(d+h_2)\omega$，辺cdの速さは$d\omega$になっている。その速度の向きは，コイルの回転軌道円の接線方向である。その速度を上向きと右向きに分解しておく。

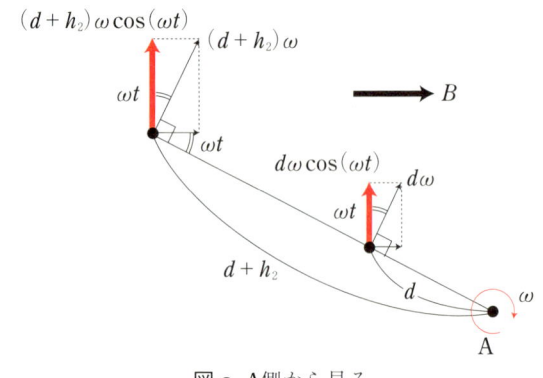

図c A側から見る

図dのように，S極側から見ると，コイルが磁束線を直角に横切って進む，**上向き成分のみが見える**。図dより，時刻tの瞬間，発生するローレンツ力電池の起電力V_{ab}，V_{cd}は，

$$V_{ab} = 1 \cdot \underbrace{(d+h_2)\omega\cos(\omega t)B}_{\text{ローレンツ力}} \times \underbrace{h_1}_{\text{距離}} \text{（大）}$$

$$V_{cd} = 1 \cdot \underbrace{d\omega\cos(\omega t)B}_{\text{ローレンツ力}} \times \underbrace{h_1}_{\text{距離}} \text{（小）}$$

V_{ab} ローレンツ力
$1·(d+h_2)\omega\cos(\omega t)B$
$(d+h_2)\omega\cos(\omega t)$

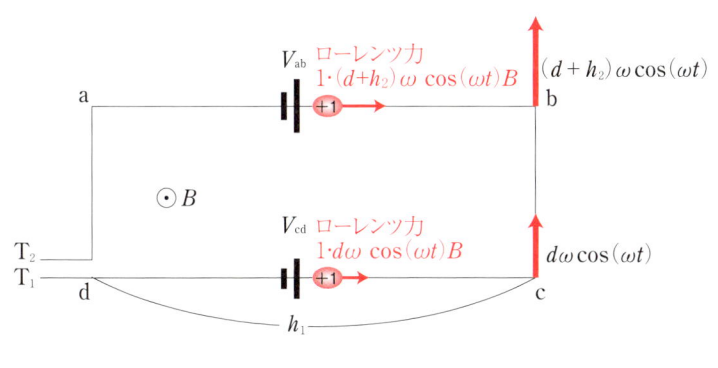

a　　　　　　　　　　　　　b

$\odot B$

V_{cd} ローレンツ力
$1·d\omega\cos(\omega t)B$
$d\omega\cos(\omega t)$

T_2
T_1　　d　　　　　　　　　　　c
　　　　　　h_1

図d　S極側から見る

となる。よって，図dより，T_2 に対する T_1 の電位 e は，

$e = +(V_{ab} - V_{cd})$

$\quad = Bh_1h_2\omega\cos(\omega t)$

$\quad = 2\pi nBh_1h_2\cos(2\pi nt)$　（∵　②）　【答】

> 両方で同じ答が出ましたね。どちらを使えばいいんですか？

それは問題文の誘導しだいだね。両方で試してみて，同じ答えになるかどうか，チェックするのがベストだよ。

(3)　【電】　スイッチSwを1に入れると，抵抗Rには電流 $I_R = \dfrac{V}{R}$ が流れるので，消費電力 P_r は，④式より，

$$P_r = I_R \times V = \frac{V^2}{R} = \frac{(2\pi nBh_1h_2)^2}{R}\cos^2(2\pi nt) \quad \cdots\cdots ⑤$$ 【答】

となる。

スイッチSwを2に入れると，コンデンサーCに流れ込む電流I_cは，(p.290より)

I_c＝（1秒あたりの電気量Qの増加）

　　＝（Q-tグラフの傾き）

　　$= \dfrac{dQ}{dt}$

　　$= C\dfrac{dV}{dt}$　（$Q=CV$より）

　　$= C(2\pi n)^2 Bh_1 h_2 \{-\sin(2\pi nt)\}$　……⑥

④をtで微分する。
$\cos(\omega t)$の微分は，
$-\omega\sin(\omega t)$を用いる。

よって，コンデンサーでの消費電力P_cは，④⑥式より，

$P_c = I_c V$

　　$= -(2\pi n)^3 C(Bh_1 h_2)^2 \sin(2\pi nt)\cos(2\pi nt)$　……⑦

(4) 消費電力P_rの時間平均$\overline{P_r}$って，一体どうやって求めるのですか？

P-tグラフをかけば一発だよ。図eのように，縦軸を消費電力P，横軸を時刻tとして，P-tグラフをかく。その下の面積は$P \times t$で，これはt秒間に消費された電気エネルギーを表す。

P_rのグラフは，⑤式より，

$\cos^2\omega t = \dfrac{1+\cos(2\omega t)}{2}$

（2倍角の公式より）

となるので，グラフは図fのようにかける。

図fの灰色の面積を平らにならすと，結局，一定電力$\overline{P_r}$のときと同

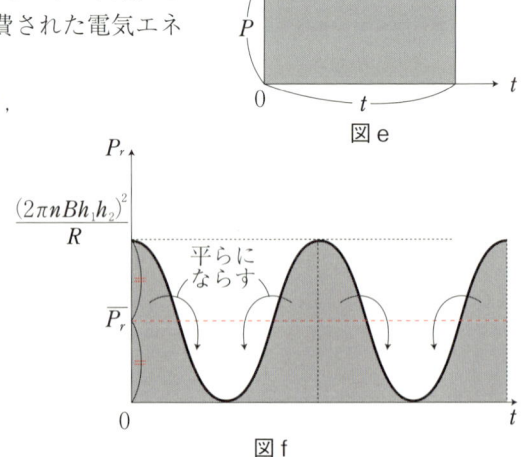

図e

図f

じ面積となることが分かる。

よって，図 f より，P_r の平均値 $\overline{P_r}$ は，

$$\overline{P_r} = \frac{(2\pi n B h_1 h_2)^2}{2R} \quad \text{答}$$

> **イメージ**
>
> $\overline{P_r}$ は，④式の交流電圧 V の(振幅)$\div \sqrt{2} = (2\pi n B h_1 h_2) \div \sqrt{2}$（$=V_e$ とおく）として，直流電圧 V_e がかかっていると仮定したとき，消費電力 $\dfrac{V_e^2}{R}$ と等しくなっている。
>
> この $V_e =$ (振幅)$\div \sqrt{2}$ を，**交流の実効値**という。実効値というのは，交流がどんな直流と同じ効果（消費電力）をもつのかを表す。

一方，P_c のグラフは⑦式より，

$$-\sin(\omega t)\cos(\omega t) = -\frac{1}{2}\sin(2\omega t) \quad \text{（2倍角の公式より）}$$

となるので，グラフは図 g のようにかける。すると，図 g では，t 軸の上の面積（正の消費電力）と下の面積（負の消費電力）とが相殺して，長い時間で見れば平均値は，
$\overline{P_c} = 0$ 答

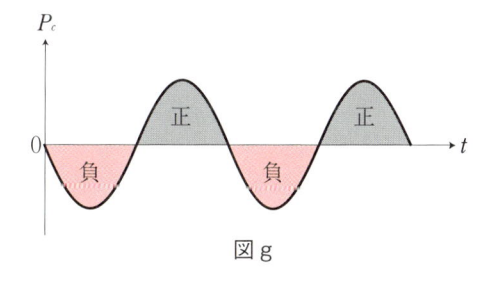

図 g

> **イメージ** 　　負の消費電力とは？
>
> 要は，コンデンサーが充電されていき，力学的エネルギーがコンデンサー内の静電エネルギーに蓄えられていくときを正の消費電力，逆に，放電していき静電エネルギーが力学的エネルギーに戻されるときを負の消費電力という。「正負を繰り返すので平均が 0 となる」というのは，「銀行にお金を入れたり出したりしているだけでは，お金を使ったことにはならない」のと同じだ。そもそもコンデンサーやコイルでは熱は発生しようがないから，**時間平均消費電力は必ず 0** になるしかないんだ。

第24講　回転コイルと交流回路

(5) **力** 図hのように，辺ab，辺cdが受ける電磁力は，ともに同じ大きさで，

$$F_{ab} = F_{cd} = |I|Bh_1 = \frac{|V|}{R}Bh_1 = \frac{2\pi n B^2 h_1^2 h_2}{R}|\cos(2\pi nt)| \cdots\cdots ⑧$$

(∵ ④)

となり，向きは$\vec{F_{ab}}$：鉛直下向き，$\vec{F_{cd}}$：鉛直上向きとなる。

また，軸ADのまわりの力のモーメントの和Mは(反時計回りを正として)，

$$M = F_{ab}\cos(\omega t) \times (d + h_2) - F_{cd}\cos(\omega t) \times d$$

$$= \frac{2\pi n B^2 h_1^2 h_2^2}{R}\cos^2(2\pi nt) \quad (\because ②⑧)$$

> **イメージ** 電磁力の反時計回りのモーメントが正ということは，外力を時計回りのモーメントが生じるように加えないと，回転が維持できないということを表しているね。

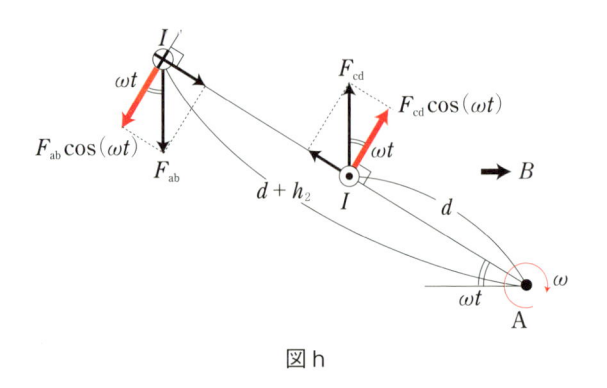

図h

(6) 図iのように，外力を$\vec{F_{ab}}$，$\vec{F_{cd}}$の円の接線方向成分と，ちょうど逆向きになるように加える必要がある。その大きさFは，ともに，

$$F = F_{ab}\cos(\omega t) = F_{cd}\cos(\omega t)$$

$$= \frac{2\pi n B^2 h_1^2 h_2}{R}\cos^2(2\pi nt) \quad (\because ②⑧) \quad \cdots\cdots ⑨$$

図中ラベル:
- 正の仕事
- 外力 F
- $(d+h_2)\omega$
- $F_{ab}\cos(\omega t)$
- $F_{cd}\cos(\omega t)$
- $d\omega$
- $d+h_2$
- d
- 外力 F
- 負の仕事
- A
- ω

図 i

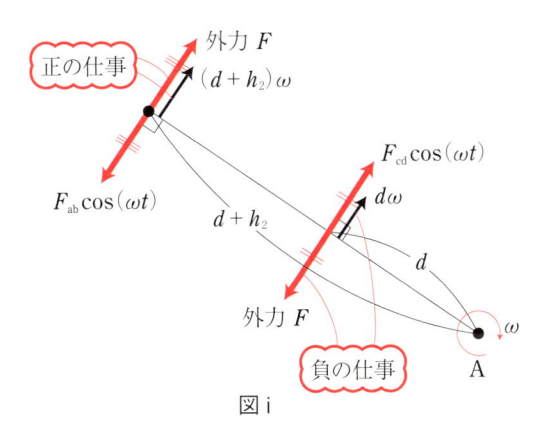

よって，外力Fの仕事率（力×速度（＝半径×ω））の和は，

$$P_m = \underbrace{+\ F \times (d+h_2)\omega}_{\text{正の仕事}} \underbrace{-\ F \times d\omega}_{\text{負の仕事}}$$

$$= F h_2 \omega$$

$$= \frac{(2\pi n B h_1 h_2)^2}{R} \cos^2(2\pi n t) \quad (\because \ ②⑨) \quad \text{答}$$

> **イメージ** このP_mは(3)で求めた抵抗Rでの消費電力P_rと一致する。これは，外力の投入した仕事が，電磁誘導を通して，抵抗から発生する熱エネルギーに変換されるという発電機(p.286)と同じ**エネルギー保存が成立**していることを意味する。このように，P_mとP_rとが一致することをチェックすると，**計算ミスが防げる**。

(7) さて，ここからは交流回路の問題だが，交流といっても難しくはない。その解法は，次の2パターンのみだ。

> **Point** 《交流回路の解法３ステップ》
>
> **タイプ１** 直 列 型
>
> **STEP1** 共通の電流を $i = I\sin(\omega t + \phi)$ と仮定する。
>
> **STEP2** 各部分の電圧 v を求める。
>
> **STEP3** 各部分の電圧 v を足して，全体の電圧を求める。
>
> **タイプ２** 並 列 型
>
> **STEP1** 共通の電圧を $v = V\sin(\omega t + \phi)$ と仮定する。
>
> **STEP2** 各部分の電流 i を求める。
>
> **STEP3** 各部分の電流 i を足して，全体の電流を求める。
>
> ここで，**STEP2** の具体的な求め方は，
> ❶ 抵抗R：オームの法則 $V = IR$ のみ
> ❷ コイルL：$v = L\dfrac{di}{dt}$ の関係のみ
> ❸ コンデンサーC：$q = Cv$，$i = \dfrac{dq}{dt}$ の２式
>
> あとは，$\sin(\omega t + \phi)$ の微分は，$\omega\cos(\omega t + \phi)$
> $\cos(\omega t + \phi)$ の微分は，$-\omega\sin(\omega t + \phi)$
> となることを利用するだけ。

　本問では，R，L，Cは直列につながっているので，「**直列タイプ**」の《**交流回路の解法３ステップ**》より，

STEP1 図ｊのように共通の電流を，

$$i = I\sin(\omega t + \phi) \quad \cdots\cdots ⑩$$

と仮定する。

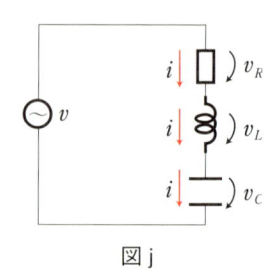

図ｊ

STEP2 各電圧は,

$$v_R = iR = IR\sin(\omega t + \phi) \quad \cdots\cdots ⑪$$

$$v_L = L\frac{di}{dt}$$

$$= I\omega L\cos(\omega t + \phi) \quad \cdots\cdots ⑫$$

$\sin(\omega t + \phi)$ の微分は, $\omega\cos(\omega t + \phi)$

$$i = \frac{dq}{dt} = C\frac{dv_C}{dt}$$

となるので,

$$\frac{dv_C}{dt} = \frac{i}{C} = \frac{I}{C}\sin(\omega t + \phi) \quad (\because \ ⑩)$$

ここで, 上の式をみたすような v_C は,

$$v_C = -\frac{I}{\omega C}\cos(\omega t + \phi) \quad \cdots\cdots ⑬$$

$\left(\begin{array}{l}\text{微分して}\sin(\omega t + \phi)\text{となるの}\\ \text{は} -\frac{1}{\omega}\cos(\omega t + \phi)\end{array}\right)$

STEP3 全電圧 v は, ⑪, ⑫, ⑬式を足して,

$$v = v_R + v_L + v_C$$

$$= I\left\{R\sin(\omega t + \phi) + \left(\omega L - \frac{1}{\omega C}\right)\cos(\omega t + \phi)\right\}$$

$$= I\sqrt{R^2 + \left(\omega L - \frac{1}{\omega C}\right)^2}\sin(\omega t + \phi + \alpha)$$

合成公式
$A\sin\theta + B\cos\theta$
$= \sqrt{A^2 + B^2}\sin(\theta + \alpha)$
$\left(\text{ただし, } \tan\alpha = \frac{B}{A}\right)$

$$\left(\text{ただし, } \tan\alpha = \frac{\omega L - \frac{1}{\omega C}}{R}\right) \quad \cdots\cdots ⑭$$

交流必須公式

ここで, 全体の電圧 v は, コイルで発生する起電力 V と一致する必要がある。

$v = V$ に, ④式と⑭式を代入して $(\omega = 2\pi n)$,

$$\omega Bh_1 h_2 \cos(\omega t) = I\sqrt{R^2 + \left(\omega L - \frac{1}{\omega C}\right)^2}\sin(\omega t + \phi + \alpha)$$

この式より，

$$\begin{cases} \phi = \dfrac{\pi}{2} - \alpha \\ I = \dfrac{\omega B h_1 h_2}{\sqrt{R^2 + \left(\omega L - \dfrac{1}{\omega C}\right)^2}} \quad \cdots\cdots ⑮ \end{cases}$$

が成立する。

よって，求める電流の実効値 $I_e = \boxed{\dfrac{振幅 I}{\sqrt{2}}}$ は，⑮式と②式より，

$$I_e = \dfrac{\sqrt{2}\,\pi n B h_1 h_2}{\sqrt{R^2 + \left(2\pi n L - \dfrac{1}{2\pi n C}\right)^2}} \quad \text{答}$$

また，インピーダンス $Z = \boxed{\dfrac{全電圧の振幅}{全電流の振幅}}$（合成抵抗に相当）は，④式と②式より，

$$Z = \dfrac{全電圧の振幅\,\omega B h_1 h_2}{全電流の振幅\,I}$$
$$= \sqrt{R^2 + \left(2\pi n L - \dfrac{1}{2\pi n C}\right)^2} \quad (\because\ ⑮②) \quad \text{答}$$

また，この Z が最小になるのは，$\left(2\pi n L - \dfrac{1}{2\pi n C}\right)^2 = 0$ となるときで，

$$\therefore\ n = \dfrac{1}{2\pi\sqrt{LC}} \quad \text{答}$$

> 💡 **イメージ** この n を LC 直列**交流回路の共振周波数**という。このとき $Z = R$ となり，回路には R が単独であるとき（スイッチ1に入れたとき）と同じ電流が流れる。

まとめ

1 回転コイルの誘導起電力の求め方

❶ レンツ・ファラデーの法則による方法

$$\Phi = BS_\perp = Bh_1h_2\sin(\omega t)$$

$$V = \frac{d\Phi}{dt} = \omega Bh_1h_2\cos(\omega t)$$

❷「ローレンツ力電池」による方法

$$V = 1\cdot(d+h_2)\omega\cos(\omega t)Bh_1 - 1\cdot d\omega\cos(\omega t)Bh_1$$
$$= \omega Bh_1h_2\cos(\omega t)$$

2 一定角速度 → エネルギー保存則 $P_m = P_r$
（または力のモーメントのつり合い）

3 《交流回路の解法3ステップ》

(i) 直列型
- **STEP1** 共通の電流 $i = I\sin(\omega t + \phi)$ を仮定する
- **STEP2** 各電圧 v を求める
- **STEP3** 全電圧の和を求める

(ii) 並列型
- **STEP1** 共通の電圧 $v = V\sin(\omega t + \phi)$ を仮定する
- **STEP2** 各電流 i を求める
- **STEP3** 全電流の和を求める

STEP2 では，$v = iR$，$v = L\dfrac{di}{dt}$，$i = \dfrac{dq}{dt} = C\dfrac{dv}{dt}$ と，$\sin(\omega t)$，$\cos(\omega t)$ の微分の知識を用いるだけ。

STEP3 では，三角関数の合成公式を用いる。

第25講 2つのコンデンサー・コイルによる電気振動

研究用例題25 ☑1回目 30分　☐2回目 20分　☐3回目 10分

　図1のように，コンデンサー A（電気容量C_A），コンデンサー B（電気容量C_B），コイル（自己インダクタンスL），直流電源（電圧V_0）を含む回路を考える。

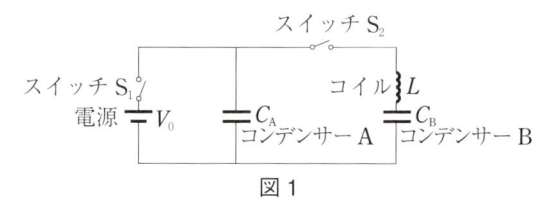

図1

　初期状態でスイッチS_1，S_2は開いており，コンデンサー A，Bに電荷は蓄えられていなかった。

(1) 　スイッチS_1を閉じてコンデンサー Aを充電した後，スイッチS_1を開いた。その後，時刻$t=0$においてスイッチS_2を閉じたところ，コイルに電流が流れた。その後，電流は時刻t_1で最大値をとり，減少に転じた。電流Iの時間変化を表すグラフとして正しいと考えられるものを，図2の(ア)〜(エ)の中から一つ選び，記号で答えよ。また，時刻$t=0$における電流Iの値とその時間変化に留意して，選択した理由を記せ。

図2

(2) 　時刻t_1において，コンデンサー A，コンデンサー Bにかかるそれぞれの電圧V_A，V_Bを，$\dfrac{\Delta I}{\Delta t}=0$であることを考慮して求め，それらを$V_0$，$C_A$，$C_B$，$L$の中から必要なものを用いて表せ。

(3) 　時刻t_1において，コンデンサー Bに蓄えられているエネルギーU_Bとコイルに蓄えられているエネルギーU_Lを，それぞれV_0，C_A，C_B，Lの中から必要なものを用いて表せ。また，このときの最

大電流 I_m も求めよ。
(4) 時刻 t において，コンデンサー B の電気量を q とする。このときコイルに流れる電流 I の時間変化率 $\dfrac{\Delta I}{\Delta t}$ と q, C_A, C_B, L, V_0 の間に成り立つ関係式を求めよ。
(5) (4)の関係式にもとづいて電気振動の周期 T を求め，時刻 t_1 を求めよ。
(6) (4)の関係式にもとづいて q-t グラフをかけ。
(7) 時刻 t_1 以降において電流 I が最初に 0 になった時刻にスイッチ S_2 を開いた。このとき，コンデンサー B に蓄えられている電気量 Q_F を，V_0, C_A, C_B, L の中から必要なものを用いて表せ。
(8) この一連の操作で，充電によって蓄えられたコンデンサー A のエネルギーを，すべてコンデンサー B に移すために必要な C_A と C_B の間の関係式を求めよ。
(9) (4)(5)と同様にして図 3 の電気振動回路の周期 T を導け。

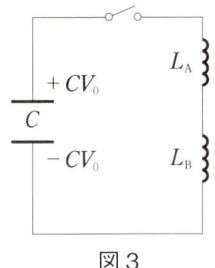

〔東北大〕

図 3

目的

通常では 1 つのコンデンサーと 1 つのコイルのみによる電気振動が扱われる。しかし難関大レベルでは，本問のように複数のコンデンサーとコイルによる電気振動が出題されることが多い。

本テーマでは，一般に何個のコイルとコンデンサーが入ろうと，同じように解くための解法 **《電気振動回路の運動方程式による解法》** を示すので，単振動の運動方程式の形とのアナロジーで解く方法をマスターしてほしい。

導入

1 コイルとコンデンサーの作図とポイント

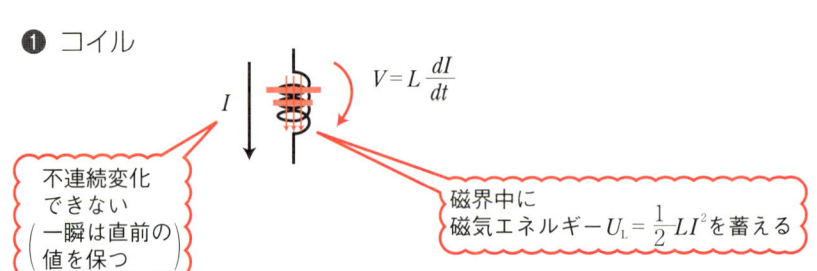

❶ コイル

$$V = L\frac{dI}{dt}$$

不連続変化できない
（一瞬は直前の値を保つ）

磁界中に
磁気エネルギー $U_L = \frac{1}{2}LI^2$ を蓄える

❷ コンデンサー

$$I = \frac{dq}{dt} \begin{pmatrix} 単位時間あたりの \\ q の増加分 \end{pmatrix}$$

$$V = \frac{q}{C}$$

不連続変化できない
（一瞬は直前の値を保つ）

電界中に
静電エネルギー $U_C = \frac{1}{2}\frac{q^2}{C}$ を蓄える

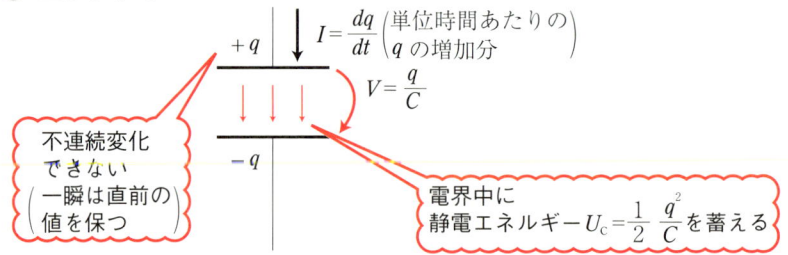

2 LC電気振動回路の2大ポイント

❶ 周期公式

$$T = 2\pi\sqrt{LC}$$

❷ 全エネルギー保存の式

$$\frac{1}{2}LI^2 + \frac{1}{2}\frac{q^2}{C} = 一定$$

解　説

(1)　図aのようにスイッチS_2を閉じた**直後**は，コイルは誘導起電力$L\dfrac{\Delta I}{\Delta t}$によって電流の増加を妨げるので，その**直前の電流 $I=0$ を一瞬保つ**ことができる。

　また，コンデンサーBには電気がまだ蓄えられるヒマがないので電気量は**0**。

　よって，⟳の閉回路に注目して，

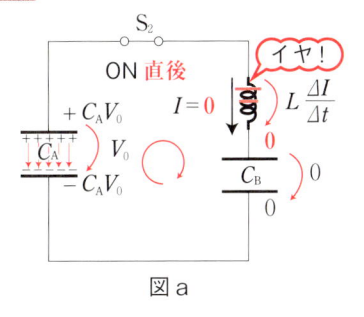

$$⟳ : L\frac{\Delta I}{\Delta t} - V_0 = 0$$

$$\therefore \quad \frac{\Delta I}{\Delta t} = \frac{1}{L}V_0 \quad (>0)$$

　以上により，求めるI–tグラフは，$t=0$において電流$I=0$だが，その傾きが$\dfrac{\Delta I}{\Delta t}>0$となるグラフで，それは(イ)。　**答**

((エ)は$t=0$での傾きが0となっているので，不適。)

(2)　時刻t_1で**最大電流I_m**となるとき，I–tグラフは極大，つまり傾き$\dfrac{\Delta I}{\Delta t}=0$となり，**コイルの電圧は0**となる。よって，コンデンサーA，Bの電圧は等しくなり，$V_A = V_B = V_1$とおける。

　図bで，全電気量保存の式より，

$$\boxed{} : \underbrace{C_A V_1 + C_B V_1}_{\text{図b}} = \underbrace{C_A V_0}_{\text{図a}}$$

$$\therefore \quad V_1 = \frac{C_A}{C_A + C_B}V_0 \quad \cdots\cdots ①　\text{**答**}$$

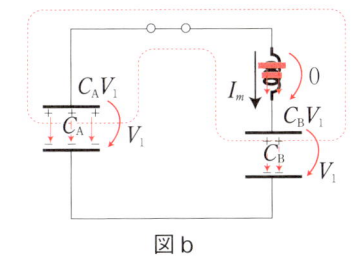

(3)　(2)の結果より，

$$U_A = \frac{1}{2}C_A V_1^2 = \frac{1}{2}C_A \left(\frac{C_A V_0}{C_A + C_B}\right)^2 \quad \cdots\cdots ②$$

$$U_B = \frac{1}{2}C_B V_1^2 = \frac{1}{2}C_B \left(\frac{C_A V_0}{C_A + C_B}\right)^2 \quad \cdots\cdots ③　\text{**答**}$$

さらに，**回路には抵抗が存在せず，全エネルギーは保存**されるので，

$$\underbrace{\frac{1}{2}C_A V_0^2}_{\text{図a}} = \underbrace{U_A + U_B + U_L}_{\text{図b}}$$

$$\therefore \quad U_L = \frac{1}{2}C_A V_0^2 - (U_A + U_B)$$

$$= \frac{C_A C_B}{2(C_A + C_B)}V_0^2 \quad (\because \text{②③})\ \text{答}$$

また，このときの最大電流を I_m とすると，コイルの磁気エネルギーは，

$$U_L = \frac{1}{2}L I_m^2$$

とかける。以上2式を比較して，

$$\frac{1}{2}L I_m^2 = \frac{C_A C_B}{2(C_A + C_B)} V_0^2$$

$$\therefore \quad I_m = V_0 \sqrt{\frac{C_A C_B}{(C_A + C_B)L}}\ \text{答}$$

Point 1　最大電流 I_m の求め方

❶　I–t グラフが極大値となるので，$\dfrac{\Delta I}{\Delta t} = 0$ として，電圧の式を立てる。

❷　全電気量保存の式と❶を連立させて電圧を求める。
（このとき求めた電圧が，振動中心の電圧となる）

❸　全エネルギー保存の式より，磁気エネルギー $U_L = \dfrac{1}{2}L I_m^2$ を求める。

❹　❸を，I_m について解く。

(4) 図cで全電気量保存より，コンデンサーAの電気量は，$C_A V_0 - q$ とかける。

ここで，図cの ↻ に注目して，

↻ : $L\dfrac{\Delta I}{\Delta t} + \dfrac{q}{C_B} - \dfrac{C_A V_0 - q}{C_A} = 0$

∴ $L\dfrac{\Delta I}{\Delta t} = V_0 - \left(\dfrac{1}{C_A} + \dfrac{1}{C_B}\right)q$ ……④ 答

図c

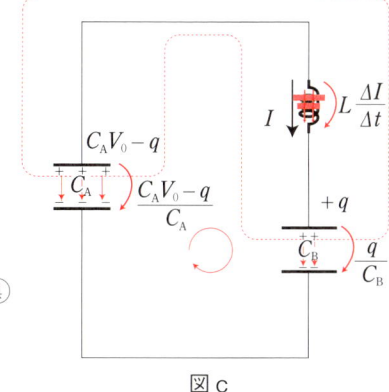

(5) 図cで，電流 I はコンデンサーBに流入する電流なので，その電気量 q の単位時間あたりの増加分 $\dfrac{\Delta q}{\Delta t}$ に等しい。

$I = \dfrac{\Delta q}{\Delta t}$ ……⑤

④⑤式を，まとめて微分の形でかくと， $\left(\dfrac{\Delta}{\Delta t}\left(\dfrac{\Delta q}{\Delta t}\right) = \dfrac{d^2 q}{dt^2}\ \text{より}\right)$

$L\dfrac{d^2 q}{dt^2} = V_0 - \left(\dfrac{1}{C_A} + \dfrac{1}{C_B}\right)q$ ……⑥

∴ $L\dfrac{d^2 q}{dt^2} = -\dfrac{C_A + C_B}{C_A C_B}\left(q - \dfrac{C_A C_B}{C_A + C_B}V_0\right)$ ……⑦

この式は，力学のある運動の運動方程式と同じ形をしているけど，分かるかい？

> えーと，あ！ 質量 m，ばね定数 k，振動中心 $x = x_0$ のばね振り子の運動方程式と同じ形をしています

そうだ。つまり，

$m\dfrac{d^2 x}{dt^2} = -k(x - x_0)$ ……⑧

と同じ形をしているね。

⑦式と⑧式を比較すると，

$$m = L, \quad k = \frac{C_A + C_B}{C_A C_B}, \quad x_0 = \frac{C_A C_B}{C_A + C_B} V_0$$

と対応していることが分かる。
　よって，その周期 T は，水平ばね振り子の周期の式を用いて，

$$T = 2\pi\sqrt{\frac{m}{k}} = 2\pi\sqrt{\frac{L C_A C_B}{C_A + C_B}} \quad \cdots\cdots ⑨$$ 答

ここで，求める t_1 は $\frac{1}{4}$ 周期分なので，

$$t_1 = \frac{1}{4} T = \frac{\pi}{2}\sqrt{\frac{L C_A C_B}{C_A + C_B}}$$ 答

別解

　⑨式の周期の式は，直列合成容量 $C = \left(\dfrac{1}{C_A} + \dfrac{1}{C_B}\right)^{-1}$ としたときの，LC電気振動回路の周期公式は，

$$2\pi\sqrt{LC} = 2\pi\sqrt{\frac{L C_A C_B}{C_A + C_B}}$$ 答

としても求めることができる。

(6)　⑦式から分かるように，コンデンサーBの電気量 q は，振動中心 $\dfrac{C_A C_B}{C_A + C_B} V_0$ で，単振動をする。
　よって，q-t グラフは図dのように，0 と $\dfrac{2 C_A C_B}{C_A + C_B} V_0$ の間で振動する。
　そのグラフの式は，$-\cos$ 型で，

$$q = \frac{C_A C_B V_0}{C_A + C_B} - \frac{C_A C_B V_0}{C_A + C_B} \cos\left(\frac{2\pi}{T} t\right) \quad \cdots\cdots ⑩ \quad (T \text{は⑨式})$$

とかける。

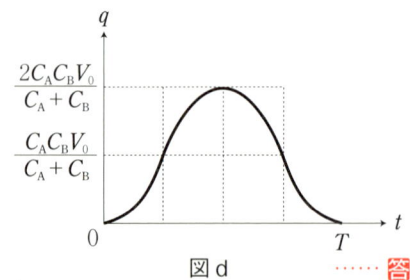

図d　答

ちなみに、電流 I は、$I = \dfrac{dq}{dt}$ に⑩式を代入して、

$$I = \dfrac{2\pi}{T}\left(\dfrac{C_A C_B V_0}{C_A + C_B}\right)\sin\left(\dfrac{2\pi}{T}t\right) \quad \cdots\cdots ⑪$$

となる。

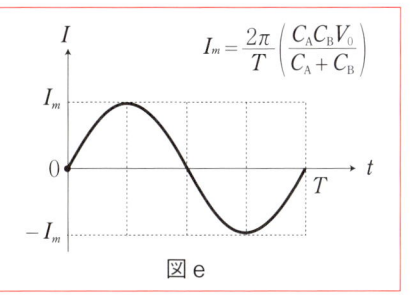

$$I_m = \dfrac{2\pi}{T}\left(\dfrac{C_A C_B V_0}{C_A + C_B}\right)$$

図 e

別解 ((1)(3))

⑪式より、図 e のように、I-t グラフの形は sin 型になるので、(1)の選択肢は、(イ)であることが再確認できる。

また、⑪式より最大電流 I_m が、

$$I_m = \dfrac{2\pi}{T}\left(\dfrac{C_A C_B V_0}{C_A + C_B}\right)$$

$$= V_0 \sqrt{\dfrac{C_A C_B}{(C_A + C_B)L}} \quad (\because \ ⑨)$$

となり、(3)の答えと一致している。

(7) このとき、コンデンサー B の電気量 q は、最大値となる。
(6)の結果より、

$$Q_F = q_{\max} = \dfrac{2 C_A C_B}{C_A + C_B} V_0 \quad \text{答}$$

別解

図fで，コンデンサーA，Bの電圧を V_A'，V_B' とおく。

全電気量保存より，

$$\square : \underbrace{C_A V_A' + C_B V_B'}_{\text{図f}} = \underbrace{C_A V_0}_{\text{図a}} \quad \cdots\cdots ⑫$$

また，回路に抵抗はないので，全エネルギー保存の式より，

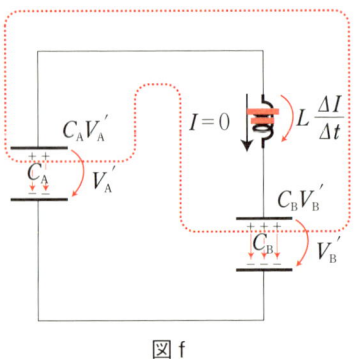

$$\frac{1}{2}C_A V_A'^2 + \frac{1}{2}C_B V_B'^2 + \frac{1}{2}L \cdot 0^2 = \frac{1}{2}C_A V_0^2 \quad \cdots\cdots ⑬$$

⑫⑬式を連立して解くと，($V_A' \neq V_0$，$V_B' \neq 0$ に注意)

$$V_A' = \frac{C_A - C_B}{C_A + C_B} V_0$$

$$V_B' = \frac{2C_A}{C_A + C_B} V_0$$

よって，求める電気量は，

$$Q_F = C_B V_B' = \frac{2C_A C_B}{C_A + C_B} V_0 \quad \cdots\cdots ⑭ \quad \text{答}$$

(8) このとき，コンデンサーAに残っている電気量が0となればいい。つまり，Bに全電気量 $C_A V_0$ が移ってしまえばよい。よって，$Q_F = C_A V_0$ となればよい。⑭式と比較して，

$$\frac{2C_A C_B}{C_A + C_B} = C_A$$

$$2C_B = C_A + C_B$$

$$C_B = C_A \quad \text{答}$$

図f

(4)(5)の電気振動の解法を，次の **Point** にまとめてみよう。

Point ❷ 《電気振動回路の運動方程式による解法》

STEP 1 コンデンサーの電気量を，$CV_0 - q$ と仮定する。
（V_0：初期電圧）

STEP 2 コンデンサーから流出し，コイルへ流れる電流を，$I = \dfrac{\Delta q}{\Delta t}$ と定義。

STEP 3 回路の電位の式を立て，

$$(\text{定数}M) \times \dfrac{\Delta I}{\Delta t} = -(\text{定数}K)\{q - (\text{定数}q_0)\}$$

の形に強引にもっていく。

STEP 4 すると q は，振動中心 $q = q_0$，周期 $T = 2\pi\sqrt{\dfrac{M}{K}}$

の単振動の変位と，同じ時間変化をすることが分かる。

(9) さっそく，《**電気振動回路の運動方程式による解法**》で解いてみよう。
図gで，

STEP 1 コンデンサーの電気量を，

$CV_0 - q$ と仮定する。

STEP 2 2つのコイルを流れる電流は，共通で，

$I = \dfrac{\Delta q}{\Delta t}$

とかける。

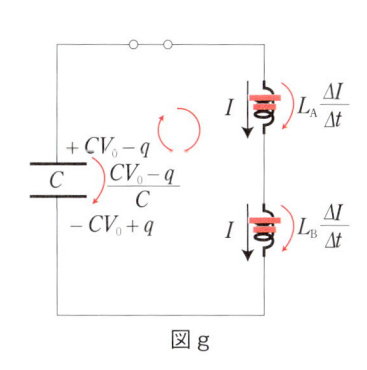

図 g

STEP 3 ○の電位の式より，

$$\circlearrowleft : L_A \frac{\Delta I}{\Delta t} + L_B \frac{\Delta I}{\Delta t} - \frac{CV_0 - q}{C} = 0$$

$$\therefore \quad (L_A + L_B)\frac{\Delta I}{\Delta t} = -\frac{1}{C}(q - CV_0)$$

STEP 4 よって，q は振動中心 CV_0 で，周期が，

$$T = 2\pi \sqrt{\frac{L_A + L_B}{\frac{1}{C}}} = 2\pi \sqrt{(L_A + L_B)C} \quad \text{答} \quad \cdots\cdots ⑮$$

の単振動をする。

> **イメージ** ⑮式は，まるでコイルのインダクタンスが，$L_A + L_B$ になったような周期公式の形をしています

そうだね。実はコンデンサーに合成容量があるように，**コイルにも合成インダクタンスがある**んだ。

直列合成インダクタンス　$L_{直} = L_A + L_B$　（和）

並列合成インダクタンス　$L_{並} = \left(\dfrac{1}{L_A} + \dfrac{1}{L_B}\right)^{-1}$　（逆数和の逆数）

本問では直列合成インダクタンスとなっているね。

まとめ

1 **LC電気振動の2大ポイント**
① 周期公式　$T = 2\pi\sqrt{LC}$

② 全エネルギー保存の式　$\dfrac{1}{2}LI^2 + \dfrac{1}{2}\dfrac{q^2}{C} = $ 一定

2 **最大電流 I_m の求め方**
① I-t グラフが極大値となるので, $\dfrac{\Delta I}{\Delta t}=0$ として電圧の式を立てる。

② 全電気量保存の式と①を連立させて, 電圧を求める。
（これが振動中心の電圧）

③ 全エネルギー保存の式から, 磁気エネルギー $U_L = \dfrac{1}{2}LI_m^2$ を求める。

④ ③を I_m について解く。

3 《電気振動回路の運動方程式による解法》

STEP1　コンデンサーの電気量は $CV_0 - q$ とおく。

STEP2　コイルの電流を $I = \dfrac{\Delta q}{\Delta t}$ と定義する。

STEP3　回路の電位の式を,
$$M \times \dfrac{\Delta I}{\Delta t} = -K(q - q_0)$$
の形にもっていく。

STEP4　q の値は振動中心 q_0, 周期 $T = 2\pi\sqrt{\dfrac{M}{K}}$ の単振動をする。

4 **複数のコンデンサー, コイルがあるときの別解**

合成容量　$C_並 = C_A + C_B$,　$C_直 = \left(\dfrac{1}{C_A} + \dfrac{1}{C_B}\right)^{-1}$

合成インダクタンス　$L_直 = L_A + L_B$,　$L_並 = \left(\dfrac{1}{L_A} + \dfrac{1}{L_B}\right)^{-1}$

を用いて1つのコンデンサーとコイルにまとめ, 周期の公式 $T = 2\pi\sqrt{LC}$ を用いる。

第26講 サイクロトロンとベータトロン

研究用例題 26 ☑1回目 30分 ☐2回目 20分 ☐3回目 10分

磁界中の荷電粒子の円運動を利用して，荷電粒子を加速する装置が円形加速器であり，サイクロトロン(図1)やベータトロン(図2)がある。

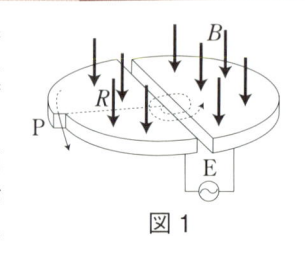

図1

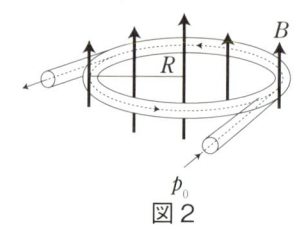

図2

(1) サイクロトロンでは，図1のように，一様な磁界中に，半円形の2個の中空電極を狭い間隙を隔てて配置し，高周波電源Eを接続する。電極の中心付近に，正のイオンを磁界に垂直に入射させる。イオンは電極の間隙を通るたびに加速される。その結果，イオンは，図1で点線で表されている軌跡をえがく。磁界の磁束密度をB〔Wb/m^2〕，イオンの質量をM〔kg〕，電荷をq〔C〕とする。イオンがこの磁界中で円運動をしているとき，その周期は ア 〔s〕で与えられる。したがって，イオンを加速するのに必要な高周波電圧の振動数の最小値f〔Hz〕は$f=$ イ である。

いま，時間間隔$\frac{1}{6f}$〔s〕だけイオンを連続的に入射させる。電極の間隙は狭く，イオンが電極間を進む間の電圧変化は無視できるとする。電極間の電位差は，時刻t〔s〕で，$V(t)=V_0\cos(2\pi ft)$〔V〕であり，最初のイオンが初めて電極の間隙を通過した時刻は$t=0$で，最後のイオンが通過した時刻は$t=\frac{1}{6f}$であった。最初のイオンは，電極を半周するたびに ウ 〔J〕のエネルギーを得る。一方，最後のイオンは電極を半周するたびに エ 〔J〕のエネルギーを得る。このため，イオンの軌道半径は半周ごと

に大きくなり，やがてイオンは中心からR〔m〕の位置にある取り出し口Pに到達する。このとき，最初のイオンの運動エネルギーは オ 〔J〕で，同じ時刻に，最後のイオンは，中心から カ 〔m〕の距離にある。ただし，入射されたときのイオンの運動エネルギーは，半周ごとに得るエネルギーに比べて無視できるとする。また，半周ごとの軌道半径の差はRに比べて十分小さく，Rを最終軌道半径とみなしてよい。イオンの速さは光速に比べて十分に小さいとする。

(2) ベータトロンでは，電子の円運動の軌道の内部を貫く磁束の時間変化によって生じる誘導起電力を利用する。電子は，ドーナツ状の真空の管の内部で，図2の点線のような一定半径R〔m〕の円軌道上を動く。また，磁界はこの軌道面に垂直であり，磁束密度Bの方向は図2に示した矢印の方向である。以下，電子の回る方向を正とする。

　　質量m〔kg〕，電荷$-e$〔C〕の電子を図2のように円軌道に沿って入射させる。このときの軌道上での磁束密度BをB_0〔Wb/m²〕とする。電子が半径R〔m〕の円運動をするために必要な電子の運動量p_0〔kg·m/s〕は$p_0 = $ キ である。このときの軌道の内部を貫く全磁束をΦ_0〔Wb〕とする。入射後の微小時間Δt〔s〕の間に磁束を$\Delta \Phi$〔Wb〕だけ増加させると，軌道に沿って一周あたり ク 〔V〕の大きさの誘導起電力が生じ， ケ 〔V/m〕の大きさの電界が生じる。そのため電子の運動量はこの間に， コ 〔kg·m/s〕だけ増加する。ここで，Rを一定に保つためには，同時に軌道上での磁束密度の増加量ΔB〔Wb/m²〕を$\Delta B = $ サ $\times \Delta \Phi$とする必要がある。ベータトロンでは，このような条件を満たすような空間的に一様でない磁界を使って加速を行う。

　　いま，全体の磁界が0の状態から始めて，円軌道に沿って加速を続けていった。軌道上の磁束密度が$B_{軌道}$となったとき軌道内部の平均磁束密度が$B_{平均}$となった。このとき$B_{軌道}$は$B_{平均}$の シ 倍となっている。

〔京大〕

難関大で超頻出の加速器,「サイクロトロン」と「ベータトロン」の問題。

❶ 「サイクロトロン」

一定の磁界の中では,荷電粒子の円運動の半径rは,速さvに比例する。よって,その周期Tは,速さvに無関係になる。したがって,ある特定のタイミングで電圧を振動させると,常に加速が続けられる。そのタイミングの条件式を出すことが目標となる。

さらに,加速するごとに半径が広がっていくので,加速には装置の大きさによる限界がある。

❷ 「ベータトロン」

何もない真空中であっても,磁束を増やすだけでループ状の電界が発生するという,誘導電界の概念を理解しよう。そして,ファラデーの法則および,電位の定義を用いて,誘導電界の大きさEを求められるようにすることが前提。この誘導電界によって,電子を加速させていく。

ただし,サイクロトロンとは異なり,半径が広がらないようにできる。そのためには,軌道上の磁束密度を,あるルールに従って増大させていく必要がある。

導入 ベータトロンでは，次のような，少し新しい考えが必要となる。それは誘導電界の法則である。この誘導電界の法則は，実はファラデーの法則の本質を表している。

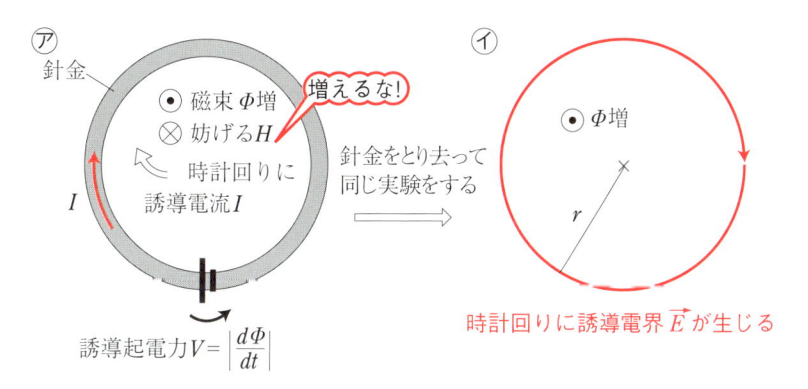

㋐ 針金
・磁束 Φ 増
× 妨げる H
時計回りに誘導電流 I
増えるな！
針金をとり去って同じ実験をする ⇒
誘導起電力 $V = \left|\dfrac{d\Phi}{dt}\right|$

㋑ ・Φ 増
r
時計回りに誘導電界 $\vec{E}$ が生じる

上図の㋐のように，針金コイルを貫く磁束 Φ を時間とともに増すと，**レンツ・ファラデーの法則**より，図の向きに誘導起電力 V が生じ，時計回りに誘導電流 I が流れるといった現象が生じる。

では，ここで，上図の㋑のように針金をとり去って，今度は何もない空間に磁束 Φ を増やしていくことを考えよう。

さて，㋑では針金がないからといって，何の反応も起こらないのだろうか。もしそうなら，電磁誘導の本質は，針金にあることになってしまう。いや，そんなはずはないであろう。**実際は，㋑のように，何もない空間中に，時計回りに，電界（誘導電界）$\vec{E}$ が生じているのだ。**そして，そこにたまたま㋐のように針金を置くと，その針金中の自由電子が，誘導電界 $\vec{E}$ から力を受けて動き，時計回りに電流が流れる。これを，実は今まで，誘導電流とよんでいたのである。

ここで，**電位の定義**より，

$V = (+1\mathrm{C}$ を電界 E に逆らって 1 周運ぶのに要する仕事$)$

$= \underbrace{1 \times E}_{\text{力}} \times \underbrace{2\pi r}_{\text{1 周の距離}}$

∴ **誘導電界 $E = \dfrac{1}{2\pi r}V = \dfrac{1}{2\pi r}\left|\dfrac{d\Phi}{dt}\right|$**

解 説

(1) まずは，サイクロトロンの加速のしくみを押さえよう。

ア 図aで，回転系から見た力のつり合いより，

$$M\frac{v^2}{r} = qvB$$

$$\therefore \quad r = \frac{Mv}{qB} \quad \cdots\cdots ①$$

よって，周期は，

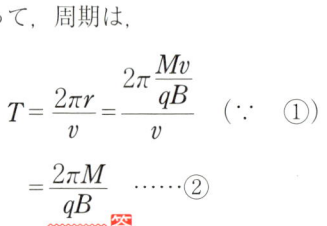

$$T = \frac{2\pi r}{v} = \frac{2\pi \frac{Mv}{qB}}{v} \quad (\because \ ①)$$

$$= \underline{\frac{2\pi M}{qB}} \quad \cdots\cdots ② \quad \text{答}$$

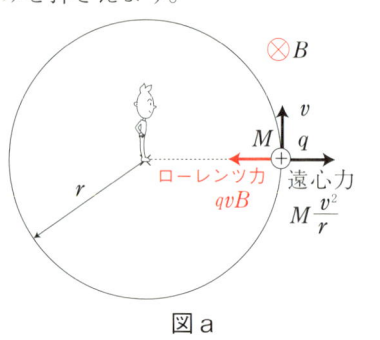

図a

イメージ ①式より，例えば，速さvが2倍になると，半径rも2倍になる。これは遠心力の増大によって，半径が広がってしまうことを意味する。一方，②式より，速さvが2倍になっても，周期Tは全く変化しない。これは，半径rが2倍になってしまうので，速さが2倍になっても，1周回って戻ってくる時間は，結局変わらなくなってしまうためである。

以上をまとめると，次のようになる。

半径rは速さvに比例，周期Tは速さvに無関係

これは，サイクロトロンの一番大切な土台となる事実である。

サイクロトロンでは，円運動している荷電粒子を，半周ごとに電極に電圧を加えて，加速していく。すると，上で見たように，半径rは速さvに比例して大きくなっていく。しかし，半周回る時間間隔$\left(\frac{1}{2}\text{周期}\right)$は変化しない。よって，一定の時間間隔で電極の電圧を変化させることによって，常に加速させ続けることが可能となる。

イ 図bのように，イオンが円運動の $\frac{1}{2}$ 周期を回る間に，電圧の高低が逆転している必要がある。

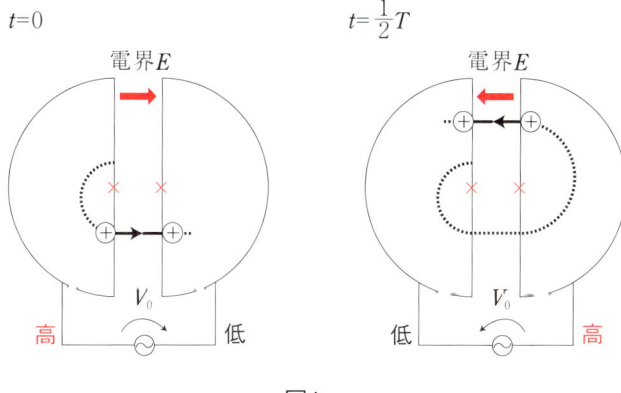

$t=0$　　　　　　　　　　$t=\frac{1}{2}T$

電界E　　　　　　　　　電界E

高　　V_0　　低　　　低　　V_0　　高

図b

つまり，半周回る間に奇数回（1，3，5，7回，……）電圧が逆転していればよい。このための条件は，n を自然数として，

$$\left(円運動の \frac{1}{2} 周期\right) = \left(電圧の \frac{1}{2} 周期\right) \times (奇数 2n-1)$$

> サイクロトロンの加速条件

が必要となる。この条件より，

$$\frac{1}{2}T = \frac{1}{2} \times \left(周期 \frac{1}{f}\right) \times (2n-1)$$

$$\therefore \quad f = (2n-1) \times \frac{1}{T}$$

ここで，求めるのは f の最小値であるので，$n=1$ のときを考え，

$$f = \frac{1}{T} = \frac{qB}{2\pi M} \quad (\because \quad ②)$$ **答**

ウ 最初のイオンは図cのように，$t=0$で間隙に入るので，加速電圧は，

$$V(0) = V_0 \cos(2\pi f \cdot 0) = V_0$$

で加速される。

よって，1回の加速の前後のエネルギー保存の式は，

$$\frac{1}{2}mv_{前}^2 + qV_0 = \frac{1}{2}mv_{後}^2$$

となり，半周ごとに $\underline{qV_0}$ 答 のエネルギーを得る。

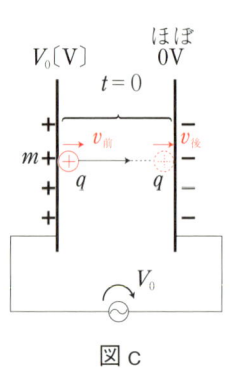

エ 最後のイオンは $t=\dfrac{1}{6f}$ で間隙に入るので，加速電圧は，

$$V\left(\frac{1}{6f}\right) = V_0 \cos\left(2\pi f \times \frac{1}{6f}\right) = V_0 \cos\frac{\pi}{3} = \frac{1}{2}V_0$$

でしか加速されない。

よって，半周ごとに $\underline{\dfrac{1}{2}qV_0}$ 答 のエネルギーしか得られない。

> **イメージ** 一般に，$t=t$ で入射したイオンは，$qV(t)$ のエネルギーを得る。

オ 最初のイオンは，このとき，半径 $r=R$ を回っているので，①式で $r \to R$ として，

$$R = \frac{Mv}{qB} \quad \therefore \quad v = \frac{qBR}{M} \quad \cdots\cdots ③$$

よって，このときの運動エネルギー K は，

$$K = \frac{1}{2}Mv^2 = \frac{(qBR)^2}{2M} \quad \cdots\cdots ④ \quad (\because ③)$$

イメージ ④式より，$R = \dfrac{\sqrt{2MK}}{qB} \iff \sqrt{K}$ 比例

つまり，運動エネルギー K が 2 倍になると，半径 R は $\sqrt{2}$ 倍になる。
このようにして，半径は広がっていく。

カ 最後のイオンは **エ**・**オ** の結果より，1 回加速されるたびに，**最初のイオン**の $\dfrac{1}{2}$ 倍のエネルギーしか得ることができない。ただし，半周回る時間は，②式より，速さによらずいつも一定なので，加速の回数は同じである。

以上より，**最後のイオン**は，**最初のイオン**の $\dfrac{1}{2}$ 倍の運動エネルギー K をもっている。ここで，**オ** の イメージ より，半径 R は $\sqrt{運動エネルギー K}$ に比例するので，**最後のイオン**の半径 R' は，

$$R' = \sqrt{\dfrac{1}{2}} \times R$$
$$= \dfrac{R}{\sqrt{2}} \quad \text{答}$$

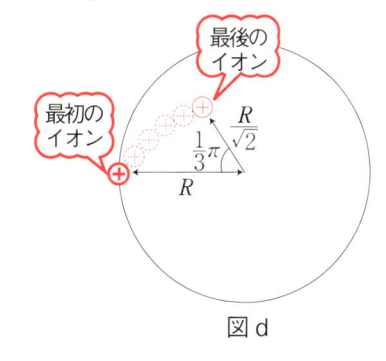

イメージ この瞬間の各イオンの位置は，図 d のようになっている。

最初のイオンは半径 R まで広がる。一方，最後のイオンは $\dfrac{1}{6f} = \dfrac{1}{6}T$（**イ** の答より）だけ（角度にして $\dfrac{1}{6} 2\pi = \dfrac{1}{3}\pi$ だけ）遅れた位置にいて，半径 $\dfrac{R}{\sqrt{2}}$ まで広がっている。

図 d

(2) 次に，ベータトロンの加速のしくみを押さえよう。

> 何かおきまりのストーリーはありますか？

あるよ。それを次の《**ベータトロンストーリー**》で，6 つのステップを追って見ていこう。

第 26 講　サイクロトロンとベータトロン

STEP1　加速前の円運動

キ　図eで、回転系から見た力のつり合いの式より、

$$m\frac{v^2}{R} = evB_0$$

よって、運動量は、

$$p_0 = mv = eB_0R \quad \cdots\cdots ⑤ \;\text{答}$$

STEP2　発生起電力Vを求める

ク　図fで、磁束Φの増加を妨げようとする向き（時計回り）に、ファラデーの法則より、起電力Vが生じる。

$$V = \frac{\Delta\Phi}{\Delta t} \quad \cdots\cdots ⑥ \;\text{答}$$

STEP3　誘導電界Eを求める

ケ　図fで、電位Vの定義より、$+1$〔C〕を電界Eに逆らって、1周$2\pi R$運ぶのに要する仕事がVなので、

$$V = \underbrace{1 \times E}_{力} \times \underbrace{2\pi R}_{距離}$$

$$\therefore\; E = \frac{V}{2\pi R} = \frac{1}{2\pi R} \times \frac{\Delta\Phi}{\Delta t} \quad (\because ⑥)\quad \cdots\cdots ⑦ \;\text{答}$$

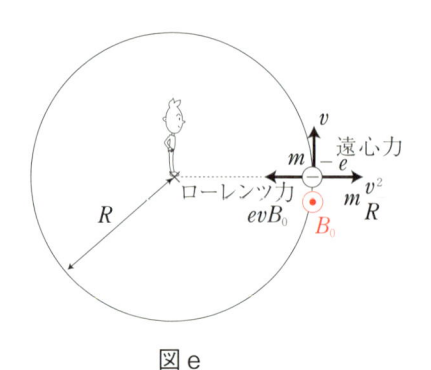

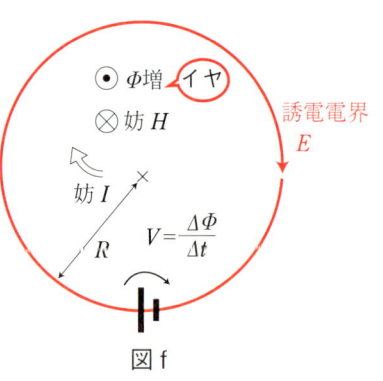

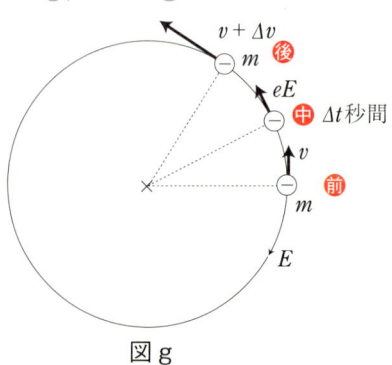

STEP4　誘導電界Eによる加速

コ　図gで、電子には、反時計回りに一定の電気力eEがはたらく。

Δt秒の間の速さの増加をΔvとすると、力積と運動量の関係より、

$$\underbrace{mv}_{前} + \underbrace{eE\Delta t}_{中で受ける力積} = \underbrace{m(v + \Delta v)}_{後}$$

$$m\Delta v = eE\Delta t$$

$$= e\frac{1}{2\pi R} \times \frac{\Delta \Phi}{\Delta t} \times \Delta t \quad (\because \text{⑦})$$

$$= \frac{e}{2\pi R} \times \Delta \Phi \quad \cdots\cdots\text{⑧} \quad \text{答}$$

別解

加速度を a とすると，運動方程式より，

$$ma = eE \quad \therefore \quad a = \frac{eE}{m}$$

等加速度運動の式より，Δt 秒間の速度の増加 Δv は，

$$\Delta v = a\Delta t = \frac{eE}{m}\Delta t = \frac{e}{2\pi mR}\Delta \Phi \quad (\because \text{⑦})$$

よって，$m\Delta v = \dfrac{e}{2\pi R}\Delta \Phi$ 答

STEP5　加速後の円運動

サ 図hで，軌道上の磁束密度を $B_0 + \Delta B$ へ増加させないと，半径 R を一定に保てないことがポイント。

（**ア** の イメージ で見たように，**もし磁束密度 B が一定のままだったら，半径は速さに比例して広がってしまう**のであった。）
図hで，回転系から見た力のつり合いの式より，

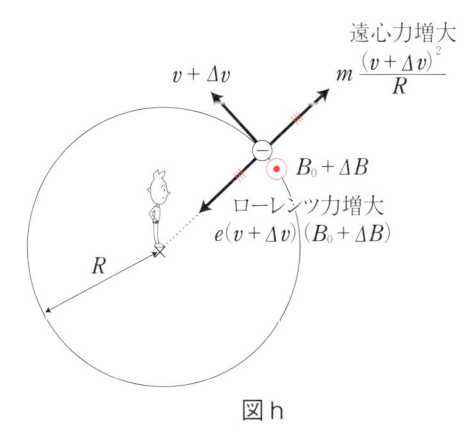

$$m\frac{(v+\Delta v)^2}{R} = e(v+\Delta v)(B_0 + \Delta B)$$

$$\therefore \quad mv + m\Delta v = eB_0 R + e\Delta BR$$

図h

第26講　サイクロトロンとベータトロン

⑤式と⑧式を代入して，

$$eB_0R + \frac{e}{2\pi R}\varDelta\varPhi = eB_0R + e\varDelta BR$$

$$\therefore \quad \varDelta B = \frac{1}{2\pi R^2}\times\varDelta\varPhi \quad \cdots\cdots ⑨$$

答

STEP6　$B_{軌道}$と$B_{平均}$の関係

シ　⑨式は$\varDelta$どうしの比例式なので，p.297で見たように次式を利用する。

$$\varDelta★ = (後の★) - (前の★)$$

ここで，$B=0$のとき，$\varPhi=0$から始めて$B=B_{軌道}$で$\varPhi=\varPhi$となったとすると，

$$(B_{軌道}-0) = \frac{1}{2\pi R^2}\times(\varPhi - 0)$$

$$B_{軌道} = \frac{\varPhi}{2\pi R^2} \quad \cdots\cdots ⑩$$

一方，軌道内部の磁束密度の平均値$B_{平均}$は，

$$B_{平均} = \frac{\varPhi〔本〕}{\pi R^2〔\mathrm{m}^2〕} = \frac{\varPhi}{\pi R^2} \quad \cdots\cdots ⑪$$

⑩式と⑪式を比べると，

$$\frac{B_{軌道}}{B_{平均}} = \frac{1}{2}〔倍〕$$

答

（これを，ベータトロン条件という）

> **イメージ**　この答えより，図iのように，中心ほど濃く，周辺ほど薄くなる，非一様な磁界分布となっていることが分かる。

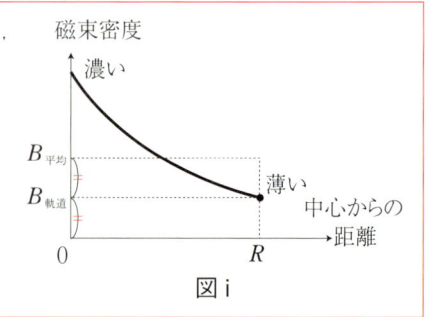

図i

STEP1〜**STEP6**は，自由自在に展開できるようになってほしい。

まとめ

1 サイクロトロン

基本 一定の磁界中での等速円運動では，
$$\begin{cases} \text{半径}r\text{は，速さ}v\text{に比例} \\ \text{周期}T\text{は，速さ}v\text{によらず一定} \end{cases}$$

結果 サイクロトロンの加速のタイミング

$$\left(\text{円運動の}\frac{1}{2}\text{周期}\right) = \left(\text{加速電圧の}\frac{1}{2}\text{周期}\right) \times (2n-1)$$

$$(n = 1, 2, 3, \cdots)$$

2 ベータトロン

基本 誘導電界E

$$\left. \begin{array}{l} \text{誘導起電力} \quad V = \dfrac{\varDelta \Phi}{\varDelta t} \\ \text{電位の定義} \quad V = E \times 2\pi R \end{array} \right\} E = \dfrac{1}{2\pi R} \times \dfrac{\varDelta \Phi}{\varDelta t}$$

ストーリー
1. 加速前の円運動
2. 発生起電力
3. 誘導電界
4. 誘導電界による加速
5. 加速後の円運動

結果 $B_{\text{軌道}} = \dfrac{1}{2} \times B_{\text{平均}}$ をみたしつつ，全体の磁界を増していくと，一定半径の円軌道上に加速させつづけることができる。

以上2つの **結果** を，スラスラ導けるようになってほしい。

第27講 光電効果とCR回路

研究用例題27 ☒1回目35分 □2回目25分 □3回目15分

図1は光電管を含む回路である。光電管の陰極Kに光をあてると光電子がそこからとび出して陽極Pに達し、外部の回路に電流が流れる。スイッチS_1を閉じS_2を開いたままで、光電管に波長 $\lambda_1 = 0.50\,\mu\text{m} = 0.50 \times 10^{-6}\text{m}$ の光を一定の強度Iで照射し続けたところ、B点を基準にしたA点の電位vはしだいに増加して一定値1.8Vになった。その間、図の矢印の方向に流れる電流iはしだいに減少し、vとiの間に図2の実線の関係が得られた。以下の設問に答えよ。ただし、電子の電荷の大きさ $e = 1.6 \times 10^{-19}$ C、プランク定数 $h = 6.6 \times 10^{-34}$ J·s、光速度 $c = 3.0 \times 10^8$ m/s、$1\text{eV} = 1.6 \times 10^{-19}$ J とせよ。

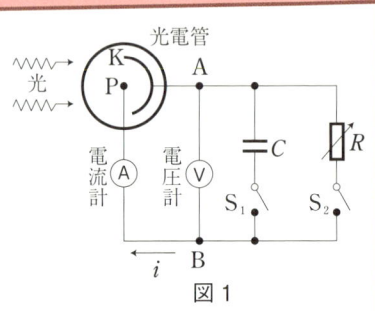

(1) 照射光の波長をλ_1とし、電位vが 0 V のとき、陽極Pに到達した電子の最大の速さ$v_{\max}$を求めよ。ただし、電子の質量を $m \fallingdotseq 0.9 \times 10^{-30}$ kg と近似して計算せよ。

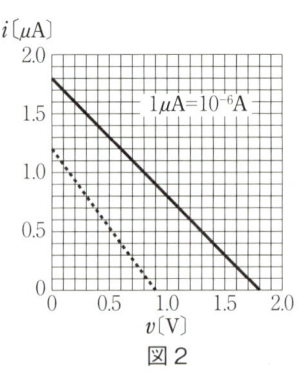

(2) コンデンサーCに蓄えられた電荷を放電した後、S_1を閉じS_2を開く。照射する光の波長をλ_2にかえて、iとvの関係を同じように測定したところ、図2の破線の関係が得られた。波長λ_2を求めよ。

(3) 光の波長と強度をそれぞれもとのλ_1、Iにもどし、スイッチS_1、S_2を閉じ可変抵抗Rを $2.0\text{M}\Omega = 2.0 \times 10^6\,\Omega$ に調整する。十分に長い時間が経過すると、回路には一定の電流が流れるように

なる。その電流の大きさを求めよ。また、コンデンサーの容量を$C=5.0\mu F$とすると、このコンデンサーにはどれだけの電荷が蓄えられているか。
(4) (3)における定常電流の値は可変抵抗Rの値によって変化する。この定常電流により可変抵抗で発生するジュール熱を最大にするRの値を求めよ。
(5) 可変抵抗値は$2.0M\Omega$、波長はλ_1のまま照射光の強度を$\frac{I}{2}$にして設問(3)の実験を行った。定常的になったときの電流の値を求めよ。

〔東大〕

目的

光電効果の装置（光電管）にコンデンサーCをつなげ、光電流による電荷を蓄えていく。やがて、「光電子が渡るのを妨げようとする電圧v」が大きくなるとともに光電流iは減少し、ついに、$v=V_c$(阻止電圧)に達すると、$i=0$となってしまう。以上のvとiの変化の様子を、与えられたグラフから読み取れることができるかがポイントである。

さらに、抵抗Rをつなげる。ここでは、「光電管の$i-v$グラフ」を「非オーム抵抗の特性曲線」とみなし、非オーム抵抗の解法に帰着させる、という発想の転換が必要となる。

また、光電効果の応用問題として頻出なのは、照射する光の波長λや光量を変化させる問題だ。その変化には究極の2タイプがある。1つ目は、波長λは一定のまま、光量のみ変えるという変化。2つ目は、逆に、光量は一定のまま、波長λのみ変えるという変化だ。それぞれの変化によって、$i-v$グラフの形がどう変わってくるか、を理解できるようにしよう。

導入

1 光子

振動数 ν（ニュー）（原子物理学では振動数を f ではなく ν で表す），波長 λ，光速 $c=\nu\lambda$ の光波は，次のような粒（光子）ともみなせる。

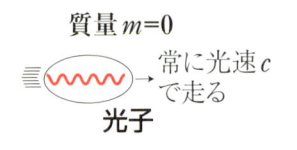

光子1粒あたりのもつ

質量 $m=0$
常に光速 c で走る
光子

エネルギー $E=h\nu=h\dfrac{c}{\lambda}$（$c=\nu\lambda$ より）

運動量 $P=\dfrac{h}{\lambda}=h\dfrac{\nu}{c}$（$c=\nu\lambda$ より）

（$h=6.63\times10^{-34}$ J·s：プランク定数）

2 光電効果と光電方程式

金属中の電子は金属内部に「束縛」されている。つまり，電子は勝手に金属内部から「脱出」することは許されず，**必ずある一定以上のエネルギーを支払わなければ，金属表面上に出ることができない**。このエネルギーのことを**仕事関数 W** といい，金属によって決まった値をもつ。

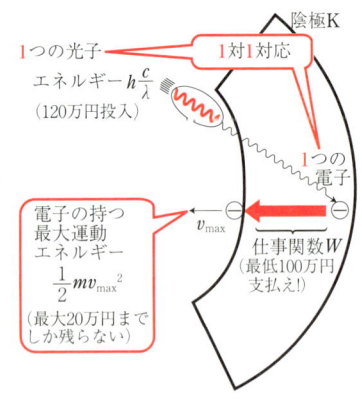

ここで図のように，仕事関数 W（100万円）の金属でできた陰極Kに，エネルギー $h\dfrac{c}{\lambda}$（120万円）の光子が入ってきたとする。電子は光子からもらった $h\dfrac{c}{\lambda}$（120万円）のうち，**最低でも W（100万円）を脱出するのに支払わねばならない**ので，飛び出したときに残っている運動エネルギーは，最も多いときでも，

$$\dfrac{1}{2}mv_{\max}^2 = h\dfrac{c}{\lambda} - W$$
（20万円）　　（120万円）　　（100万円）

までしかない。この式を変形すると次の式になる。

Point 1 《光電方程式》

$1\times h\dfrac{c}{\lambda} = W + 1\times\dfrac{1}{2}mv_{\max}^2$　（1つの光子が1つの電子を出す）

陰極K
1つの光子
エネルギー $h\dfrac{c}{\lambda}$
（120万円投入）
1対1対応
1つの電子
電子の持つ最大運動エネルギー $\dfrac{1}{2}mv_{\max}^2$
（最大20万円までしか残らない）
$v_{\max}$
仕事関数 W
（最低100万円支払え!）

3 光電効果での照射光の変え方，究極の2タイプ

タイプ❶ 波長 λ は一定のまま，1秒に入る光子数だけを変えるとき

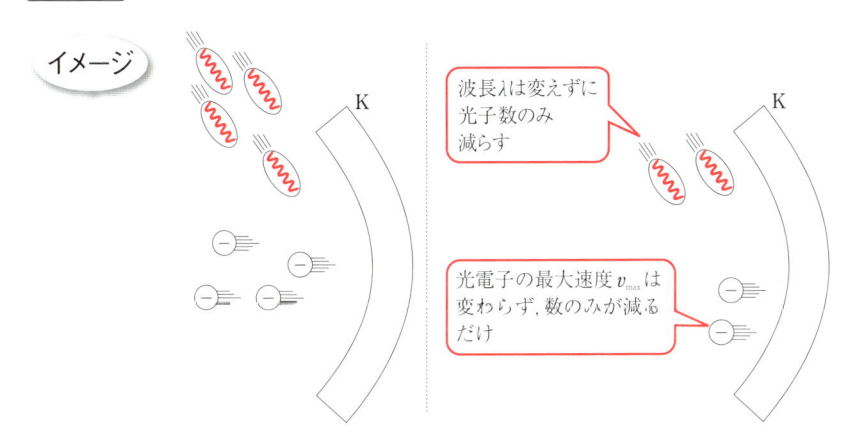

イメージ

波長 λ は変えずに光子数のみ減らす

光電子の最大速度 v_{max} は変わらず，数のみが減るだけ

結果 飛び出してくる光電子のもつ最大速度 v_{max} は変わらず，1秒に出てくる光電子の数だけが変化する。つまり，阻止電圧 V_c は変わらず，光電流 i のみ変化するということ。

タイプ❷ 1秒に入る光子数は一定のまま，波長 λ だけを変えるとき

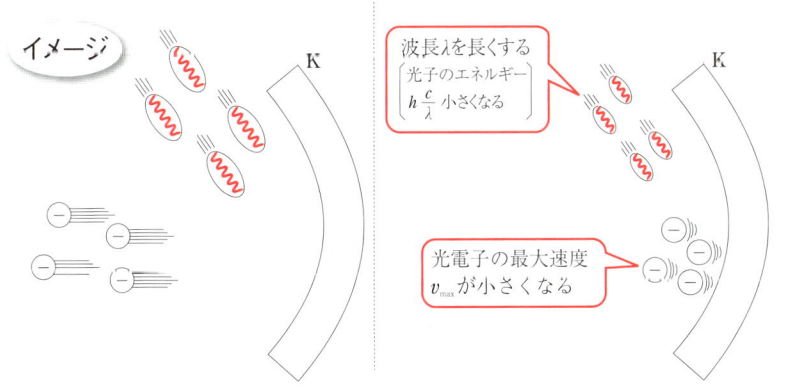

イメージ

波長 λ を長くする
光子のエネルギー $h\dfrac{c}{\lambda}$ 小さくなる

光電子の最大速度 v_{max} が小さくなる

結果 1秒に出てくる光電子の数は変わらず，最大速度 v_{max} だけが変化する。ただし，照射する光の波長 λ がある**限界波長 λ_c** より長くなってしまうと，光電子は全く出てこなくなってしまう。その λ_c の満たす式は，$h\dfrac{c}{\lambda_c}=W$（❷の光電方程式で $\lambda=\lambda_c$，$v_{max}=0$ としたもの）

解 説

(1) 光電効果の通常の問題なら解けるけど，コンデンサーがついたらどう考えればいいの？　まず，図2の意味がよく分かりません

ならば，図2の実線のグラフを図aのように，**ア イ ウ**の3段階に分けてイメージしてみよう。

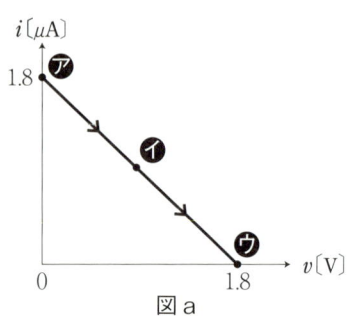

図a

ア はじめ $v=0\,\mathrm{V}$, $i=1.8\,\mu\mathrm{A}$

図bのように，コンデンサーには電荷はまだ蓄えられておらず，$v=0\,\mathrm{V}$ である。

陰極Kに入射する光子によって飛び出してくる光電子が，回路を伝わり，コンデンサーの下側の極板へ流入していく。それに伴う光電流は，$i=1.8\,\mu\mathrm{A}$ となる。

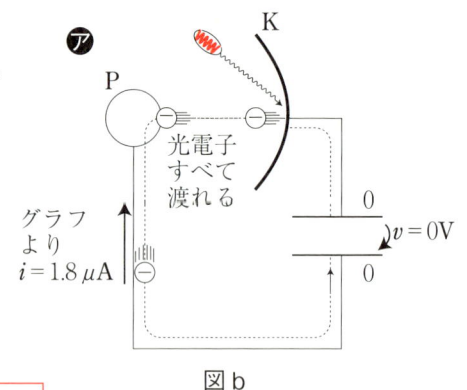

図b

イ やがて $v→$大ほど, $i→$小となる。

図cのように，コンデンサーの下の極板に入っていく電子によって，コンデンサーの下の極板は負の電荷を，上の極板は正の電荷を増大させ，電位差 v が大きくなっていく。

すると，**コンデンサーと並列につながる電極K，Pにも，Kには正，Pには負の電荷が現れ**，飛び出した光電子を「拒絶」するように押し戻そうとする反発力が強くなり，光電流 i は減少していく。

したがって，$v→$大ほど $i→$小となり，i-v グラフは右肩下がりになる。

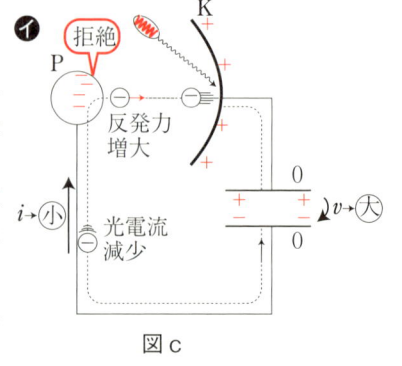

図c

ウ ついに $v=1.8$ V で $i=0$ μA

図 d のように，$v=1.8$ V となると，K には正，P には負の多量の電荷が現れ，「拒絶」が最高潮に達し，**最大速度 v_{max} をもって飛び出した光電子でさえギリギリ渡れなくなる状態**になり，ちょうど $i=0$ となる。この $v=1.8$ V のことを**阻止電圧 V_c** という（$V_c=1.8$ V）。

このギリギリ渡れなくなる v_{max} をもつ光電子に関する図 e のエネルギー保存の法則により，

前　　後
$$\frac{1}{2}mv_{max}^2 = (-e)(-V_c) \quad \cdots ①$$

$$\therefore \quad v_{max} = \sqrt{\frac{2eV_c}{m}}$$

$$= \sqrt{\frac{2 \times 1.6 \times 10^{-19} \times 1.8}{0.9 \times 10^{-30}}}$$

$$= 8.0 \times 10^5 \, \text{m/s} \quad \text{答}$$

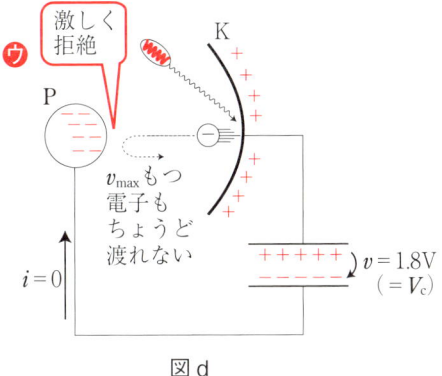

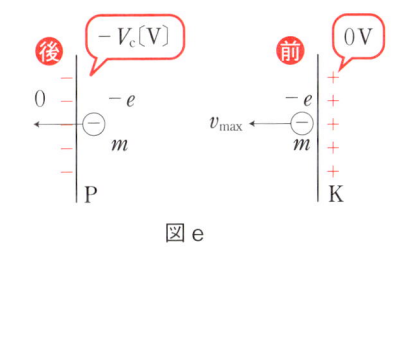

図 d

図 e

> これは $v=1.8$ V のときの v_{max} であって，問われている $v=0$ V のときの v_{max} ではないのでは？

いいんだよ。飛び出した直後の光電子の最大の速さ v_{max} は，KP 間の電圧 v には無関係だから，求めやすい $v=1.8$ V のときで計算してしまえばいいんだよ。とくに，電圧 $v=0$ のとき，このままの速度 v_{max} で P に達することになる。

光電管にコンデンサーをつなげるタイプの問題では，以上の**ア イ ウ** のストーリーによって，i-v グラフを理解することが必須ポイントだ！

ぜひ自力で，このストーリーを展開できるようにしておこう。

(2) 図fの実線のグラフと，破線のグラフは何が違うかい？

> えーと，実線のグラフは波長 λ_1 の光を用いて，阻止電圧は1.8Vだったけど，破線のグラフでは波長が λ_2 で阻止電圧は0.9Vになっています

たしかに，照射している光の波長 λ と阻止電圧 V_c が違うね。ということは，**本問では波長 λ と阻止電圧 V_c の関係を求めればいい**。ここで，①式で既に V_c と v_{max} の関係は求めてあるから，あとは λ と v_{max} の関係がほしいね。何の式を使うかな？

> λ と v_{max} の関係といえば……，光電方程式です。導入の❷でやりました

そうだね。導入の❷の光電方程式をもう一度かくと，

$$h\frac{c}{\lambda} = W + \frac{1}{2}mv_{max}^2 \quad \cdots\cdots ②$$

②式に①式を代入して，

$$h\frac{c}{\lambda} = W + eV_c \quad \cdots\cdots ③$$

これで目的の λ と V_c の関係が求まった。

いま，$\lambda = \lambda_1$ のとき $V_c = 1.8$V，$\lambda = \lambda_2$ のとき $V_c = 0.9$V なので，③式に各数値を代入して，

$$h\frac{c}{\lambda_1} = W + 1.8e$$

$$h\frac{c}{\lambda_2} = W + 0.9e$$

辺々引いて，未知の W を消して，

$$h\frac{c}{\lambda_1} - h\frac{c}{\lambda_2} = 0.9e$$

$$\therefore \lambda_2 = \frac{hc}{h\frac{c}{\lambda_1} - 0.9e} = \frac{6.6 \times 10^{-34} \times 3.0 \times 10^8}{\frac{6.6 \times 10^{-34} \times 3 \times 10^8}{0.50 \times 10^{-6}} - 0.9 \times 1.6 \times 10^{-19}}$$

$$\fallingdotseq 7.9 \times 10^{-7} \text{m} \quad \boxed{答}$$

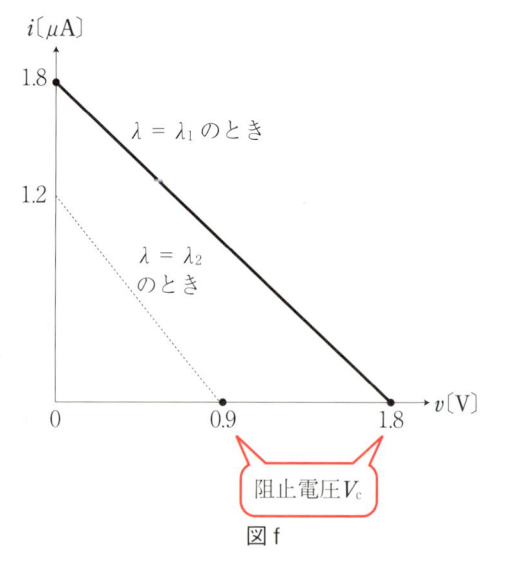

図f

(3) S_1, S_2 を閉じると，光電管を含む直流回路と見なせる。この直流回路中における**光電管って今までやった有名な回路素子と同じものと見なしてしまえる**んだけど，何か分かるかい？ ヒントは図2で i-v グラフが与えられていることだよ。

> i-v グラフをもつ素子……そうそれは「非オーム抵抗」と同じです。たしかp.272でやりましたね

よく気付いたね。すると，p.272の**《非オーム抵抗の解法3ステップ》**で解くことになるんだ。

STEP1 図gのように，「非オーム抵抗」である光電管に流れる電流 i とかかる電圧 v を仮定する。

STEP2 コンデンサー C にも v が生じ，可変抵抗 R にも i が流れる。ここで大外回りの ↻ より，

↻ $v - iR = 0$

∴ $i = \dfrac{v}{R}$ ……④

$= \dfrac{v}{2 \times 10^6 \Omega}$

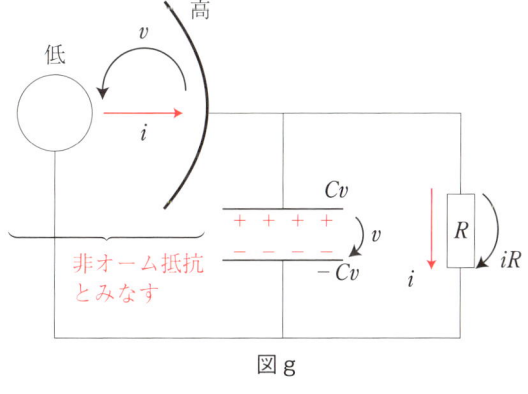

$= \dfrac{v}{2} \mu A$ ……⑤

STEP3 図hのように，i-v グラフと⑤式のグラフとの交点により，求める電流の大きさは，$v = 1.2 \text{V}$，$i = 0.6 \mu\text{A}$ **答**

となる。よって，求める電荷は，

$Cv = 5.0 \mu\text{F} \times 1.2 \text{V} = 6.0 \mu\text{C}$ **答**

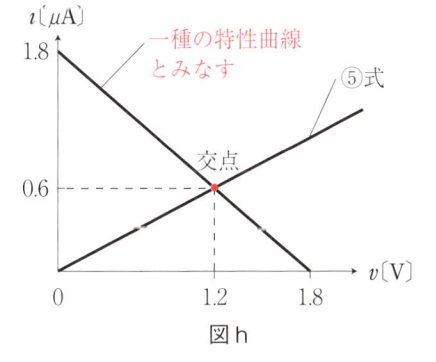

コツ 電流 i - 電圧 v グラフが与えられたら，頭を柔らかくして，一種の非オーム抵抗とみなす発想の転換が必要！

(4) i-v グラフには，もう一つ大切な見方がある。それは，

> **テクニック** 消費電力 $P = i \times v = i$-v グラフの張る面積
> $\begin{pmatrix} \text{縦軸，横軸に垂線下ろした} \\ \text{ときにできる長方形の面積} \end{pmatrix}$

ここで④式のグラフで，抵抗 R をいろいろ変えていったときの i-v グラフとの交点のうち，**張る面積 P が最大 $P_{\max}$ となる**のは図iの対称性より，$v = 0.9\,\text{V}$, $i = 0.9\,\mu\text{A}$ のときである。

そのときの抵抗値 R は④式より，

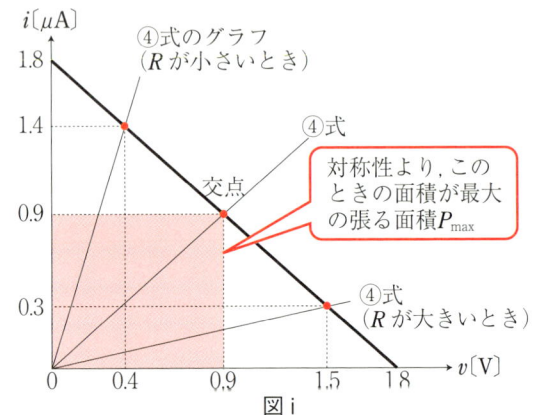

$$R = \frac{v}{i}$$
$$= \frac{0.9\,\text{V}}{0.9\,\mu\text{A}}$$
$$= 1\,\text{M}\Omega \quad \begin{pmatrix} 1\mu = 10^{-6} \\ 1\text{M} = 10^6 \text{より} \end{pmatrix}$$ **答**

となる。

(5) 光の波長は λ_1 のまま，強度を半分にするという変化のさせ方は，**導入**の❸の「光電効果での照射光の変え方 究極の2タイプ」のうちの**タイプ❶**で，1個の光子のもつエネルギーは変えずに，1秒に入る光子数を半分にする変化だ。

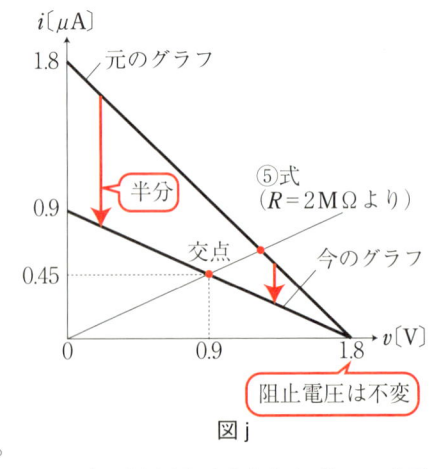

よって「元のグラフ」に比べて「今のグラフ」は阻止電圧は変わらずに，光電流 i が半分に減ったグラフになる。

図jより「今のグラフ」と⑤式のグラフとの交点から，求める電流は，

$$i = 0.45\,\mu\text{A}$$ **答**

となることが分かる。

まとめ

1 光電方程式

$$1個 \times h\frac{c}{\lambda} = W + 1個 \times \frac{1}{2}mv_{\max}^2$$

2 光電効果＋コンデンサー C の I-V グラフの見方

- ㋐ はじめ
  コンデンサーは空の $V=0$ から始まる。

- ㋑ やがて
  コンデンサーに電荷がたまっていき，
  $V \to 大$ ほど拒絶が強くなり，
  $I \to 小$ となっていく。

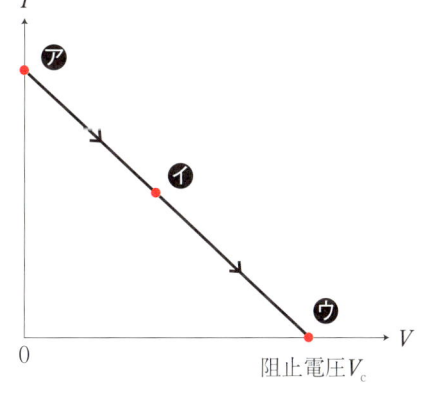

- ㋒ ついに
  $V = V_c$（阻止電圧）で $I=0$ となる。

このとき，

$$\frac{1}{2}mv_{\max}^2 = (-e)(-V_c)$$

が成立

3 光電効果＋抵抗 R の回路の解法

与えられた I-V グラフを一種の特性曲線と見て《**非オーム抵抗の解法3ステップ**》で解く。

4 光電効果での照射光の変え方，究極の2タイプ

- **タイプ❶** 波長 λ 一定のまま，光量のみ変化させる
  → $v_{\max}(V_c)$ 不変で，1秒に出る光電子の数（光電流 I）のみ変わる

- **タイプ❷** 光量一定のまま，波長 λ のみ変化させる
  → 1秒に出る光電子の数は不変で，$v_{\max}(V_c)$ のみ変わる

第28講 原子のエネルギー準位・光子の放出と衝突

研究用例題28 ☑1回目 30分 ☐2回目 20分 ☐3回目 15分

　原子の定常状態において電子のもつエネルギーはとびとびの値しか許されず，水素原子においては，そのエネルギー準位は正の整数nを量子数として

　中心から数えてn番目の軌道にいる電子のエネルギー

$$E_n = -\frac{hcR}{n^2} \quad (n=1, 2, 3, \cdots)$$

で与えられる。ここで，hはプランク定数，cは真空中の光の速さ，Rはリュードベリ定数である。以下の問いについて，電子の質量をm，陽子の質量をMとして答えよ。

〔Ⅰ〕 量子数$n=1$の基底状態にある静止した水素原子に，速さvの電子を衝突させたところ，入射電子はエネルギーを一部失って速さv'で飛び去り，原子は量子数$n=l$ ($l \geq 2$) の励起状態に移った。

　　ただし，〔Ⅰ〕では原子が動き出すことによる効果は小さいとして無視する。

(1) 飛び去った電子の速さv'を求めよ。

(2) 励起された原子は，いくつかのエネルギー準位を経由するたびに光子を放出し，最終的には基底状態に戻る。量子数lの準位から量子数kの準位（ただし，$k < l$）に移るときに放出される光子の波長λ_{lk}を求めよ。

(3) 量子数$n=4$のエネルギー準位に励起された原子が，可視光線領域（波長3.8×10^{-7}m～7.7×10^{-7}m）の光子1個と紫外線領域（波長1.0×10^{-9}m～3.8×10^{-7}m）の光子1個，合計2個の光子を放出して基底状態に戻った。このときの可視光線領域の光子の波長λ_1と紫外線領域の光子の波長λ_2は$\frac{1}{R}$の何倍になるか，分数で答えよ。必要ならば，$R = 1.10 \times 10^7 \text{m}^{-1}$を参考にせよ。

〔Ⅱ〕 振動数 v の紫外線領域の光子を，静止している基底状態の水素原子にあてたところ，原子はこの光子を吸収し，電子が原子から飛び出した（イオン化）。また，原子核である陽子もある方向に飛んでいった。両者が十分離れた後の電子の速さを u，電子の進行方向を入射光子の進行方向から測って角度 θ，陽子の速さを w とする。

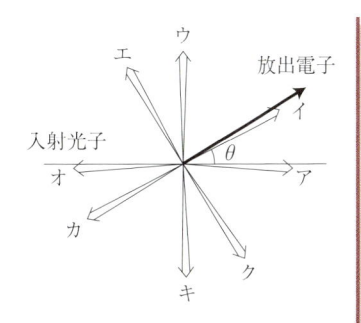

(1) 光子が入射する前の静止している原子においては，原子核と電子の運動量の和は0である。運動量の保存則から w を M, m, h, v, c, θ, u を用いて求めよ。

(2) エネルギーの保存則から，電子の速さ u を M, m, h, v, c, θ, R を用いて求めよ。

(3) 運動量の保存則により，陽子の進行方向は入射光子の進行軸と放出電子の進行軸を含む平面上にのっている。入射光子の運動量の大きさが放出電子の運動量の大きさに比べて非常に小さいとすると，図のような方向に電子が放出された場合に陽子はどの方向に飛び出すか，図中のア〜クから選べ。

〔九大〕

目的　水素原子のエネルギー準位を自由自在に導けるようになったら，あとは光子の放出問題と，電子や光子と水素原子の衝突問題を扱えるようにしよう。
　ポイントは2つある。1つ目は，運動量保存には，光子の運動量も含めること。2つ目は，エネルギー保存には，光子のエネルギーおよび，原子のエネルギー準位も含めることである。あとは通常の力学の斜衝突や分裂の問題として解けばよい。

導入

1 電子波

質量m，速さvで走り，運動量$P=mv$をもつ電子は，次のような波動（電子波）ともみなせる。

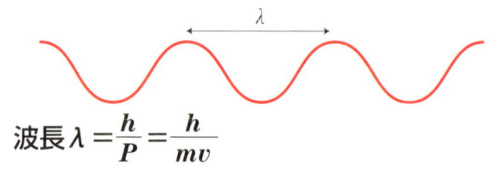

波長 $\lambda = \dfrac{h}{P} = \dfrac{h}{mv}$

（$h = 6.63 \times 10^{-34}$ J·s：プランク定数）

2 原子モデルストーリー

電気素量をe，電子の質量をm，クーロン定数をk，真空中での光速をc，プランク定数をhとする。ここで，**原子モデルのおきまりの3ステップストーリー**を復習し，問題文での与式中のリュードベリ定数Rの具体的な形を求めてみよう。

STEP1 まず図1のように，電子を陽子のまわりを円運動している**粒子とみなす**。回転系から見た力のつり合いの式より，

$$m\dfrac{v^2}{r} = k\dfrac{e^2}{r^2} \quad \cdots \text{①}$$

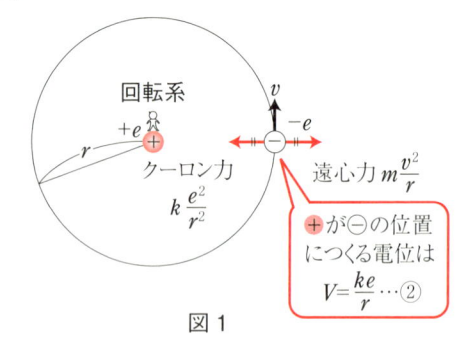

一方，電子のもつ力学的エネルギーEは運動エネルギーと電気力による位置エネルギーの和であり，

$$E = \underbrace{\dfrac{1}{2}mv^2}_{\text{運動エネルギー}} + \underbrace{(-e)V}_{\text{位置エネルギー}}$$

図1

⊕が⊖の位置につくる電位は
$V = \dfrac{ke}{r} \cdots \text{②}$

この式に①，②式（図1参照）を代入して，

$$E = \dfrac{1}{2}\dfrac{ke^2}{r} + (-e)\dfrac{ke}{r} = -\dfrac{ke^2}{2r} \quad \cdots \text{③}$$

STEP2 次に電子を**波とみなす**。

電子が円軌道上に電子波としても安定に存在するためには，図2の左のように**電子波がぴったり閉じる**ように入ることが必要である。つまり，

$$2\pi r = n \times \frac{h}{mv} \quad \cdots\cdots ④$$

周の長さ　整数　電子波の波長

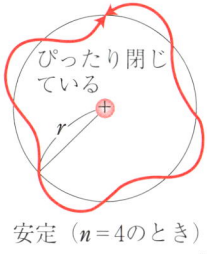

安定（$n=4$のとき）　　不安定

図2

STEP3 実際には，**電子は粒子でもあり波でもあるから**，①式と④式の共通の解が求める電子のみたす式となっている。④式をvについて解いて①式に代入すると，

$$\frac{m}{r}\left(\frac{nh}{2\pi mr}\right)^2 = k\frac{e^2}{r^2} \quad \therefore \quad r = \underline{\frac{h^2}{4\pi^2 mke^2}} \times n^2 (=r_n とおく) \quad \cdots\cdots ⑤$$

（注）$n\to$大ほど $r_n\to$大になる

⑤式を③式に代入して，

$$E = -\underline{\frac{2\pi^2 mk^2 e^4}{h^2}} \times \frac{1}{n^2} (=E_n とおく) \quad \cdots\cdots ⑥$$

（ここまで自力で導けるように！）

（注）$n\to$大ほど $E_n\to$大になる

ここで本問の与式より，$E_n = -\dfrac{hcR}{n^2}$ ……⑦

⑥⑦式を比べると，リュードベリ定数Rは次の形になることが分かる。

$$R = \frac{2\pi^2 mk^2 e^4}{h^3 c}$$

Point 水素原子のエネルギー準位

図3のように，**電子はnによって決まる特定の半径r_n，エネルギーE_nをもつ軌道のみ回ることができる。**

その理由は，円軌道1周の中にぴったり電子波がn波長分入る（円周が波長の整数n倍）条件のために，特定の軌道しか回れないからである。

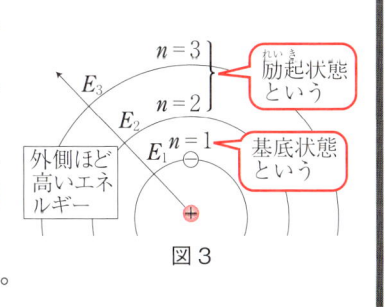

外側ほど高いエネルギー

励起状態という

基底状態という

図3

解　説

> 水素原子や光子がからんだエネルギー保存や運動量保存の問題は，何だかとても難しく感じるのですが……

大丈夫。しっかり前後の図をかき，水素原子のエネルギー準位や，光子のエネルギー，運動量まで忘れずにすべてを含めた保存則を考えれば解けるよ。

〔I〕(1) 図aのように，衝突前後の図で，**水素原子のエネルギー準位も含めた**全エネルギー保存の法則より，

$$\frac{1}{2}mv^2 + E_1 = \frac{1}{2}mv'^2 + E_l$$

$$\therefore\ v' = \sqrt{v^2 + \frac{2(E_1 - E_l)}{m}}$$

ここで，与式より，$E_1 = -hcR$，$E_l = -\dfrac{hcR}{l^2}$ を代入して，

$$v' = \sqrt{v^2 - \frac{2chR}{m}\left(1 - \frac{1}{l^2}\right)}\ \ \text{答}$$

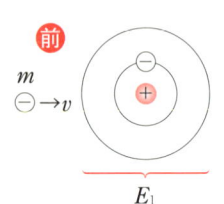

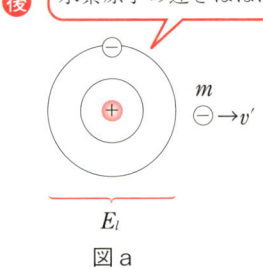

(2) 図bのように，高いエネルギー準位 E_l から，低いエネルギー準位 E_k へ移るときに，**余ったエネルギー $E_l - E_k$ が光子のエネルギー $h\dfrac{c}{\lambda_{lk}}$ の形で放出される。**

$$\underbrace{E_l}_{100万円} - \underbrace{E_k}_{80万円} = \underbrace{h\frac{c}{\lambda_{lk}}}_{20万円}$$

$$\therefore\ \lambda_{lk} = \frac{hc}{E_l - E_k}$$

ここで，与式 $E_l = -\dfrac{hcR}{l^2}$，$E_k = -\dfrac{hcR}{k^2}$ を代入して，

$$\lambda_{lk} = \frac{l^2 k^2}{R(l^2 - k^2)}\ \ \cdots\cdots① \ \ \text{答}$$

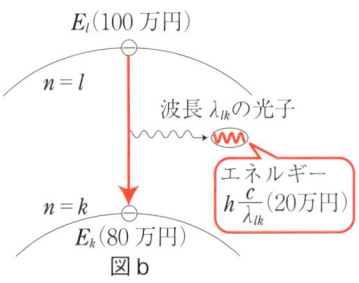

図a

図b
E_l(100万円)　$n=l$
波長 λ_{lk} の光子
エネルギー $h\dfrac{c}{\lambda_{lk}}$(20万円)
$n=k$　E_k(80万円)

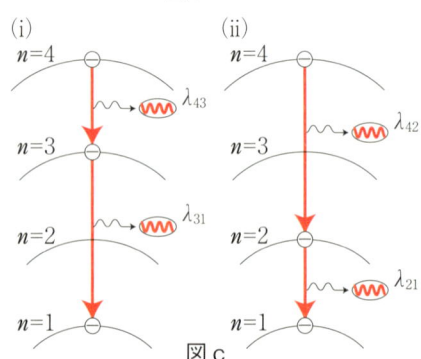

図c
(i) $n=4 \to n=3$：λ_{43}，$n=3 \to n=1$：λ_{31}
(ii) $n=4 \to n=2$：λ_{42}，$n=2 \to n=1$：λ_{21}

(3) $n=4$ から2個の光子を放出して$n=1$の軌道に戻る方法は，図cの(ⅰ)(ⅱ)の2通りの可能性がある。

各々発生する光子の波長は①式で$R=1.10\times 10^7 \mathrm{m}^{-1}$より，

(ⅰ)のとき
$$\lambda_{43}=\frac{1}{1.10\times 10^7}\times\frac{4^2\times 3^2}{4^2-3^2}=\frac{1}{1.10\times 10^7}\times\frac{144}{7}\fallingdotseq 1.9\times 10^{-6}\text{[m]}（赤外線）$$

$$\lambda_{31}=\frac{1}{1.10\times 10^7}\times\frac{3^2\times 1^2}{3^2-1^2}=\frac{1}{1.10\times 10^7}\times\frac{9}{8}\fallingdotseq 1.0\times 10^{-7}\text{[m]}（紫外線）$$

(ⅱ)のとき
$$\lambda_{42}=\frac{1}{1.10\times 10^7}\times\frac{4^2\times 2^2}{4^2-2^2}=\frac{1}{1.10\times 10^7}\times\frac{16}{3}\fallingdotseq 4.8\times 10^{-7}\text{[m]}（可視光線）$$

$$\lambda_{21}=\frac{1}{1.10\times 10^7}\times\frac{2^2\times 1^2}{2^2-1^2}=\frac{1}{1.10\times 10^7}\times\frac{4}{3}\fallingdotseq 1.2\times 10^{-7}\text{[m]}（紫外線）$$

よって，条件に適するのは(ⅱ)のときで，そのとき求める**答**は，

$\lambda_1=\lambda_{42}$のときの$\dfrac{16}{3}$倍　と　$\lambda_2=\lambda_{21}$のときの$\dfrac{4}{3}$倍　となる。**答**

〔Ⅱ〕(1) 図dのように，**後**の陽子の飛び出す角度をϕと仮定する。x，y方向それぞれの，**光子も含めた**全運動量保存の式より，

前　**後**

$x:h\dfrac{v}{c}=mu\cos\theta+Mw\cos\phi$ ……②

$y:0=mu\sin\theta-Mw\sin\phi$ ……③

②式より，$Mw\cos\phi=h\dfrac{v}{c}-mu\cos\theta$ ……④

③式より，$Mw\sin\phi=mu\sin\theta$ ……⑤

ここで，(④^2＋⑤^2)式からϕを消すと，

$$(Mw)^2=\left(h\dfrac{v}{c}\right)^2+(mu)^2-2h\dfrac{v}{c}mu\cos\theta$$

$$\therefore\ w=\dfrac{1}{M}\sqrt{\left(\dfrac{hv}{c}\right)^2-2\dfrac{hv}{c}mu\cos\theta+(mu)^2}\ \ \text{……⑥}\ \textbf{答}$$

(この式にはwとuの2つの未知数が含まれているので，完全に解くにはあと1つの式が必要。)

(2) 図dで㊡の水素原子のエネルギー準位は，陽子と電子が無限に離れてしまっている（これを「イオン化」という）ことから，E_∞ とかける。

エネルギー準位と光子のエネルギーも含めた，全エネルギー保存則より，

㊤　　㊡
$$h\nu + E_1 = \frac{1}{2}mu^2 + \frac{1}{2}Mw^2 + E_\infty$$

ここで，与式より，$E_1 = -hcR$，$E_\infty = 0$，および⑥式を代入して，

$$h\nu + (-hcR) = \frac{1}{2}mu^2 + \frac{1}{2}M\frac{1}{M^2}\left\{\left(\frac{h\nu}{c}\right)^2 - 2\frac{h\nu}{c}mu\cos\theta + (mu)^2\right\}$$

両辺に $2Mc^2$ をかけて，
$$2Mc^2(h\nu - hcR) = Mmc^2u^2 + (h\nu)^2 - 2h\nu cmu\cos\theta + m^2c^2u^2$$
$$\therefore\quad m(M+m)c^2u^2 - 2h\nu cm\cos\theta\, u - \{2Mc^2(h\nu - hcR) - (h\nu)^2\} = 0$$

これを u についての2次方程式とみて，解の公式より，

$$u = \frac{h\nu\, cm\cos\theta + \sqrt{(h\nu\, cm\cos\theta)^2 + m(M+m)c^2\{2Mc^2(h\nu - hcR) - (h\nu)^2\}}}{m(M+m)c^2} \quad \text{㊣}$$

($\theta \to$ ㊡ ほど $\cos\theta \to$ ㊣ より，$u \to$ ㊣ となる)

(3) 入射光子の運動量の大きさ $h\dfrac{\nu}{c}$ を非常に小さいとして無視すると，図eのように，静止した水素原子の電子と陽子の単なる分裂問題と同等とみなせる。よって，陽子と電子の**全運動量ベクトルの和が0となるように分裂**する。

つまり，陽子は電子とは互いに逆向きの運動量をもって飛び出す。

その方向はカ㊣となる。

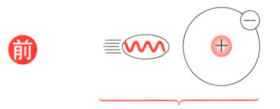

㊤　ほぼ全運動量0とみなす

㊡　mu

θ

θ

Mw

全運動量ベクトルが0となるように互いに逆向きとなる

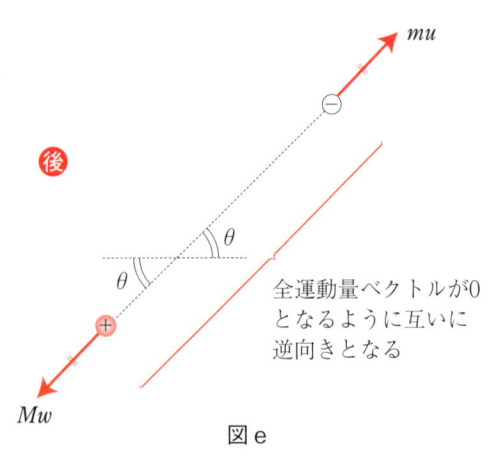

図e

まとめ

1 水素原子のエネルギー準位の式の求め方のストーリー

① 電子を**粒**とみて,その円運動を考える。

② 電子を**波**とみて,その波長が n 個ぴったり円軌道に入る条件を考える。

③ ①②の共通解により,**とびとびの半径とエネルギーをもつ軌道上**を電子が回っていることが分かる。とくに n 番目の軌道のエネルギー準位は,次のようになる。

$$E_n = -\frac{hcR}{n^2} \quad (R:リュードベリ定数)$$

2 水素原子からの光子の放出のストーリー

① 外部から投入されたエネルギーによって,高エネルギー準位状態になる。

② 高エネルギー準位状態 E_l から低エネルギー準位状態 E_k に落ち込むときに,**余ったエネルギーが光子のエネルギー** $h\frac{c}{\lambda_{lk}}$ の形で放出される。

$$E_l - E_k = h\frac{c}{\lambda_{lk}}$$

3 水素原子と電子,光子との衝突・分裂の解法手順

① **前後**の図をかく。

② 光子の運動量 $\left(大きさ h\frac{1}{\lambda} = h\frac{\nu}{c}\right)$ も**含めた**全運動量保存の式を,x,y 軸それぞれの方向について立てる。

③ 光子のエネルギー $h\frac{c}{\lambda} = h\nu$ や,水素原子のエネルギー準位 $E_n = -\frac{hcR}{n^2}$ も**含めた**,全エネルギー保存の式を立てる。

第29講 核反応・換算質量と相対運動エネルギー

研究用例題29 ☑1回目 25分 □2回目 15分 □3回目 10分

　原子核反応には，反応の前後で質量が減少する発熱反応と，逆に質量が増加する吸熱反応とがある。吸熱反応は，反応前の粒子の運動エネルギーが，ある値以上にならないと起こらない。

　速度 v_1 [m/s] で運動している質量 m_1 [kg] の粒子1が，静止している質量 m_2 [kg] の粒子2に衝突し，反応後，質量 m_3 [kg]，速度 v_3 [m/s] の粒子3と，質量 m_4 [kg]，速度 v_4 [m/s] の粒子4ができるとする（ただし $m_1 + m_2 < m_3 + m_4$ とする）。ここでは，粒子3と粒子4の運動の方向は，速度 v_1 の方向と同じであると仮定して，一直線上の運動を考える。質量の増加分 $m_3 + m_4 - m_1 - m_2$ はアインシュタインの関係を用いれば，エネルギー E [J] で表すことができ，光の速さを c [m/s] とすると，$E = \boxed{(1)}$ である。したがって，反応の前後でのエネルギー保存の法則は，この E を用いて，

$$\frac{1}{2}m_1v_1^2 - \left(\frac{1}{2}m_3v_3^2 + \frac{1}{2}m_4v_4^2\right) = \boxed{(2)} \quad \cdots\cdots ①$$

と表すことができる。

　吸熱反応では，粒子1の運動エネルギーが E 以上であっても，必ずしも反応は起こらない。なぜなら，衝突における運動量保存の法則，

$$m_3v_3 + m_4v_4 = \boxed{(3)} \quad \cdots\cdots ②$$

より，粒子3, 4の速度がともに0になることはあり得ないからである。すなわち，粒子1の運動エネルギーの一部は，反応により生成する粒子3, 4の運動エネルギーになる。そこで，エネルギーおよび運動量の保存の法則を用いて，吸熱反応が起こるために必要な粒子1の運動エネルギー $\frac{1}{2}m_1v_1^2$ の最小値 K [J] を求めてみよう。

　まず反応により生成される粒子3と粒子4の相対速度 w [m/s] を

$$v_3 - v_4 = w \quad \cdots\cdots ③$$

とおく。②, ③式を用いて，粒子3と粒子4の運動エネルギーの和を，粒子1の速度 v_1 と相対速度 w と，各粒子の質量 $m_1 \sim m_4$ とで表すことにしよう。

　得られる結果を整理すると，v_1^2 に比例する項と，w^2 に比例する項

だけが残り，次式の形にかける。

$$\frac{1}{2}m_3v_3^2 + \frac{1}{2}m_4v_4^2 = \boxed{(4)} \times v_1^2 + \boxed{(5)} \times w^2 \quad \cdots\cdots ④$$

　この式の右辺の第二項は，粒子 3 と粒子 4 の相対運動に関係するエネルギーの項である。④式を①式に代入すると，粒子 1 の運動エネルギーが最小となるのは，$w=0$ の場合であることが分かる。このとき，$v_3 = v_4 = \boxed{(6)}$ となり，求める粒子 1 の運動エネルギーの最小値は，$K = \boxed{(7)} \times E$ と決まる。　〔京大〕

目的

核反応には 2 つのタイプがある。発熱反応と吸熱反応だ。発熱反応は，入射エネルギーがいくらであっても核反応が起こり得る。
　一方，吸熱反応では，反応させるのに最低限要する入射エネルギー「しきい値」が存在する。本問の目的は全運動エネルギーを重心運動エネルギーと相対運動エネルギーに分けて考えることにより，吸熱反応における「しきい値」を求めることである。

導入

1 アインシュタインの式

光速を $c = 3.0 \times 10^8$ m/s として，

① 質量 M〔kg〕はエネルギー $E = Mc^2$〔J〕に相当する。
② 質量 ΔM〔kg〕が減少(増加)するとき，エネルギー $\Delta E = \Delta Mc^2$〔J〕が発生する(吸収される)。

2 核反応の究極の 2 タイプ

タイプ❶ 発熱反応…反応の前後で**全質量が減少**する(質量欠損)

$$\boxed{\begin{array}{c}\text{発生エネルギー}\\(\text{全質量エネルギーの減少分})\end{array}} = \boxed{\text{全運動エネルギーの増加分}}$$

タイプ❷ 吸熱反応…反応の前後で**全質量が増加**する

$$\boxed{\begin{array}{c}\text{吸収エネルギー}\\(\text{全質量エネルギーの増加分})\end{array}} = \boxed{\text{全運動エネルギーの減少分}}$$

要するに核反応の前後では，

$$\boxed{(\text{全運動エネルギー})と(\text{全質量エネルギー})の和は常に一定に保たれる}$$

ということ。

3 相対運動の考え方と換算質量について

図aのように，位置ベクトル $\vec{r_1}$，$\vec{r_2}$ に質量 m_1，m_2 の質点1，2があり，$\vec{f_{12}}$，$\vec{f_{21}}$ の力を受けて（外力はなし）運動している。このとき，1に対する2の相対位置ベクトルは，
$\vec{r_R} = \vec{r_2} - \vec{r_1}$ となる。

各物体の運動方程式は，
$$m_1 \frac{d^2 \vec{r_1}}{dt^2} = \vec{f_{12}} \; (= -\vec{f_{21}}) \quad \cdots\cdots ①$$
作用・反作用

$$m_2 \frac{d^2 \vec{r_2}}{dt^2} = \vec{f_{21}} \quad \cdots\cdots ②$$

辺々 $(② \div m_2) - (① \div m_1)$ して，
$$\frac{d^2(\vec{r_2} - \vec{r_1})}{dt^2} = \left(\frac{1}{m_2} + \frac{1}{m_1}\right) \vec{f_{21}}$$

$$\therefore \quad \underbrace{\frac{m_1 m_2}{m_1 + m_2}}_{\substack{\text{見かけ上の}\\\text{質量}\mu\text{とおく}}} \times \underbrace{\frac{d^2 \vec{r_R}}{dt^2}}_{\substack{1\text{に対する2}\\\text{の相対加速度}}} = \underbrace{\vec{f_{21}}}_{\substack{2\text{が}1\text{から}\\\text{受ける力}}}$$

この式より，図bのように，元の2物体1，2の運動を，1から見た2の相対運動として，見かけ上の質量（**換算質量**という），

$$\mu = \frac{m_1 m_2}{m_1 + m_2}$$

をもつ仮想的な1物体の運動におき換えることができることが分かる。

ここで注意したいことは，**換算質量を使ったら，慣性力は使ってはいけない**ことだ。つまり，元の力と**全く同じ力** $\vec{f_{21}}$ のみを受けるだけである。

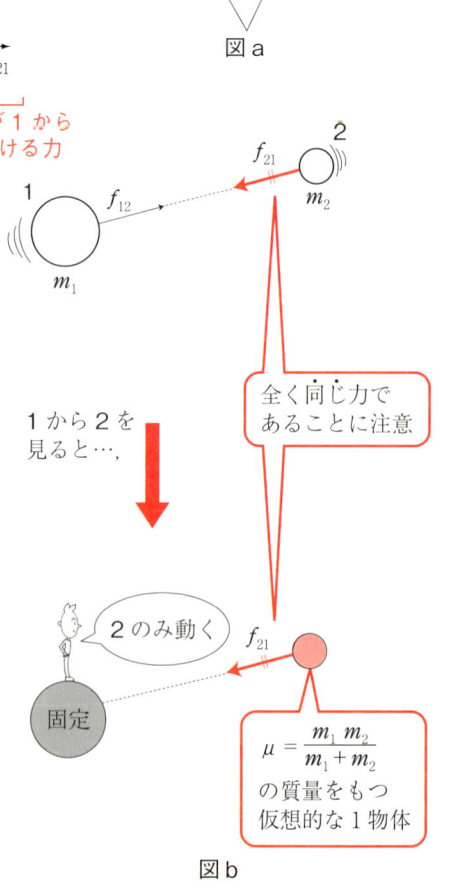

図a

図b

1から2を見ると…，

全く同じ力であることに注意

2のみ動く

固定

$\mu = \dfrac{m_1 m_2}{m_1 + m_2}$ の質量をもつ仮想的な1物体

358

例1 p.89の時間T_1の **別解**

元の2物体A, Bの運動を, AからみたBの相対運動として, **換算質量**

$$\mu = \frac{2M \times M}{2M + M} = \frac{2}{3}M$$

の仮想的な1物体の単振動におき換える。

運動方程式 $\frac{2}{3}Ma = -kx$

より求める時間T_1は,

$$T_1 = \frac{1}{4} \times 2\pi \sqrt{\frac{\frac{2}{3}M}{k}} = \frac{\pi}{2}\sqrt{\frac{2M}{3k}}$$ **答**

（周期公式）

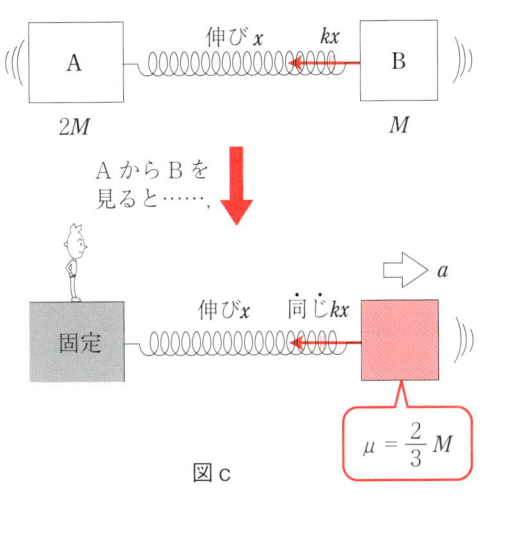

図c

例2 p.108の速さvの **別解**

元の連星系M, mの円運動を, Mから見たmの相対運動として, **換算質量**

$$\mu = \frac{mM}{m+M}$$

の仮想的な1物体の円運動におき換える。

円運動の運動方程式より,

$$\frac{mM}{m+M}\left(a + \frac{m}{M}a\right)\omega^2 = G\frac{Mm}{\left(a + \frac{m}{M}a\right)^2}$$

（向心加速度）（万有引力）

$\therefore\ \omega = \dfrac{M}{m+M}\sqrt{\dfrac{GM}{a^3}}$　よって, $v = a \times \omega = \dfrac{M}{m+M}\sqrt{\dfrac{GM}{a}}$ **答**

（半径 角速度）

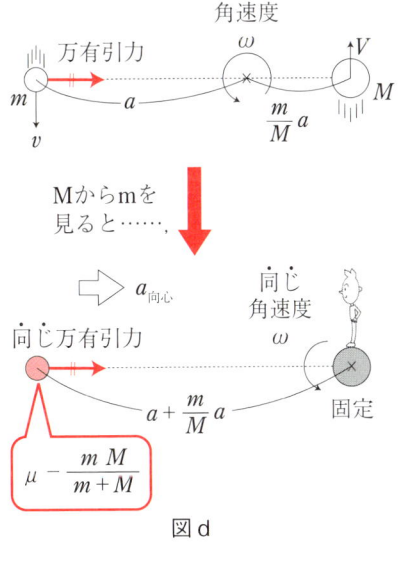

図d

第29講 核反応・換算質量と相対運動エネルギー

解　説

(1)　まずは **導入** の❷の「核反応の究極の2タイプ」を見きわめよう。本問は反応によって質量が増加（$m_3+m_4 > m_1+m_2$）しているので，**タイプ❷** の**吸熱反応**だ。

次に図eのように，質量エネルギー図をかこう。図eより，核反応を起こすために必要な吸収エネルギーEは，全質量エネルギーの増加分で，

$$E = (m_3+m_4-m_1-m_2)c^2 \quad \text{答}$$

となっていることが分かるね。

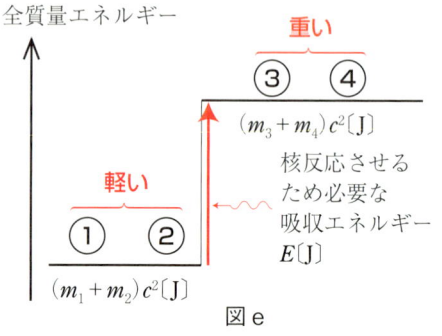

図e：全質量エネルギー
- ①② $(m_1+m_2)c^2$〔J〕（軽い）
- ③④ $(m_3+m_4)c^2$〔J〕（重い）
- 核反応させるため必要な吸収エネルギー E〔J〕

(2)　そして次は，図fのように，力学として，衝突の前後の運動図をかこう。

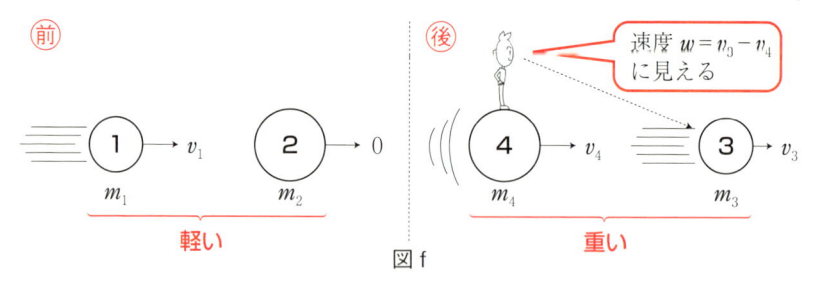

図f
- 〔前〕① v_1，m_1（軽い）／② 0，m_2
- 〔後〕④ v_4，m_4（重い）／③ v_3，m_3
- 速度 $w = v_3 - v_4$ に見える

導入 の❷の **タイプ❷**　吸熱反応のエネルギーの関係式より，

$$\underbrace{\underbrace{\frac{1}{2}m_1v_1^2}_{\text{前}} - \underbrace{\left(\frac{1}{2}m_3v_3^2 + \frac{1}{2}m_4v_4^2\right)}_{\text{後}}}_{\text{全運動エネルギーの減少分}} = \underbrace{\{\underbrace{(m_3+m_4)}_{\text{後}} - \underbrace{(m_1+m_2)}_{\text{前}}\}c^2}_{\text{全質量エネルギーの増加分}}$$

ここで(1)の結果を代入して，

$$\frac{1}{2}m_1v_1^2 - \frac{1}{2}m_3v_3^2 - \frac{1}{2}m_4v_4^2 = E \quad \cdots\cdots① \quad \text{答}$$

(3)　図fで外力はないので，全運動量保存の法則より，

$$\underset{\text{前}}{m_1v_1} = \underset{\text{後}}{m_3v_3 + m_4v_4} \quad \cdots\cdots② \quad \text{答}$$

(4)(5) 図fで粒子4から見た粒子3の相対速度を$v_3-v_4=w$ ……③
として，次の未知数a, bを決める。

$$\frac{1}{2}m_3v_3^2+\frac{1}{2}m_4v_4^2=av_1^2+bw^2 \quad \cdots\cdots ④$$

$$=a\left(\frac{m_3v_3+m_4v_4}{m_1}\right)^2+b(v_3-v_4)^2 \quad (\because \ ②③)$$

$$=\left\{\left(\frac{m_3}{m_1}\right)^2a+b\right\}v_3^2+\left\{\left(\frac{m_4}{m_1}\right)^2a+b\right\}v_4^2+\left(\frac{2m_3m_4}{m_1^2}a-2b\right)v_3v_4$$

この式がv_3, v_4によらずいつも成立するには，両辺の係数を比べて，

$$\left.\begin{array}{l}\left(\dfrac{m_3}{m_1}\right)^2a+b=\dfrac{1}{2}m_3 \\ \left(\dfrac{m_4}{m_1}\right)^2a+b=\dfrac{1}{2}m_4 \\ \left(\dfrac{2m_3m_4}{m_1^2}a-2b\right)=0\end{array}\right] \Rightarrow \quad \therefore \ a=\dfrac{m_1^2}{2(m_3+m_4)} \quad \cdots\cdots ⑤ \quad \underline{\text{答}\ (4)}$$

$$\therefore \ b=\dfrac{m_3m_4}{2(m_3+m_4)} \quad \cdots\cdots ⑥ \quad \underline{\text{答}\ (5)}$$

(6)(7) ④式に⑤⑥式を代入したものを，①式に代入して，

$$\frac{1}{2}m_1v_1^2-\frac{m_1^2}{2(m_3+m_4)}v_1^2-\frac{m_3m_4}{2(m_3+m_4)}w^2=E$$

$$\therefore \ \frac{1}{2}m_1v_1^2\left(1-\frac{m_1}{m_3+m_4}\right)-\frac{m_3m_4}{2(m_3+m_4)}w^2=E$$

$$\therefore \ \frac{1}{2}m_1v_1^2=\frac{m_3+m_4}{m_3+m_4-m_1}\left\{\frac{m_3m_4}{2(m_3+m_4)}w^2+E\right\} \quad \cdots\cdots ⑦$$

ここで，**w**をいろいろ変えていったとき，核反応に必要な粒子1の運動エネルギー$\frac{1}{2}m_1v_1^2$が最小で済むのは，上の⑦式より$w=0$，つまり，③式より$v_3=v_4$のときで，このとき②式より，

$$v_3=v_4=\frac{m_1}{m_3+m_4}v_1 \quad \underline{\text{答}\ (6)}$$

このとき，⑦式より，

$$\frac{1}{2}m_1v_1^2=\frac{m_3+m_4}{m_3+m_4-m_1}E=K \quad \cdots\cdots ⑧ \quad \text{とおく。} \quad \underline{\text{答}\ (7)}$$

このように，核反応させるのに最低限要する粒子1の運動エネルギーKのことを，核反応における**「しきい値」**という。⑧式より，$K>E$となっていることが分かる。つまり，Eより大きい運動エネルギーで粒子1を打ち込まないと，核反応は起こらないのだ。

研究 $v_3=v_4$ ということは，衝突後**粒子3**と**粒子4**が一体となるときだ。このとき最も効率よく運動エネルギーを減少させ，核反応に必要な質量エネルギーを多く生み出せる。これを一般的に考察してみよう。

②～⑥式から後の粒子3と粒子4の全運動エネルギーは，

$$\frac{1}{2}m_3v_3^2 + \frac{1}{2}m_4v_4^2$$

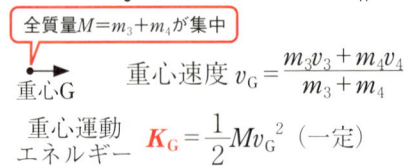

$$= \underbrace{\frac{1}{2}\underbrace{(m_3+m_4)}_{\substack{\text{全質量}M\text{が重心G}\\ \text{に集中している}\\ \text{とみなせる}\\ \text{(p.92を見よ)}}} \underbrace{\left(\frac{m_3v_3+m_4v_4}{m_3+m_4}\right)^2}_{\substack{\text{全運動量}\\ \overline{\text{全質量}}\\ \text{より重心速度}v_G}}}_{\text{重心運動エネルギー }K_G\text{（一定）}} + \underbrace{\frac{1}{2}\underbrace{\frac{m_3m_4}{m_3+m_4}}_{\substack{\text{相対運動に}\\ \text{おける換算}\\ \text{質量}\mu\\ \text{(p.358を見よ)}}}\underbrace{(v_3-v_4)^2}_{\substack{4\text{から見た}\\ 3\text{の相対速}\\ \text{度 }w}}}_{\text{相対運動エネルギー }K_R\text{（変化可）}}$$

のように2つの部分に分けることができる。ここでp.32で見たように，外力がないので，重心速度v_Gは一定より，重心運動エネルギーK_Gも一定。

よって，いま**減少させることができるのは，相対運動エネルギー**K_R**のみだ。**

とくに，$v_3-v_4=0$，つまり$v_3=v_4$のとき，$K_R=0$となって，最も全運動エネルギーを減少させていることが分かる。これが(b)の結果だったんだ。

Point 1 《重心運動エネルギーK_Gと相対運動エネルギーK_Rに分けられる》

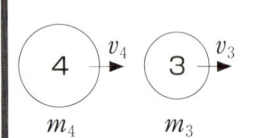

全質量$M=m_3+m_4$が集中

重心G

重心速度 $v_G = \dfrac{m_3v_3+m_4v_4}{m_3+m_4}$

重心運動エネルギー $K_G = \dfrac{1}{2}Mv_G^2$ （一定）

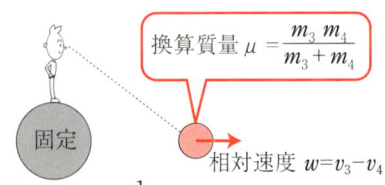

全運動エネルギー
$\dfrac{1}{2}m_3v_3^2 + \dfrac{1}{2}m_4v_4^2$
$= K_G + K_R$

換算質量 $\mu = \dfrac{m_3 m_4}{m_3+m_4}$

固定

相対速度 $w=v_3-v_4$

相対運動エネルギー $K_R = \dfrac{1}{2}\mu w^2$ （変化可）

― この相対運動エネルギーの考え方は，何か他の例でも活用できるのですか

いろいろあるよ。次の**例題1**，**例題2**をそれぞれ1分で解けるかな。

例題 1

図のはねかえり係数 e の 2 物体の直線上の衝突で，失われる全運動エネルギー ΔE を，e の関数として表せ。

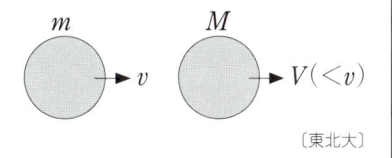

〔東北大〕

解説

まず衝突前の全運動エネルギーを，相対運動エネルギーと重心運動エネルギーとに分離しよう。

$$\frac{1}{2}mv^2 + \frac{1}{2}MV^2 = \frac{1}{2}\frac{mM}{m+M}(v-V)^2 + \frac{1}{2}(m+M)\left(\frac{mv+MV}{m+M}\right)^2$$

- 換算質量
- 相対速度の大きさは衝突によって e 倍になる（e の定義）
- 重心速度 v_G は一定に保たれる

結局，失われるのは，相対運動エネルギーの部分のみなので，

$$\Delta E = \frac{1}{2}\frac{mM}{m+M}(v-V)^2 - \frac{1}{2}\frac{mM}{m+M}\{e(v-V)\}^2 = (1-e^2)\frac{mM(v-V)^2}{2(m+M)} \quad \text{答}$$

- 衝突前の相対運動エネルギー
- 衝突後の相対運動エネルギー

別解

衝突後の速度を v'，V' として，全運動量保存の法則，$mv+MV = mv'+MV'$ と，はねかえり係数の式，$e = \dfrac{V'-v'}{v-V}$ の 2 式を連立方程式として解いて，

$$v' = \frac{(m-eM)v + (1+e)MV}{m+M}, \quad V' = \frac{(1+e)mv + (M-me)V}{m+M}$$

これを，

$$\Delta E = \frac{1}{2}mv^2 + \frac{1}{2}MV^2 - \left(\frac{1}{2}mv'^2 + \frac{1}{2}MV'^2\right)$$

に代入しても求められるけど，計算がとても大変！

💡 **イメージ** 答の式で ΔE は $(1-e^2)$ に比例していることから，$e=1$ のとき（弾性衝突）では，$\Delta E = 0$ となる。一方，$e=0$ のとき（完全非弾性衝突）では，ΔE は最大となって（運動エネルギーが最も「削られて」しまって）いることが分かる。

例題2

水平でなめらかなレールの上のトロッコに乗った人が，質量mのボールを人に対する相対速度uで右方に投げる。このとき要する手の力の仕事Wを次の(1)(2)の各場合について求める。ただし，トロッコ＋人の質量の和をMとする。

(1) はじめトロッコが静止しているとき
(2) はじめトロッコが速度v_0で動いているとき

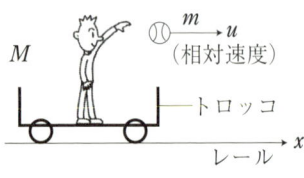

〔早大〕

解説

結局，要する仕事は，相対運動エネルギーの増加分なので，(1)も(2)も答えは同じで，

$$W = \frac{1}{2} \frac{mM}{m+M} u^2$$

と5秒で解ける！

（換算質量）…答

別解

分裂後のトロッコ＋人，球の速度をV, vとする。

全運動量保存の式，$(M+m)v_0 = MV + mv$ に相対速度$u = v - V$を代入して，

$$(M+m)v_0 = MV + m(u+V)$$

$$\therefore \quad V = v_0 - \frac{mu}{m+M}$$

$$\therefore \quad v = v_0 + \frac{Mu}{m+M}$$

ここで，仕事とエネルギーの関係より，

$$\frac{1}{2}(m+M)v_0^2 + W = \frac{1}{2}mv^2 + \frac{1}{2}MV^2$$

$$= \frac{1}{2}m\left(v_0 + \frac{Mu}{m+M}\right)^2 + \frac{1}{2}M\left(v_0 - \frac{mu}{m+M}\right)^2$$

$$= \frac{1}{2}(m+M)v_0^2 + \frac{1}{2}\frac{mM}{m+M}u^2$$

$$\therefore \quad W = \frac{1}{2}\frac{mM}{m+M}u^2 \quad (Wは v_0 によらないので，(1)(2)両方の答え)…答$$

やはり計算が面倒。

まとめ

1 核反応の究極の2タイプを見極めよ

タイプ① 発熱反応
全質量エネルギーの減少分＝全運動エネルギーの増加分

タイプ② 吸熱反応
全質量エネルギーの増加分＝全運動エネルギーの減少分

2 外力を受けない2物体の相対運動は**換算質量**で解くことができる

$$\underbrace{\frac{m_1 m_2}{m_1 + m_2}}_{\text{見かけの質量}\atop(\text{換算質量})} \times \underbrace{\frac{d^2(\vec{r_2}-\vec{r_1})}{dt^2}}_{\text{1から見た2}\atop\text{の相対加速度}} = \underbrace{\vec{f_{21}}}_{\text{2が1から}\atop\text{受ける力}} \qquad \left(\substack{\text{注} \quad \text{慣性力は考えて} \\ \text{はいけない}}\right)$$

3 2物体が外力を受けないとき，全運動エネルギーは相対運動エネルギーの分だけ変化させることができる

$$\underbrace{\frac{1}{2}mv^2 + \frac{1}{2}MV^2}_{\text{全運動エネルギー}} = \underbrace{\frac{1}{2}\underbrace{(m+M)}_{\text{全質量}}\underbrace{\left(\frac{mv+MV}{m+M}\right)^2}_{\text{重心速度}}}_{\substack{\text{重心運動エネルギー } K_G \\ (\text{一定に保たれる})}} + \underbrace{\frac{1}{2}\underbrace{\frac{mM}{m+M}}_{\text{換算質量}}\underbrace{(v-V)^2}_{\text{相対速度}}}_{\substack{\text{相対運動エネルギー } K_R \\ (\text{変化可})}}$$

よって，「吸熱反応におけるしきい値」＝「反応後の相対速度 $w=0$ となるときの入射運動エネルギー」として求めることができる。

4 相対運動エネルギーの考え方はいつ使うのか

外力を受けない2物体の運動において（重心運動エネルギーは一定），運動の前後での相対速度の変化が分かっているときに（例「はねかえり係数 e」「相対速度 u で投げる」），全運動エネルギーの変化（例「衝突で失ったエネルギー」「手の投入した仕事」）を求めよ，とき たら，相対運動エネルギーの変化分により一瞬で求められるので，特に有効である。

コラム　アインシュタインの式 $\Delta E = \Delta M c^2$ の超簡単な証明法

図1のように静止した質量Mの物体に，互いに逆向きにやってきた等しい振動数vの光子が吸収される。

これを，$-y$向きに速さvで動く観測者から見たのが図2。ポイントは「**光速cはどのような一定速度で動く観測者から見ても変わらない**」という，**光速不変の原理**を用いていること。よって，図2で光子の速度の向きがx軸となす角をθとして，

$$\sin\theta = \frac{v}{c} \quad \cdots\cdots ①$$

となる。

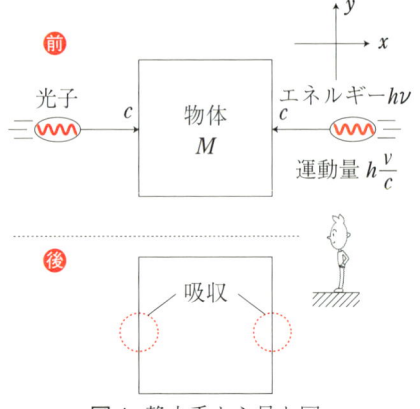

図1　静止系から見た図

ここで，図2の前後のy方向の全運動量保存より，

$$Mv + h\frac{v}{c} \times \sin\theta \times 2 = Mv$$

しかし，この式では，右辺と左辺が合わない。そこで，**光子を吸収したため，物体の質量そのものがMからM'へと増加したとみなして**，

$$Mv + h\frac{v}{c} \times \sin\theta \times 2 = M'v$$

$$\therefore \quad Mv + h\frac{v}{c} \times \frac{v}{c} \times 2 = M'v \quad (\because ①)$$

$$\therefore \quad 2 \times hv = (M' - M)c^2$$

ここで，左辺は吸収された2つの光子の分増加したエネルギーΔEであるので，　$\Delta E = (M' - M)c^2 = \Delta M c^2$

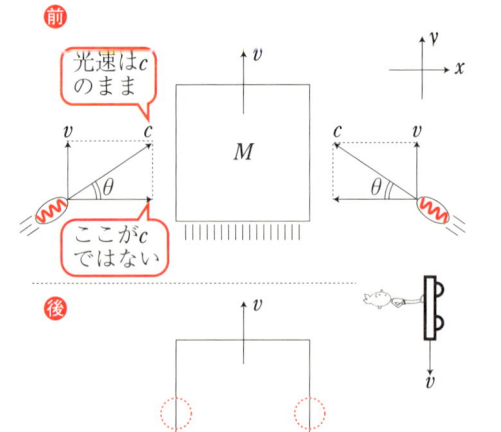

図2　図1を速さvで$-y$向きに動く観測者から見た図

と証明できた。**光速不変の原理という，アインシュタインの相対性理論の大前提から，$\Delta E = \Delta M c^2$が導かれた**という点が重要である。

なお，この結果は「光を浴びると体重が増える」とも言い換えられる。だからといって心配する量ではない（笑）。

〔著者紹介〕

漆原　晃（うるしばら　あきら）

代々木ゼミナール物理科講師。
東京大学理学部物理学科卒、東京大学大学院理学系研究科修了。
根本概念をわかりやすく説明し、明快な解法によって難問も基本問題と同じように解けてしまうことを実践する講義は、受講生の成績急上昇をもたらすと大人気。その講義は、フレックス・サテラインとして、全国の代ゼミ校舎、代ゼミサテライン予備校などで受講可能。
著書に、『大学入試　漆原晃の　物理基礎・物理［力学・熱力学編］が面白いほどわかる本』『大学入試　漆原晃の　物理基礎・物理［電磁気編］が面白いほどわかる本』『大学入試　漆原晃の　物理基礎・物理［波動・原子編］が面白いほどわかる本』（以上、KADOKAWA）、『漆原の物理　明快解法講座　四訂版』『漆原の物理　最強の99題　四訂版』（以上、旺文社）などがある。

難関大入試　漆原晃の
物理［物理基礎・物理］解法研究　　　　　（検印省略）

2014年9月15日　第1刷発行
2021年5月15日　第7刷発行

著　者　漆原　晃（うるしばら　あきら）
発行者　青柳　昌行

発　行　株式会社KADOKAWA
　　　　〒102-8177　東京都千代田区富士見2-13-3
　　　　電話　0570-002-301（ナビダイヤル）

●お問い合わせ
https://www.kadokawa.co.jp/（「お問い合わせ」へお進みください）
※内容によっては、お答えできない場合があります。
※サポートは日本国内のみとさせていただきます。
※Japanese text only

定価はカバーに表示してあります。

DTP／エディット　印刷／加藤文明社　製本／鶴亀製本

©2014 Akira Urushibara, Printed in Japan.
ISBN978-4-04-600710-0　C7042

本書の無断複製（コピー、スキャン、デジタル化等）並びに無断複製物の譲渡及び配信は、著作権法上での例外を除き禁じられています。また、本書を代行業者などの第三者に依頼して複製する行為は、たとえ個人や家庭内での利用であっても一切認められておりません。

あとがき ～「研究」を楽しもう

　ある日の予備校の教室で，講義の後，受験生からこんな嬉しいことを言われました。

　「最近，物理の問題を解くって感じがしないんですよね～。こうやって別解を探したり，グラフで表してみたり，答えの物理的意味をあれこれ吟味していると，何だか『研究』しているようで面白くてたまりません。」

　私自身も高校生のときに，受験物理を「研究」する楽しさにとりつかれました。その楽しさをぜひ，皆さんと共有したい，という想いがこの本には詰まっています。

　ひとたび物理を「研究」する楽しさを知ってしまえば，もはやどのような難関大学の難問も，ただひたすら面白いだけの「研究対象」と化してしまいます。そして，大学入学後も同じように，興味深い科学の各分野の探究へと，のめり込んでいけることでしょう。そして，いつか人類未踏のフロンティアにたどりつき，自然界の秘密のヴェールをめくる至福のときがやってくるはずです。

　刊行にあたりまして大変にご尽力いただきました，㈱KADOKAWA中経出版の原賢太郎，山崎英知両氏そして，㈱エディットの清家和治氏に深く感謝致します。